水闸安全鉴定技术指南

水利部水利建设与管理总站
黄 河 水 利 科 学 研 究 院 编

黄 河 水 利 出 版 社
· 郑州 ·

图书在版编目(CIP)数据

水闸安全鉴定技术指南/水利部水利建设与管理总站等编.—郑州:黄河水利出版社,2009.2
ISBN 978-7-80734-560-2

Ⅰ.水… Ⅱ.水… Ⅲ.水闸-安全检查-指南
Ⅳ.TV66-62

中国版本图书馆 CIP 数据核字(2008)第 206958 号

出 版 社:黄河水利出版社
地址:河南省郑州市黄委会综合楼 14 层　　邮政编码:450003
发行单位:黄河水利出版社
发行部电话:0371-66026940、66020550、66028024、66022620(传真)
E-mail:hhslcbs@126.com
承印单位:黄河水利委员会印刷厂
开本:787 mm×1 092 mm　1/16
印张:13.5
字数:360 千字　　印数:1—3 000
版次:2009 年 2 月第 1 版　　印次:2009 年 2 月第 1 次印刷

定价:40.00 元

《水闸安全鉴定技术指南》

编委会

审　　定：张严明　江恩惠

审　　核：张文洁　冷元宝

主　　编：宋万增

副 主 编：朴哲浩　宋　力

编　　写：乔瑞社　高玉琴　张廷毅　王　慧　何鲜峰　李　娜　王　健　范连志　王　瑞

特邀专家：李兴平　劳世昌　李　斌　潘　恕　赵顺波

前　言

我国地处欧亚大陆东南部，幅员辽阔，河流众多，水文气象条件复杂，降水与河川径流时空分布不均，形成了干旱缺水与洪涝灾害并存的特点。水闸工程作为水资源优化配置的基础和防洪工程体系的重要组成部分，在水资源利用与防洪减灾中有着特殊地位，其防洪、灌溉、供水、发电、养殖、生态保护与改善环境等综合效益显得日益重要。

根据统计资料，截至 2008 年年底，我国已建成各类水闸 40 603 座，其中，大型水闸 877 座、中型水闸 6 018 座、小(Ⅰ)型水闸 33 708 座。水闸是国民经济和社会发展的重要基础设施，为兴利除害、促进和保障经济社会建设、保护人民生命财产安全、促进社会繁荣和稳定做出了巨大贡献。

水利部 1998 年 6 月 3 日发布的《水闸安全鉴定规定》(SL214—98)，按水闸安全状况，将水闸大坝分为一、二、三、四类闸。一类闸指运用指标能达到设计标准，无影响正常运行的缺陷，按常规维修养护即可保证正常运行的水闸；二类闸指运用指标基本达到设计标准，工程存在一定损坏，经大修后可达到正常运行的水闸；三类闸指运用指标达不到设计标准，工程存在严重损坏，经除险加固后才能达到正常运行的水闸；四类闸指运用指标无法达到设计标准，工程存在严重安全问题，需降低标准运用或报废重建的水闸。

党和政府历来高度重视水闸安全与病险水闸除险加固工作，对病险水闸除险加固的要求被明确写入《中华人民共和国水法》、《中华人民共和国防洪法》、《水闸工程技术管理规程》、《水闸安全鉴定规定》和《水闸安全鉴定管理办法》中。1998 年大水以后，中央和地方加大了对水利的投入。在 2009 年 1 月 6 日全国水利工作会议上，陈雷部长提出“今后 2 ~ 3 年，要突出抓好‘十大水利工程’建设”，其中第一件事情即为“病险水库除险加固工程：确保 2010 年年底完成 6 240 座大中型和重点小型病险水库除险加固任务，在此基础上，启动大中型病险水闸除险加固工程，加快各地小型病险水库除险加固步伐”。因此在今后一段时期内，大中型病险水闸除险加固工作，将是水利行业继水库大坝之后的一件重点工作。

我国大部分水闸建成于 20 世纪 50 ~ 70 年代，建筑物及金属结构等接近使用寿命，同时由于历史原因，不少水闸存在工程标准偏低、建设质量较差、老化失修严重、工程管理落后、配套设施不全、缺乏良性管理运行机制等一系列问题，致使水闸安全隐患严重，病险水闸数量仍十分庞大。根据水利部 2008 年开展的水闸安全状况普查工作的资料统计，截至 2008 年年底，全国大中型病险水闸中共有病险水闸 4 984 座，其中已经开展完成安全鉴定的水闸共计 1 522 座。因此在今后一段时期内，水闸安全鉴定的任务仍然想当繁重。

除险加固是消除水闸病害、恢复水闸原有设计功能的重要手段，而水闸安全鉴定是这一手段的基础工作。自 1998 年以来，水利系统开展了部分水闸的安全鉴定工作，积累了一定的实践经验，但目前全国水闸安全鉴定工作仍存在不少问题。

首先从业人员水闸安全鉴定经验积累不够，能力不高。水闸安全鉴定开始至今仅有

10 年左右的时间，期间由于种种原因安全鉴定工作没有持续做下去，较多单位从事水闸安全鉴定的相关人员对水闸安全鉴定的工作经验积累不够，或者有部分人员具有相关的工程经验但由于理论和基础知识不扎实而造成对水闸病险的整体把握不到位。因此要想把水闸安全鉴定工作做好，从业人员的业务素质需要得到提升。

水闸基础资料缺乏，给安全鉴定带来了难度。我国大量的水闸建于 20 世纪 50 ~ 70 年代，较多水闸目前已无相关设计、施工等方面的基础资料，另一方面这些水闸的管理运行资料也非常缺乏，目前可参考的部分也大多从《水闸技术管理规程》实施之后开始建立，且对水闸在运行过程中存在的渗漏、闸门振动、变形等方面的监测记录非常不完善。水闸安全鉴定工作的基础是设计、施工、管理运行三方面的资料，只有准确地了解这些情况，鉴定才能达到有的放矢，真正反映出来水闸存在的病险，为除险加固提供可靠的依据。因此，目前水闸安全鉴定的基础环节较为薄弱，安全鉴定工作难度很大。

安全鉴定工作深度不够。目前水利行业在安全鉴定工作中，大部分单位不能够准确地分析病险的原因、揭示病险的程度，不能够给除险加固提供有效的依据，造成了除险加固工作的目标不明确。

总的来说，全国水闸安全鉴定工作存在的问题较多，各单位提出的鉴定评价结果质量相差较大，技术水平层次不齐。针对目前存在的问题，水利部组织相关专家，以《水闸安全鉴定规定》为基础，对其规定的具体指导思想、实施原则、具体工作内容的实施方法和技术规程进行总结，同时结合《水闸安全鉴定管理办法》对相关的鉴定程序、部门职责等方面的规定，形成一整套可以用来指导水闸安全鉴定的技术。希望能对全国的病险水闸除险加固前期工作起到积极的辅助作用，为保障水闸安全，充分发挥效益，做出应有的贡献。

本书第一章和第二章由朴哲浩、王健编写，张文洁审定；第三章及对应实例分析由高玉琴、范连志编写，宋万增审定；第四章及对应实例由乔瑞社、王瑞编写，宋万增审定；第五章及对应实例由宋力、王慧编写，宋万增审定；第六章由何鲜峰编写初稿，李娜、乔瑞社、高玉琴、张廷毅、宋力共同修定，宋万增审定。全书经张严明、江恩惠审定，张文洁、冷元宝审核。同时李兴平、劳世昌、潘恕、赵顺波、李斌等专家对本书给予了具体的指导和帮助，提出了宝贵的意见。本书在编写和出版过程中得到了水利部建设与管理司、水利部水利建设与管理总站、黄河水利科学研究院等有关方面的关心和支持，在此一并表示衷心的感谢。同时，由于时间紧迫、水平所限，本书不当之处敬请赐教。

编委会

2009 年 1 月

目 录

第一部分 技术指南

第二部分　工程实例

第一部分　技术指南

第一章　概　述

第一节　水闸工程基本情况

一、水闸工程基本概念

(一)水闸工程的功能和分类

水闸是调节水位、控制流量的低水头水工建筑物,具有挡水和泄水(引水)的双重功能,在防洪、治涝、灌溉、供水、航运、发电等方面应用十分广泛。按水闸的作用,水闸分为节制闸、进水闸(分水闸、分洪闸)、退水闸(排涝闸)、挡潮闸(双向挡水)、渠首(引水)闸及冲沙闸;按闸室结构型式分为开敞式、胸墙式、涵洞式、双层式。

(二)水闸工程组成

水闸工程由闸室、防渗排水、消能防冲、两岸连接及管护设施等组成。

闸室是水闸工程的主体,由底板、闸墩(含边墩)、工作桥及启闭机房、检修便桥、交通桥等组成,可按开敞式、胸墙式、涵洞式单独布置,也可双层布置。闸顶高程、闸孔净宽、闸底板高程和形状、闸墩及分缝、胸墙、闸门及门槽、启闭机等由设计确定。闸门按材质分类主要有钢、混凝土和正在淘汰的钢丝网水泥薄壳闸门,按形状分类主要有平板、弧形闸门。启闭机主要有卷扬(固定或移动)、液压、螺杆启闭机。电气设备主要包括变压器、线路及供配电系统、操作控制和自动化监控系统、照明及防雷系统等。

防渗排水工程包括铺盖、垂直防渗体(板桩、防渗墙、帷幕、铺膜等)、排水井(沟)等。消能防冲工程包括陡坡(溢流面、挑流段)、消力池、消力坎(墩)、护坦、海漫、防冲槽及护坡等。两岸连接工程包括岸墙、上下游翼墙、上下游护坡及堤岸等。

水闸工程管护设施包括水闸工程的管理范围和保护范围、工程观测项目及设施、交通设施、通信设施、生产生活设施等。管理范围是管理单位直接管理和使用的范围,包括各建筑物(上游引水渠、闸室、下游消能防冲工程、两岸连接建筑物)覆盖范围、加固维修及美化环境所需范围、管理及运行所必需的其他设施占地(包括办公、生产、生活及福利区,多种经营等设施占地)。水闸工程建筑物覆盖范围以外的管理范围见表1.1。保护范围是管理范围以外,禁止危害工程安全活动的范围。一般性观测项目及设施包括水位、流量、沉降、扬压力、水流形态、冲刷及淤积等项目及设施;专门性观测项目及设施包括水平位移、永久缝、裂缝、结构应力、地基反力、墙后土压力、混凝土碳化和冰凌等项目及设施。交通设施包括对外交通、内部交通(主要是道路)及交通工具等。通信设施包括内、外通信设备(有线、无线)、机房及其辅助设施等。生产生活设施包括办公设施、生产及辅助生产设施、闸区管护标志、职工的生活及文化福利设施,生产生活区的附属设施包括供排水、供电及备用电源、供热取暖、绿化美化等设施。

表 1.1　水闸工程建筑物覆盖范围以外的管理范围　　　（单位：m）

建筑物等级	1	2	3	4	5
上、下游宽度	1 000～500	500～300	300～100	100～50	100～50
两侧的宽度	200～100	100～50	50～30	50～30	50～30

（三）依水闸等级划分及洪水标准

1. 等级划分

平原区水闸枢纽工程的等别和规模按 SL265—2001《水闸设计规范》确定，即按水闸的最大过闸流量和保护对象的重要性确定。水闸的级别以水闸建筑物的等别确定。平原区水闸枢纽工程的等别和规模见表 1.2。水闸枢纽建筑物级别见表 1.3，山丘区水利水电枢纽工程中水闸的级别，可根据所属枢纽工程的等别及水闸自身的重要性按表 1.3 确定。山丘区水利水电枢纽工程等别按 SL252—2000《水利水电工程等级划分和洪水标准》的规定确定。灌排渠系上水闸一般没有泄洪要求，其级别按 GB50288—99《灌溉与排水工程设计规范》的规定确定，见表 1.4。位于防洪（挡潮）堤上水闸的级别，不得低于防洪（挡潮）堤的级别。

表 1.2　平原区水闸枢纽工程的等别和规模

项目	工程等别				
	Ⅰ	Ⅱ	Ⅲ	Ⅳ	Ⅴ
工程规模	大(1)型	大(2)型	中型	小(1)型	小(2)型
最大过闸流量（m^3/s）	≥5 000	5 000～1 000	1 000～100	100～20	<20
保护对象的重要性	特别重要	重要	中等	一般	—

注：按水闸最大过闸流量和保护对象重要性确定水闸等别时，应综合分析确定。

表 1.3　水闸枢纽建筑物级别

工程等别	永久建筑物级别		临时性建筑物级别
	主要建筑物	次要建筑物	
Ⅰ	1	3	4
Ⅱ	2	3	4
Ⅲ	3	4	5
Ⅳ	4	5	5
Ⅴ	5	5	—

表 1.4　灌排渠系建筑物分级指标

工程级别	1	2	3	4	5
过水流量（m^3/s）	≥300	300～100	100～20	20～5	≤5

2. 洪水标准

水闸工程的洪水标准以水闸建筑物的级别来确定。水闸工程的设计和校核洪水位、闸顶超高及抗滑稳定安全系数由洪水标准(即设计和校核洪水重现期)确定。

平原区水闸的洪水标准按表 1.5 及发展要求确定。挡潮闸的设计潮水标准见表 1.6。山丘区水利水电枢纽水闸的洪水标准与枢纽中永久建筑物一致,按 SL252—2000《水利水电工程等级划分和洪水标准》确定。灌排渠系上水闸的洪水标准见表 1.7。防洪(挡潮)堤上水闸的洪水标准,不得低于防洪(挡潮)堤的洪水标准。

平原区水闸消能防冲设施的洪水标准与水闸一致。山丘区水利水电枢纽水闸消能防冲设施的设计洪水标准见表 1.8。

表 1.5　平原区水闸的洪水标准

水闸级别		1	2	3	4	5
洪水重现期(a)	设计	100 ~ 50	50 ~ 30	30 ~ 20	20 ~ 10	10
	校核	300 ~ 200	200 ~ 100	100 ~ 50	50 ~ 30	30 ~ 20

表 1.6　挡潮闸设计潮水标准

挡潮闸级别	1	2	3	4	5
设计潮水位重现期(a)	≥100	100 ~ 50	50 ~ 20	20 ~ 10	10

表 1.7　灌排渠系上水闸的洪水标准

灌排渠系上水闸的级别	1	2	3	4	5
设计洪水重现期(a)	100 ~ 50	50 ~ 30	30 ~ 20	20 ~ 10	10

表 1.8　山丘区水利水电枢纽水闸消能防冲设施的设计洪水标准

水闸级别	1	2	3	4	5
设计洪水重现期(a)	100	50	30	20	10

二、水闸工程基本情况

(一)水闸数量多

新中国成立以前,我国的水闸数量很少,规模也不大,且大多用于灌溉引水,用于防洪、分洪的水闸廖廖无几。新中国成立以后,党和政府非常重视水利建设事业,特别是 20 世纪50 ~ 70年代,在兴修水利的高潮中,全国各地建成了大量的水闸,成为水利基础设施的重要组成部分。据不完全统计,截至2008年,全国约有5万座水闸,其中大、中型水闸6 900余座,小(Ⅰ)型水闸约3.3万座。这些水闸挡水高度一般不大于15 m,上下游水位差一般不大于10 m,闸下多为底流式消能。从分布情况看,我国总体地形是西北高、东南低。东部和东南部地区,河流出海口集中,河网密布,水闸数量最多,有大、中型水闸3 000多座;中部各省(区)和东北的辽河平原、三江平原河流也较多,有大、中型水闸2 000多座;西部和西北部地区总体上河流较少,水闸数量较少。

(二)工程结构型式复杂多样

由于挡水或泄水条件、运行要求以及地形、地质情况的不同,我国水闸工程结构型式也复杂多样,一般可分为开敞式水闸、胸墙式水闸、涵洞式水闸和双层式水闸等。开敞式水闸的闸室为开敞式结构,闸门全开时过闸水流为自由水面,过水面积和泄流量随水位抬高而增加,漂浮物可随水流下泄,适用于泄洪闸、分洪闸以及有通航、过木、排冰要求的水闸,应用较广。胸墙式水闸通过固定孔洞下泄水流,其闸坎高程低、挡水高度大,沿江沿海地区多采用这种结构型式。涵洞式水闸分为有压式和无压式,主要修建在引水流量不大、堤身较高的渠道上。双层式水闸的闸室分上下两层,分别装设闸门,面层宣泄洪水和漂浮物,底层冲沙冲淤,多数用于拦河节制闸、进水闸、分水闸以及软弱地基上修建的水闸。如位于江苏省淮安市南郊楚州区的淮安枢纽工程,就是公路立交旱闸。

(三)在国民经济发展中的作用重大

水闸工程属于水利基础设施,是江河湖泊防洪除涝体系的重要组成部分。多年来,在各级主管部门和水闸管理单位的共同努力下,水闸工程在防洪、灌溉、排涝、供水、发电、通航等方面发挥了显著经济效益和社会效益,今后在国民经济发展中的作用也将越来越重要。例如,内蒙古自治区兴建的水闸,防洪保护人口630万人,保护耕地183.09万 hm^2,仅黄河三盛公水利枢纽的年平均防洪效益即超过2 700万元。江苏省已建成水闸约3 000座,不仅保护着44座大中小城市、津沪和陇海铁路、沪宁和连霍高速公路的防洪安全,还保护耕地581.4万 hm^2,其他效益还有排涝面积443.5万 hm^2,有效灌溉面积385.5万 hm^2,水电站装机容量达1.1万kW,养鱼水面面积0.424万 hm^2,初步形成了遇洪能泄、遇涝能排、遇旱能抗、遇潮能挡、遇渍能降的工程体系,确保了江苏省国民经济协调健康发展。

(四)水闸工程安全隐患突出

水闸工程在长期的运行过程中,其安全性及使用功能逐渐减弱,这是一个不可逆转的客观规律。同时,许多水闸由于建成时间早,建设标准低,老化失修严重,因此普遍存在各种安全隐患,形成大量病险水闸。

根据全国水闸安全普查初步统计,截至2008年,全国约有大、中型病险水闸4 500座。其中,大型病险水闸约500座,占大型水闸总数的60%;中型病险水闸约4 000座,占中型水闸总数的71%。在这些病险水闸的各类安全隐患中,水闸结构失稳或渗流破坏约占47%,过水能力不足约占37%,钢筋混凝土严重损坏约占66%,闸下游消能防冲设施严重损坏约占69%;闸门、启闭机和机电设备损坏或老化失修约占67%,其他诸如闸位或者枢纽布置不合理,防渗铺盖、翼墙、堤岸护坡损坏,管理房屋失修,防汛道路损坏,缺少备用电源、交通车辆和通信设施等,约占31%。

第二节　水闸安全管理现状

一、水闸安全管理基本情况

(一)工程基础条件薄弱

据水闸注册登记情况,我国70%以上的水闸建成于20世纪80年代以前,这些水闸普遍存在着工程建设标准低,工程质量差的情况,先天条件不足。在几十年运行期间,由于管理经费缺乏,检查观测、维修养护等管理工作难以到位,造成工程老化失修严重,安全隐患较多,水闸安全管理的工程基础条件薄弱。

(二)工程管理不规范

部分水闸尤其是小型水闸管理机构不健全,没有专门管理机构和专职管理人员,没有结合本地情况制定或修订防汛值班制度、泄洪设施启闭规程、安全观测制度、维修养护规程等规章制度,有时安全检查不认真细致,流于形式,不能及时发现和排除安全隐患,水闸违章运用情况和险情事故时有发生。

(三)监管手段缺乏

由于水闸工程数量多、分布广,管理体制复杂,水闸注册登记和安全鉴定管理等制度实施时间短,水闸运行监管制度尚未健全,加之上级主管部门缺乏有效的安全监控手段,使得一些地区的水行政主管部门无法掌握所辖范围内水闸运行管理情况,从而难以实施有效监管和科学决策,工程除险加固、更新改造等措施不能全面落实。

二、水闸安全管理日益重要

近年来虽然加快了除险加固进程,但安全隐患多的现象仍然比较普遍,水闸安全形势依然严峻。

(一)病险水闸是防洪安全的重大隐患

在国家防洪体系中,由于水闸设计防洪标准低或存在各种各样的病险问题,使水闸不能正常安全运行,汛期不能按防洪要求适时拦蓄或排泄洪涝水,严重影响水闸防洪效益的发挥。病险水闸存在的重大安全隐患,一旦形成险情或发生事故,将对防洪安全造成巨大影响,对社会稳定造成严重威胁。特别是重要堤防上的病险水闸,往往是堤防体系中的最薄弱环节,严重影响堤防整体安全,在汛期时刻威胁着当地人民群众生命财产安全和正常的生活秩序。1996年8月,安徽省长江干堤上的杨墩站水闸发生整体沉陷3.5 m的重大险情,虽经抢护,保住了干堤没有决口,但水闸本身全部报废,造成1.4万hm^2农田和16万人口受灾,直接经济损失达3 000万元以上。1998年大洪水期间,仅长江、松花江、嫩江就有291座涵闸相继出现险情,对堤防安全造成重大威胁。

(二)病险水闸严重影响着水闸兴利效益的发挥

水是国家的战略性基础资源,我国是世界上严重缺水的国家,而且水资源时空分布极不均衡。随着我国社会经济的快速发展,水资源需求增长与水资源短缺这一矛盾日益突出。作为保障国民经济持续发展的重要基础设施之一,水闸在水资源调配过程中的兴利功能显得越来越重要。然而由于病险问题的存在,使得水闸应有的兴利效益难以发挥,对农村、城市、工矿企业的生产生活带来不利影响。如福建省厦门市,主要依靠水闸拦河蓄水,作为城市生活供水的水源地,由于水闸设计标准低,经常发生海潮倒灌的情况,影响了供水水质;西北一些水资源匮乏地区,农业灌溉及人畜饮水主要依靠水闸拦蓄冰山融雪等产生的径流,由于病险水闸的存在,当地群众的生存和发展失去可靠保证。

(三)对水闸安全管理的要求越来越高

随着经济社会的快速发展,对水闸安全管理提出了越来越高的要求,除确保水闸及其上下游的防洪安全外,还要满足排涝、挡潮、供水、灌溉、发电、航运等要求。水闸运行安全直接关系国民经济发展、社会秩序和人民生命财产安全,一旦失事,所造成的人员伤亡、对城镇及交通等基础设施的毁坏等损失和影响,远比一般公共设施失事的后果严重得多。因此,水闸安全管理工作日益重要,水闸安全管理工作要求越来越高,各级单位和部门的水闸运行安全监管责任日益重大。

水闸安全隐患严重影响水闸防洪除涝效益和兴利效益的发挥,给日益发展的国民经济造成了不可忽视的制约和威胁。切实加强水闸工程安全管理,尽快实施病险水闸除险加固,既是民生水利的重要体现,也是水利可持续发展的自身需要。

三、水闸安全管理制度的建立和不断完善

新中国成立以来,水闸安全管理方面的法规和技术标准体系不断建立和完善,国家有关部门相继颁布实施了《中华人民共和国河道管理条例》、《河道管理范围内建设项目管理的有关规定》等行政法规和部门规章,制订或修订了 SL214—98《水闸安全鉴定规定》、SL170—96《水闸工程管理设计规范》、SL75—94《水闸技术管理规程》、SL265—2001《水闸设计规范》、SL27—91《水闸施工规范》等技术标准。特别是近年来,国家水行政主管部门为进一步加强水闸安全管理,颁布了《水闸注册登记管理办法》、《水闸安全鉴定管理办法》、《水利工程管理考核办法》等管理规章,《水闸工程养护修理规程》等技术标准的组织编写工作基本完成。

2005 年以来,国家水行政主管部门部署开展了水闸注册登记、安全状况普查等一系列水闸安全管理工作。2005 年 6 月,水利部颁布实施《水闸注册登记管理办法》,要求各地按照管理权限,对所属水闸数量、规模、权属、地点、工程主要特性指标、安全类别、管理情况等进行注册登记,作为今后水闸工程管理考核、改建、扩建、除险加固等的主要依据之一。到 2008 年底,已完成全国大中型水闸和大部分小(1)型水闸注册登记工作。2008 年 6 月,《水闸安全鉴定管理办法》由水利部发布实施,从行政层面上明确了水闸安全鉴定的组织、程序和主要工作内容等,对完善水闸安全管理规章制度,进一步规范安全鉴定工作,起到积极的促进作用。2008 年 6 月,为掌握全国水闸基本情况及安全现状,水利部组织开展全国水闸安全普查,要求各地在抓紧做好水闸注册登记和安全鉴定工作的同时,对本区域内大、中、小(1)型水闸数量、安全类别进行全面调查,及时查明工程安全隐患,针对性地采取降等运用、除险加固等措施,为促进和规范安全鉴定工作,实施全国病险水闸除险加固,奠定了坚实基础。

目前,水闸安全管理方面的主要法律、法规、部门规章和规范性文件包括:

(1)中华人民共和国水法；
(2)中华人民共和国防洪法；
(3)中华人民共和国河道管理条例；
(4)水闸注册登记管理办法；
(5)水闸安全鉴定管理办法；
(6)水利工程管理考核办法；
(7)水利工程管理单位定岗标准(试行)；
(8)水利工程维修养护定额标准(试行)；
(9)河道管理范围内建设项目管理的有关规定。

水闸安全管理方面的主要技术标准包括：

(1)GB50201—94《防洪标准》；
(2)SL252—2000《水利水电工程等级划分及洪水标准》；
(3)SL223—2008《水利水电建设工程验收规程》；
(4)SL214—98《水闸安全鉴定规定》；
(5)SL265—2001《水闸设计规范》；
(6)SL74—95《水利水电工程钢闸门设计规范》；
(7)SL269—2001《水利水电工程沉沙池设计规范》；
(8)SL211—2006《水工建筑物抗冰冻设计规范》；
(9)SL170—96《水闸工程管理设计规范》；
(10)SL75—94《水闸技术管理规程》；
(11)SL27—91《水闸施工规范》；
(12)DL/T5018—2004《水电水利工程钢闸门制造安装及验收规范》；
(13)SL381—2007《水利水电工程启闭机制造安装及验收规范》；
(14)DL/T835—2003《水工钢闸门和启闭机安全检测技术规程》；
(15)SL105—2007《水工金属结构防腐蚀规范》；
(16)DL/T5207—2005《水工建筑物抗冲磨防空蚀混凝土技术规范》；
(17)SL226—98《水利水电工程金属结构报废标准》；
(18)SL240—1999《水利水电工程闸门及启闭机、升船机设备管理等级评定标准》。

第三节　水闸安全鉴定情况

水闸安全鉴定是水闸工程管理的重要基础工作。不断提高水闸安全鉴定质量，完善水闸安全鉴定工作制度，对加强水闸工程管理，保障水闸运行安全，促进水闸工程管理制度化、规范化，发挥各级水行政主管部门的水闸工程安全监管职能，具有重要意义。

一、安全鉴定开展情况

SL214—98《水闸安全鉴定规定》要求，水闸投入运用后每隔 15～20 年，应进行一次全面安全鉴定；单项工程达到折旧年限，应适时进行安全鉴定；对影响水闸安全运行的单项工程，必须及时进行安全鉴定。《水闸安全鉴定管理办法》进一步规定，首次安全鉴定应在竣工验收后 5 年内进行，以后应每隔 10 年进行一次全面安全鉴定。因此，目前绝大多数水闸需要展开全面或单项安全鉴定。

据全国水闸安全状况普查资料，截至 2008 年，全国曾经开展过安全鉴定的大中型水闸约 1 500 座，只占全国大中型水闸数量的 30% 左右，开展过安全鉴定的小型水闸比例更低。

二、安全鉴定工作存在的问题

目前各地水闸安全鉴定质量良莠不齐，水闸安全鉴定工作中还存在很多问题，特别是安全鉴定组织管理、安全评价环节缺乏规范性和系统性，影响水闸安全鉴定工作质量。

（一）安全评价技术工作不规范

SL214—98《水闸安全鉴定规定》虽然从技术层面对水闸安全鉴定各项内容进行了规定，但实际操作中仍存在现场安全检测项目设置不合理、复核计算依据不准确、安全类别判断尺度不均、报告编写体例格式不一等情况。

（二）鉴定组织管理不符合规定

《水闸安全鉴定管理办法》出台前，水闸管理单位和主管部门对安全鉴定组织程序、单位职责等行政规定理解不统一，一些水闸安全鉴定工作中存在组织管理的分级原则不一致、鉴定目的和必要性论述不清晰、委托开展安全评价的单位资质不够、承担单位之间职责划分不明确、安全评价成果审查专家组成不科学等问题。

（三）鉴定内容不全面

水闸安全鉴定工作的基础是设计、施工、管理运行三方面的资料，只有准确了解这些情况，鉴定才能有的放矢，真正反映水闸病险情况，为安全管理和除险加固提供可靠依据。但我国水闸大量建于 20 世纪 50 ~ 70 年代，很多水闸目前已无当时设计、施工等方面的基本资料，而且从 SL75—94《水闸技术管理规程》颁布之后，较为规范地开展工程运行管理数据资料的记录、分析和整编。水闸建设、运行、观测、维养等资料不完整，无法保证安全鉴定内容的全面性和系统性，也就不能查找工程的所有安全隐患。

（四）鉴定工作深度不足

在安全鉴定实际工作中，由于地勘、现场检测、复核计算工作不深入，难以准确地判断工程安全隐患性质、分析病险原因、揭示病险程度，从而影响水闸安全鉴定结论的正确性，无法给水闸除险加固提供有效的依据，造成资金浪费或加固不彻底，有的水闸甚至要进行二次除险加固。

水闸安全鉴定是水闸工程安全管理的关键环节。为指导和帮助各地解决水闸安全鉴定中的管理和技术问题，在分析水闸安全鉴定工作现状，总结水闸安全鉴定工作经验的基础上，抓紧编制水闸安全鉴定技术指南，十分必要和紧迫。

第二章 水闸安全鉴定组织管理

第一节 一般规定

一、安全鉴定适用范围

《水闸安全鉴定管理办法》第二条规定，水利部门管理的河道（包括湖泊、人工水道、行洪区、蓄滞洪区）、灌排渠系、堤防（包括海堤）上依法修建的大、中型水闸，应进行安全鉴定。小型水闸、船闸和其他部门管辖的各类水闸参照执行。

二、安全鉴定周期

《水闸安全鉴定管理办法》第三条规定，水闸实行定期安全鉴定制度。首次安全鉴定应在竣工验收后5年内进行，以后应每隔10年进行一次全面安全鉴定。

运行中遭遇超标准洪水、强烈地震、增水高度超过校核潮位的风暴潮、工程发生重大事故后，应及时进行安全检查，如出现影响安全的异常现象的，应及时进行安全鉴定。闸门等单项工程达到折旧年限，应按有关规定和规范适时进行单项安全鉴定。

三、安全鉴定监督管理

《水闸安全鉴定管理办法》第四条规定，国务院水行政主管部门负责全国水闸安全鉴定工作的监督管理；县级以上地方人民政府水行政主管部门负责本行政区域内所辖的水闸安全鉴定工作的监督管理；流域管理机构负责其直属水闸安全鉴定工作的监督管理，并对所管辖范围内的水闸安全鉴定工作进行监督检查。

第二节 安全鉴定单位及其职责

水闸安全鉴定工作由鉴定组织单位、鉴定承担单位和鉴定审定部门共同完成。水闸安全鉴定过程中，安全鉴定单位应协同配合，各尽其责，按《水闸安全鉴定管理办法》的规定分工完成委托鉴定、安全评价、成果审定等各项工作内容。

一、鉴定组织单位及其职责

在水闸安全鉴定工作中，鉴定组织单位一般为水闸工程管理单位或其上级主管部门，负责组织所管辖水闸的安全鉴定工作。水闸鉴定组织单位的主要职责包括：

（1）制订水闸安全鉴定工作计划；

（2）委托相应资质的鉴定承担单位进行水闸安全评价工作；

(3)进行工程现状调查;

(4)向鉴定承担单位提供必要的基础资料;

(5)筹措水闸安全鉴定经费;

(6)其他相关职责。

经安全鉴定,水闸安全类别发生改变的,水闸管理单位应按《水闸注册登记管理办法》的规定,及时向水闸注册登记机构申请变更注册登记。

二、鉴定承担单位及其职责

鉴定承担单位为从事相关工作、具有相应资质的科研院所、设计单位和大专院校。鉴定承担单位受鉴定组织单位委托,依据《水闸安全鉴定管理办法》、SL214—98《水闸安全鉴定规定》及其他技术标准,对水闸安全状况进行评价,提出《水闸安全评价总报告》。

鉴定承担单位的主要职责包括:

(1)在鉴定组织单位现状调查的基础上,提出现场安全检测和工程复核计算项目,编写《工程现状调查分析报告》;

(2)按有关规程进行现场安全检测,评价检测部位和结构的安全状态,编写《现场安全检测报告》;

(3)按有关规范进行工程复核计算,编写《工程复核计算分析报告》;

(4)在分析总结《工程现状调查分析报告》、《现场安全检测报告》和《工程复核计算分析报告》基础上,对水闸安全状况进行总体评价,提出工程存在的主要问题、水闸安全类别鉴定结果和处理措施建议等,编写《水闸安全评价总报告》;

(5)按鉴定审定部门的审查意见,补充相关工作,修改水闸安全评价报告;

(6)其他相关职责。

根据水闸工程规模和重要性,《水闸安全鉴定管理办法》对鉴定承担单位资质进行了相应规定。具有水利水电勘测设计甲级资质的单位可承担大型水闸安全评价,具有水利水电勘测设计乙级以上(含乙级)资质的单位可承担中型水闸安全评价,经水利部认定的水利科研院所也可承担大、中型水闸安全评价。另外,在安全评价工作中承担现场安全检测的机构资质,应符合国家有关部门或机构的有关规定。

三、鉴定审定部门及其职责

水闸安全鉴定审定部门是组织专家审查安全评价成果、审定安全鉴定报告书的机构,一般指县级及以上地方人民政府水行政主管部门、流域管理机构或其委托的有关单位。《水闸安全鉴定管理办法》按分级管理原则,结合水闸工程规模和重要性,对鉴定审定的管理权限进行了相应规定。其中,省级地方人民政府水行政主管部门审定大型及其直属水闸的安全鉴定意见,市(地)级及以上地方人民政府水行政主管部门审定中型水闸安全鉴定意见,流域管理机构审定其直属水闸的安全鉴定意见。

水闸安全鉴定审定部门的主要职责包括:

(1)成立水闸安全鉴定专家组;

(2)组织召开水闸安全鉴定审查会;

(3)组织专家组审查水闸安全评价报告，提出水闸安全鉴定报告书；

(4)审定水闸安全鉴定报告书并及时印发；

(5)其他相关职责。

为遵循客观、公正、科学的原则审查水闸安全评价报告，水闸安全鉴定专家组应由水闸主管部门的代表、水闸管理单位的技术负责人和从事水利水电专业技术工作的专家组成，在专业分类、技术职称、属地化、参建单位等方面，应符合下列要求：

(1)鉴定专家组应按需要由水工、地质、金属结构、机电、管理等相关专业的专家组成。

(2)大型水闸安全鉴定专家组由不少于9名专家组成，其中具有高级技术职称的人数不得少于6名；中型水闸安全鉴定专家组由7名及以上专家组成，其中具有高级技术职称的人数不得少于3名。

(3)水闸主管部门所在行政区域以外的专家人数不得少于专家组成员的三分之一。

(4)水闸原设计、施工、监理、设备制造等单位的在职人员以及从事过本工程设计、施工、监理、设备制造的人员总数不得超过水闸安全鉴定专家组组成人员的三分之一。

对鉴定为三类、四类的水闸，水闸主管部门及管理单位应采取除险加固、降低标准运用或报废等处理措施，在此之前必须制定保闸安全应急措施，并限制运用，确保工程安全。

第三节　水闸安全鉴定的基本程序

水闸安全鉴定包括3个基本程序，即水闸安全评价、水闸安全评价成果审查和水闸安全鉴定报告书审定。水闸安全鉴定基本程序流程见图2.1。

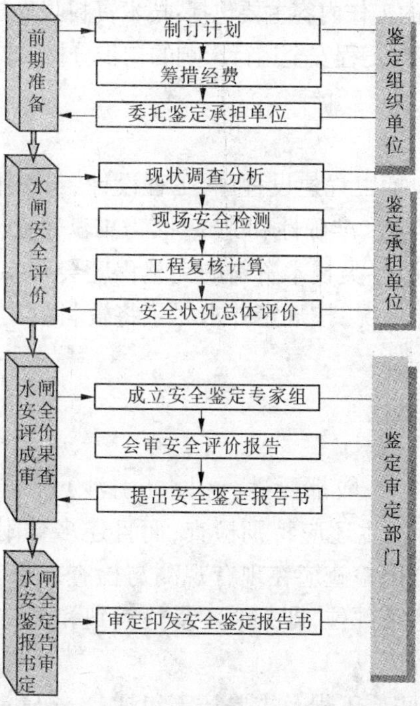

图2.1　水闸安全鉴定基本程序流程图

第三章　工程现状调查分析

水闸工程现状调查分析是在以往定期检查、不定期检查、特别检查、安全鉴定和观测资料等相关技术资料收集、分析的基础上，对水闸工程现状进行的全面检查，进而对工程存在问题和缺陷的原因及其影响进行初步分析。根据初步分析结果，编写工程现状调查分析报告，提出需要进行现场安全检测和工程复核计算的项目，并对工程大修或加固提出初步建议。

水闸工程现状调查分析是水闸安全鉴定工作的首要程序和重要步骤。按 SL214—98《水闸安全鉴定规定》2.0.2 条的规定，水闸管理单位承担工程现状的调查分析工作，在申请水闸工程安全鉴定时，必须将工程现状调查分析报告一并上报上级主管部门；在开展安全鉴定工作过程中，应积极配合安全检测、复核计算单位和安全鉴定专家组的各项工作。

第一节　一般规定

按照 SL214—98《水闸安全鉴定规定》及条文说明的相关规定，分述如下。

一、工作内容

水闸工程现状调查分析的工作内容主要包括：技术资料收集与整理分析，工程现状全面检查，工程存在问题的原因及其对工程安全运行影响的初步分析，编写工程现状调查分析报告。

二、技术资料收集

收集的技术资料主要包括工程建设程序、工程设计、工程施工和监理及工程运行管理 4 个方面，应保证资料的真实性、准确性和完整性，力求满足安全鉴定的需要。

由于水闸建成年代不同，各类技术资料的完整程度会有差别，名称也不尽相同。水闸管理单位应根据水闸的具体情况，按规定要求尽量将资料收集齐全，以利安全鉴定工作的顺利开展。

三、工程现状全面检查

水闸在日常运用过程中，一般都要进行引水（引沙）量观测，如遇特殊年份（如大洪水）或有特殊情况（如地震）发生还应特别检查，而且还多数附有运行日志对日常运行情况做详细记录。工程现状全面检查应在现有观测与检查成果基础上进行，而且要特别注意检查工程的薄弱部位和隐蔽部位，即平时不易检查到和容易被忽略的部位，主要指水闸底部工程、闸门和启闭机等部位。

根据水闸的不同型式，底部工程及主要病害包括：

(1)闸室段和涵洞段底板及上游连接段的护底、防渗铺盖等有无断裂损坏；

(2)永久缝止水有无损坏和失效；
(3)倒滤水器有无淤堵；
(4)下游连接段的消力池内有无砂石堆积或磨损、露筋；
(5)下游海漫、防冲槽及河床有无冲刷破坏；
(6)上下游连接的翼墙、护坡根部有无沉降断裂损坏。

闸门和启闭机部位主要病害包括：

(1)平面闸门端柱是否严重锈蚀；行走支承的主滚轮是否运转灵活，轨道或滑道有无磨损、脱落。

(2)弧形闸门的支臂与支铰连接处及组合梁夹缝等部位有无严重锈蚀。

(3)启闭机钢丝绳绳套与闸门吊耳是否连接牢固，钢丝绳有无锈蚀、断丝。

四、工程存在问题和缺陷

对检查中发现的问题和缺陷，一般情况下要进行定性描述和记录。具有条件的应尽可能进行定量描述和记录，特别是工程薄弱部位和隐蔽部位，更要分部位、分部件详细记录问题和缺陷，如工程裂缝问题，需要记录裂缝出现部位、形态、走向和尺寸等。

另外，要对工程存在问题和缺陷的原因进行初步分析，按组成部分逐项进行，一般从设计、施工、质量监督、运行管理、运行条件变化和人为因素等方面查找原因，据此初步分析其对工程安全状况的影响。

第二节 技术资料收集

全面完整收集水闸工程的建设程序、设计、施工和监理及工程运行管理等方面技术资料，可深入了解分析水闸现有病险的成因，确定工程现场安全检测和复核计算项目，为现场安全检测和工程复核计算成果的判定提供原始依据。这对整个水闸安全鉴定工作的顺利开展有着重要作用。

一般情况下，水闸工程的管理单位应保存有相关技术资料，如资料不全，可进一步查找水闸的档案资料或咨询水闸工程的原设计、施工和监理等单位，进一步收集所需资料。

一、建设程序

工程建设程序是否合理直接影响到水闸工程的建设质量，特别是在20世纪50~70年代，很多水闸建设程序混乱，从建设初始就存在着或多或少的缺陷。因此，建设程序是水闸安全鉴定工作需要首先考虑的重要问题。

建设程序资料主要包括水闸工程的报批、报建和验收资料等，用于考查水闸工程的规划、地质勘察、设计、施工和验收等步骤是否完善，是否符合工程建设规律和相关规定。

二、设计资料

设计资料主要包括：工程地质勘测和水工模型试验资料，工程(包括改扩建和加固)设计文件和图纸等。一般有：

(1)规划资料:规划设计的依据及水闸的设计功能和任务等;

(2)水文气象资料:水文分析、水利计算、当地气象资料等;

(3)工程地质与水文地质资料:地质剖面图、柱状图、地基土的物理力学指标、水文地质指标、工程地点地震烈度等;

(4)设计资料:水工模型试验资料,设计依据的规程规范,设计文件和图纸等。

三、施工和监理资料

施工和监理资料主要包括:施工和监理单位的基本情况,施工组织设计及采用的主要施工工艺和技术,观测设施的考证资料及施工期的观测资料,工程质量监督检查或工程建设监理资料,施工技术总结资料,工程竣工图等验收交接文件。

四、运行管理资料

运行管理资料主要包括:技术管理人员情况,技术管理的规章制度,控制运用技术文件及日常运行日志,以往的定期检查、特别检查、安全鉴定报告和观测资料,工程大修、重大工程事故及人为破坏的记录和处理措施等资料。特别要重点收集运行管理过程中薄弱部位、隐蔽部位及出现问题和缺陷部位的相关资料,水流不良形态,引河水质污染,人为破坏和寒冷地区水闸冻害等资料。

五、资料整理及初步分析

按不同类型水闸所包含的各分项工程,对收集到的技术资料进行分类整理分析,以便给水闸安全鉴定工作提出合理的建议和意见。

应特别注重运行管理资料的整理分析:

(1)经常检查和定期检查中记录的水跃发生位置、折冲水流、回流、漩涡等不良流态和引河水质污染资料;

(2)水闸渗流、止水装置失效等水下工程冲刷破坏资料;

(3)寒冷地区水闸冻害资料。

第三节　工程现状调查分析

工程现状调查分析包括工程安全状况全面检查和工程安全状态初步分析。根据资料整理分析结果分部位、分部件全面调查分析,重点调查水闸工程的隐蔽工程、薄弱部位和运行中发现缺陷的部位。水闸工程安全状态调查应以主要水闸运行管理人员或具有一定工程经验者为主,以目测并借助卷尺、照相器材等简单工具为手段。对调查结果要尽可能准确地记录和描述。

一、工程现状调查

(一)土石结构

土石结构一般包括水闸上游连接段的两岸翼墙、护坡、铺盖、防冲槽、护底和下游连接段的护坦、海漫、防冲槽、两岸翼墙、护坡、砌体结构的闸室和涵洞以及其上部回填土、水闸管理范围内的上下游河道堤防等。

土石结构的病害主要包括雨淋沟、塌陷、裂缝、渗漏、滑坡、白蚁害兽，块石护坡塌陷、松动、隆起、底部淘空、垫层散失，墩墙倾斜、滑动、勾缝脱落，堤闸连接段渗漏，排水、导渗设施和减压设施损坏、堵塞、失效等现象。

土石结构应从土工建筑物和石工建筑物两方面进行现状调查。调查时，应结合平时的运行管理记录，首先对砌体结构进行全面的查勘，然后重点检查病害部位，对出现的问题和缺陷应详细记录。

1. 土工建筑物

土工建筑物常见的病害大致分三类，调查方法如下：

(1)雨淋沟、塌陷、裂缝、渗漏、滑坡和白蚁害兽。①雨淋沟发生部位可采用卷尺量测；②塌陷部位、塌陷面积和塌陷深度可采用卷尺量测；③裂缝产生部位和裂缝长度可用卷尺量测，裂缝形态和走向可目测，裂缝宽度也应估测；④渗漏部位、尺寸可采用卷尺量测，下渗或向上喷涌等渗漏状态应描述清楚；⑤滑坡部位可采用卷尺量测，滑坡程度可采用目测；⑥白蚁、害兽等病害发生部位可采用卷尺量测，病害损伤程度可采用目测。调查结果应详细记录，并应对病害部位现场拍照。

(2)排水系统、导渗及减压设施损坏、堵塞、失效。排水系统、导渗及减压设施有无损坏、堵塞、失效，发生部位和程度应详细记录并现场拍照。

(3)堤闸连接段渗漏。堤闸连接段渗漏部位和渗漏面积可用卷尺量测，渗漏现象要描述准确，并现场拍照。

2. 石工建筑物

石工建筑物常见的病害大致分三类，调查方法如下：

(1)块石护坡塌陷、松动、隆起、底部淘空、垫层散失。①块石护坡塌陷的部位、面积和深度可采用卷尺量测；②块石护坡松动、隆起的部位及面积可采用卷尺量测；③底部淘空和垫层散失情况应根据运行管理记录进行查看，并进一步向管理人员咨询日常运行情况。调查结果应详细记录，并应对病害部位现场拍照。

(2)墩、墙等有无倾斜、滑动、勾缝脱落、裂缝。①墩、墙的滑动面积和滑动部位可用卷尺量测，对滑动幅度进行详细描述；②勾缝脱落部位可用卷尺量测，脱落程度和倾斜程度可采用目测法；③裂缝产生部位和裂缝长度可用卷尺量测，裂缝形态和走向可目测，裂缝宽度也应估测。调查结果应详细记录并对病害部位现场拍照。

(3)排水设施堵塞、损坏。结合平时运行管理情况，全面检查排水设施是否堵塞和损坏，对损坏部位和堵塞程度详细描述并现场拍照。

(二)混凝土结构

混凝土结构主要包括闸室段钢筋混凝土闸墩、岸墙(边墩)、底板、胸墙、工作桥、交通桥、闸门和引水涵洞及上下游连接段的混凝土构件等。

混凝土结构的常见病害有混凝土建筑物裂缝、腐蚀、磨损、剥蚀、露筋(网)、钢筋锈蚀及冻融损伤、伸缩缝止水损坏漏水或填充物流失等。

调查时，应结合平时的运行管理记录，首先对混凝土结构进行全面的查勘，然后重点检查病害部位。

(1)裂缝、腐蚀、磨损、剥蚀、露筋(网)、钢筋锈蚀及冻融损伤。①裂缝产生部位和裂缝长度可采用卷尺量测,裂缝形态和走向可目测,裂缝宽度也应估测;②混凝土表面腐蚀、磨损、剥蚀、冻融损伤和露筋部位及面积可采用卷尺进行量测,其损坏程度采用目测;③钢筋锈蚀程度主要采用目测观察露筋部位的锈蚀以及与混凝土的结合状态,具备条件的可采用游标卡尺对钢筋锈蚀情况进行量测。调查结果应详细记录,并应对病害部位现场拍照。

(2)伸缩缝止水损坏、漏水及填充物流失。查看平时的运行管理记录,现场全面查看有无此类病害产生。对伸缩缝止水损坏、露水及填充物流失部位详细记录并现场拍照。

(三)闸门

闸门主要有钢闸门、钢丝网水泥闸门、钢筋混凝土闸门及小型木闸门等。检查时,应结合平时的运行管理记录,首先对闸门进行全面的查勘,然后重点检查病害部位。闸门的检查主要以闸门的钢构件为主,钢筋混凝土闸门的检查可参照混凝土结构的检查方法,小型木闸门的检查以目测为主。

(1)表面涂层剥落、门体变形、锈蚀、焊缝开裂或螺栓铆钉松动、腐蚀及缺件。①表面涂层剥落部位和面积可采用钢卷尺量测,剥落程度和门体变形程度可采用目测;②锈蚀部位和面积可采用钢卷尺量测,锈蚀程度以目测为主,具备条件的可采用游标卡尺量测;③焊缝开裂部位可采用钢卷尺量测,开裂情况可采用目测;④螺栓铆钉松动、润滑油质量、腐蚀及缺件情况可采用目测法、用手触摸结合经验进行判断。调查结果应详细记录,并应对病害部位现场拍照。

(2)支承行走机构运转灵活性。结合平时运行管理记录,采取现场目测及拍照的方法,主要观测支承行走机构的变形弯曲、锈蚀、润滑剂保有情况等,并详细记录。

(3)止水装置完好性。结合平时运行管理记录,采用目测并结合必要的量测工具观测止水装置状态,主要观测止水装置的有效性、完整性和老化程度等,并详细记录。

(四)启闭机

水闸工程中常见的启闭机型式大致可分为固定卷扬式启闭机、移动式启闭机、螺杆启闭机和液压启闭机四类。启闭机常见病害有启闭机械运转异常、制动失灵、腐蚀和异常声响,钢丝绳断丝、磨损、锈蚀、接头不牢、变形,零部件缺损、裂纹、磨损及螺杆弯曲变形,油路不畅、油量油质不合规定,保护装置缺损等。

检查时,应结合平时运行管理记录,首先对启闭机进行全面查看,然后重点检查病害部位。

(1)启闭机械运转异常、制动失灵、异常声响和腐蚀。①现场检查可采取试运行的方法,检查启闭机械的运转和制动是否灵活准确、有异常声响,并分析其可能存在的原因;②腐蚀程度检查以目测为主,具备条件的可采用游标卡尺量测。对缺陷部位详细记录并现场拍照。

(2)钢丝绳断丝、磨损、锈蚀、接头不牢、变形。采用目测、触摸等方法,结合经验和必要的量具进行判断,详细记录并现场拍照。

(3)零部件缺损、裂纹、磨损、弯曲变形等。采用目测并现场拍照,分部件详细记录零部件的缺失情况、弯曲变形、磨损程度和裂纹产生部位及其严重性。

(4)油路不畅、油量和油质不合规定。结合平时运行管理记录，现场检查油路是否畅通，检查油量和油质是否合乎规定要求并详细记录。

(5)保护装置缺损。结合平时运行管理记录，采用目测法观测闸门高度指示器、限位开关、负荷指示器和终点(行程)开关的有效性和完整性，详细记录并现场拍照。

(五)电气设备

电气设备在水闸工程中所占比例较小，但如设备、线路维护不当，或因种种原因负荷较大，也会形成严重的安全隐患。电气设备主要包括电动机、操作设备、输电线路、自备电源、建筑物的防雷设施及变压器，其中变压器应按供电部门规定的要求执行。

查看平时运行管理记录和设备维护情况，然后对电气设备进行全面检查，重点检查病害部位，现场观察并详细记录异常情况。

(1)电气设备和操作设备。结合平时运行管理记录，现场检查设备是否完好，型号是否已淘汰，操作、安全保护装置是否准确可靠，绝缘电阻值是否合格，仪表指示是否准确，备用电源是否完好等。

(2)输电线路。结合平时运行管理记录，现场检查线路是否老化、正常，接头是否牢固等。

(3)建筑物的防雷设施。结合平时运行管理记录，现场检查防雷设施是否完备、安全，接地是否可靠、符合规定等。

(六)观测设施

水闸的观测设施检查一般包括测压管的有效性、基准高程点的可靠性、河床变形观测断面桩的完好性、伸缩缝及裂缝固定观测标点的完好性。

检查时，应结合平时运行管理记录，首先对观测设施进行全面的检查，然后重点检查病害部位。

(1)测压管。结合平常运行管理记录，现场查看测压管管口或渗压计输出接口是否损坏、堵塞，管口高程是否变化，详细记录查看结果并拍照。

(2)基准高程点和起测基点。结合平常运行管理记录，现场查看基准高程点和起测基点是否缺失、损坏、牢固，是否满足要求，详细记录查看结果并拍照。

(3)河床变形观测断面桩。结合平常运行管理记录，现场查看河床变形观测断面桩是否缺失、损坏、牢固，是否满足要求，详细记录查看结果并拍照。

(4)伸缩缝观测标点。结合平常运行管理记录，现场查看闸身两端边闸墩与岸墙之间、岸墙与翼墙之间建筑物顶部的伸缩缝上是否有固定观测标点，是否损坏，是否满足要求，详细记录查看结果并拍照。

二、工程现状初步分析

(一)病害产生的初步原因分析

结合平时运行管理记录，统计分析现场检查结果，对水闸工程各组成部分病害产生的原因进行初步分析，为下一步的现场安全检测、工程复核计算和水闸安全评价做好前期工作。

1. 土石结构

对相关原始资料进行整理分析,了解施工过程的质量控制情况,基础防渗体系是否安全可靠,闸基与岸坡处理的实际质量是否达到工程设计和施工的技术要求并符合有关规范的规定。根据平时运行管理记录和现场检查结果,依据现行的相关规程规范,从设计、施工、质量监督、运行管理和运行条件变化等方面对砌体结构病害形成的可能原因进行分析描述。

土石结构产生病害的原因很多,主要有设计标准偏低或超标准运行、安全富裕量较少、地基抗力及荷载分布不均匀、渗流、运行环境相对恶劣、不能及时发现病害、维修和运行管理人员不够重视等。

2. 混凝土结构

对相关原始资料进行整理分析,主要了解施工质量控制情况及施工技术是否达到相关要求和规定,混凝土实际强度等级是否达到工程设计等级和混凝土结构的施工验收标准。认真查看平时运行管理记录,了解运行过程中引河水质情况,特别是沿海地区和附近有污染源的水闸更应结合现场检查结果,依据现行相关规程规范,从设计、施工、质量监督、运行管理和运行条件变化等方面对混凝土结构病害形成的可能原因进行分析描述。

混凝土结构病害产生的原因很多,主要有原材料选配不当、违反操作规程、特殊部位施工不当、施工时搅拌不均匀及振捣不密实、混凝土强度等级达不到设计标号、混凝土老化、引河水质侵蚀、高速水流冲刷和磨蚀、地基不均匀沉降、钢筋锈蚀、环境条件和使用情况变化、维修不及时等。

3. 闸门

对相关原始资料进行整理分析,了解施工过程的质量控制情况,焊接工艺、焊接技术、焊缝等级、螺栓铆钉强度等级和安装尺寸等是否达到工程设计要求和施工验收标准。结合平时运行管理记录和现场检查结果,依据现行的相关规程规范,从设计、制造、安装、质量监督、运行管理、运行条件变化和管理水平等方面对闸门病害形成的可能原因进行分析描述。

钢闸门病害产生的原因主要有安装尺寸、钢材材质、焊缝质量、预埋件埋设和表面防腐涂层质量达不到相关要求,引河水质腐蚀,水流不良流态,止水装置失效,不能及时维修养护、运行管理人员技术水平低等。

钢筋混凝土闸门病害产生的原因参考混凝土结构进行分析。

4. 启闭机

对启闭机病害产生的原因进行初步分析的关键是对平时运行管理记录和相关原始资料整理分析,详细了解运行维护是否正常,设备制造和安装质量控制是否达到工程设计要求和施工验收标准。结合现场检查结果,依据现行的相关规程规范,从设计、制造、安装、质量监督、运行管理、运行条件变化和管理水平等方面对启闭机病害形成的可能原因进行分析描述。

启闭机病害产生的原因主要有设备制造和安装质量达不到相关要求,钢丝绳断丝、腐蚀,传动部位变形、腐蚀,线路老化,超载运行,油质变质和油量不足,运行管理人员技术水平低和不能及时维修养护等。

5. 电气设备

对电气设备病害产生的原因进行初步分析的关键是整理分析平时运行管理记录和相关原始资料，重点了解设备制造、安装的质量控制情况及验收结果，是否按规定进行定期检查、维修和养护。结合现场检查结果，依据现行的相关规程规范，从设计、制造、安装、质量监督、运行管理、运行条件变化和管理水平等方面对电气设备病害形成的可能原因进行分析描述。

电气设备病害产生的原因主要有制造和安装质量达不到相关要求，电机维护不良，型号已淘汰，输电线路老化，操作控制装置不可靠，指示仪表和避雷器未按规定进行定期校核，自备电源发电机未正常维护检修，变压器超负荷运行，运行管理人员技术水平低和维修养护不及时等。

6. 观测设施

对平时运行管理记录及相关原始资料进行整理分析，了解施工过程的质量控制。结合现场检查结果，依据现行的相关规程规范，从设计、施工、质量监督、运行管理和运用条件变化等方面对观测设施病害形成的可能原因进行分析描述。

观测设施病害产生的原因主要有布设不合理不完善、人为破坏、设施维修不及时等。

（二）对工程安全状况影响初步分析

结合平时运行管理资料，整理分析现场检查结果，依据相关规程规范并结合工程经验，按水闸工程各组成部分指出病害出现部位的关键性和损伤程度，分析对工程安全状况的影响，为最终的水闸安全评价做好基础性工作。

1. 土石结构

常见的塌陷、裂缝、渗漏、滑坡、白蚁害兽等病害可能对土石结构造成局部破坏，如不及时维修则可能影响整个工程的运用。底部淘空和垫层散失属于隐性病害，需要实时观测，在不可预估的情况下可能产生严重后果。渗漏、止水失效等会缩短渗流路径，排水及导渗、减压设施损坏、堵塞或失效会增大扬压力，给工程运行带来潜在危害，甚至造成工程整体破坏。

2. 混凝土结构

常见的裂缝、腐蚀、磨损、剥蚀、露筋及冻融等病害使混凝土结构中的钢筋保护层厚度减小，加速混凝土碳化和钢筋锈蚀，削弱受力钢筋面积，降低构件承载能力，贯通性裂缝还可能改变水闸的渗流路径，给工程带来不同程度的隐患。

3. 闸门和启闭机

常见的门体变形、锈蚀、支承行走机构运转失灵和启闭机械运转失灵、油路不畅及油量不足、油质变质等病害会使闸门行走困难，并伴随严重振动和异常声响，严重时闸门不能升降，影响水闸工程功能的发挥，在洪水和风暴潮突然来临时会造成巨大的经济损失和人员伤亡。

4. 电气设备

电气设备常见的线路老化，安全保护装置、防雷设施和备用电源不可靠，操作控制系统失效失准，绝缘电阻值不符合规定要求等病害，首先对管理人员人身安全造成威胁，其次会给水闸运行带来不安全因素，影响水闸工程功能的正常发挥。

5. 观测设施

基准高程点和起测基点、河床变形观测断面桩和伸缩缝观测标点的缺失、损坏、失准等病害会影响水闸工程的变形、位移、沉降观测;测压管或渗压计失效,将影响闸底扬压力的观测,使观测设施失去预警功能。同时,使理论计算结果和工程实际观测结果无法有效对比,导致安全评判结果失真,进而影响安全鉴定结论的准确性。

三、补充调查

补充调查是进行全面、合理和科学评价的又一保障。在整理分析、初步评判进而形成工程现状调查分析报告过程中,发现评判资料缺项、不足时,应对该部分内容进行补充调查。

1. 查明评判资料缺项、不足的原因

结合平常运行管理资料,分析整理现场调查记录,参照相关规程规范,查找评判资料缺项、不足的原因,如部分资料暂时无法得到、丢失、漏检、描述不详或错误等。

2. 补充调查方法

补充调查方法仍以目测为主,配合卷尺、照相器材等简单工具进行。具体方法为:

(1)根据补充调查内容的需要,进一步深入查看运行管理记录及相关资料;

(2)对暂时无法得到的资料应扩大范围收集;

(3)对丢失的资料按原途径收集补充或现场补查;

(4)对漏检项目及描述不详或错误的资料进行重新检查。

第四节　工程现状调查分析报告的编写大纲

在技术资料收集与整理分析、工程现状全面调查和必要的补充调查、工程存在问题和缺陷初步原因分析、对工程安全状况影响的初步分析均已完成的基础上进行工程现状调查分析报告的编写。报告编写大纲及主要内容如下。

一、基本情况

(一)工程概况

主要包括水闸建成时间,工程规模,水闸所处位置,主要结构和闸门、启闭机型式,工程设计效益和实际效益,工程的建设程序等。

如果可能,还应包括工程的工程地质勘测单位、设计单位、施工单位、监理单位及运行管理单位等。

(二)设计与施工

主要包括水闸工程建筑物级别和设计特征值、地基情况和地基处理措施、水文气象、工程地质与水文地质,施工中发生的主要质量问题及处理措施,工程的改扩建或加固情况以及其中发生的主要质量问题及处理措施等。

(三)运行管理

1. 技术管理制度执行情况

主要包括技术管理人员情况、技术管理制度的制定和执行情况、人员分工及履行职责情况、管理和保护范围、主要管理设施、工程调度运用方式和控制运用情况、工程监测等。

2. 工程事故及处理措施

运行期间遭遇洪水、风暴潮、强烈地震及重大工程事故造成的工程损坏情况及处理措施等。

二、工程安全状态初步分析

首先应对工程现状调查所采取的方式、方法及步骤进行简要介绍,概述工程现状调查的主要工作。然后分部位、分构件对出现的问题和缺陷等现场调查结果逐项进行详细描述,并对问题和缺陷产生的原因和对工程的影响进行初步分析。一般分析内容包括:

(1)土石结构;

(2)混凝土结构;

(3)闸门;

(4)启闭机;

(5)电气设备;

(6)观测设施。

三、结论与建议

(一)结论

提出水闸土石结构、混凝土结构、闸门、启闭机、电气设备和观测设施等工程的初步分析结论。

(二)建议

(1)根据现场调查及对水闸各组成部分的分析评定结果,明确提出现场安全检测和工程复核计算的内容。

(2)给出对工程大修或加固等初步处理意见的建议。

第四章　现场安全检测

水闸现场安全检测是水闸安全鉴定过程中必不可少的环节，同时也是水闸除险加固的重要依据之一。现场安全检测承担单位除应符合水利部相关文件规定外，还应具有省级或省级以上计量认证主管部门的实验室资质认证证书。

在对水闸进行现场安全检测前，应熟悉相关技术资料和《工程现状调查分析报告》及水闸安全现状，依据现行相关规程规范，制定合理的现场安全检测方案，并据此开展现场安全检测工作。

本章主要从现场安全检测的一般规定、现场检测方案编制、检测项目和检测方法及检测报告的编写等方面对水闸安全鉴定中的现场安全检测工作进行说明。

第一节　一般规定

依据 SL214—98《水闸安全鉴定规定》，水闸现场安全检测的一般规定主要包括现场安全检测项目的确定与依据、检测的规定与要求、检测方法与抽样方案等 3 个主要方面。

一、检测项目的确定与依据

(一)检测项目

水闸现场安全检测项目，应根据工程情况、管理运用中存在的问题和具体条件，结合水闸工程技术资料、《工程现状调查分析报告》和相关规程规范综合研究确定，以能够反映水闸工程的安全现状和为复核计算提供必要的参数为目的。检测项目一般包括：

(1)地基土和填料土的基本工程性质；

(2)砌体结构的完整性；

(3)防渗和导渗及消能防冲设施的有效性和完整性；

(4)混凝土结构的强度、变形和耐久性；

(5)闸门、启闭机的安全性；

(6)电气设备的安全性；

(7)观测设施的有效性；

(8)其他有关专项测试。

(二)检测依据

1. 相关规程规范和标准

(1)SL214—98《水闸安全鉴定规定》；

(2)GB/T50123—1999《土工试验方法标准》；

(3)SL237—1999《土工试验规程》；

(4)SL352—2006《水工混凝土试验规程》；

(5)SL239—1999《堤防工程施工质量评定与验收规程(试行)》;

(6)GB/T50315—2000《砌体结构现场检测技术标准》;

(7)GB/T50344—2004《建筑结构检测技术标准》;

(8)JGJ/T23—2001《回弹法检测混凝土抗压强度技术规程》;

(9)CECS02:2005《超声回弹综合法检测混凝土强度技术规程》;

(10)CECS03:2007《钻芯法检测混凝土强度技术规程》;

(11)JCJ/T152—2008《混凝土中钢筋检测技术规程》;

(12)CECS21:2000《超声法检测混凝土缺陷技术规程》;

(13)CECS220:2007《混凝土结构耐久性评定标准》;

(14)SL226—98《水利水电工程金属结构报废标准》;

(15)SL101—94《水工钢闸门和启闭机安全检测技术规程》;

(16)GB50150—2006《电气装置安装工程电气设备交接试验标准》;

(17)SL75—94《水闸技术管理规程》;

(18)SL170—96《水闸工程管理设计规范》;

(19)SL326—2005《水利水电工程物探规程》;

(20)SL436—2008《堤防隐患探测规程》;

(21)相关行业管理规定。

2. 工程现状调查分析报告

根据水闸管理单位所做出的《工程现状调查分析报告》,熟悉水闸安全现状,必要时还应结合工程现状调查分析成果进行现场勘查。《工程现状调查分析报告》中,工程病害产生原因的初步分析及对工程安全状况影响初步分析是确定检测项目的重要依据。

3. 设计、施工资料

对收集的设计和施工资料进行分析,特别对设计资料中的材料标号、钢筋布置、结构尺寸等重要指标应进行详尽记录。对施工中材料的配比、产生的缺陷及处理措施等进行认真分析,在现场安全检测工作中对这些内容进行量化记录并进行核对、分析。

4. 运行管理资料

对收集的运行管理资料进行分析,特别对于水闸在使用过程中遭遇超标洪水、人为破坏、违规操作后的安全检查资料进行分析,并在现场安全检测工作中对其形成的缺陷进行量化记录,对缺陷发展速度较快的内容,必要时应进行专项测试。

二、现场安全检测规定与要求

(一)现场检测规定

(1)现有检查观测资料能满足安全鉴定分析要求的,可不再检测;

(2)检测项目应与工程复核计算内容相协调;

(3)检测工作应选在对检测条件有利和对水闸运行干扰较小的时期进行;

(4)检测点应选择在能较好地反映工程实际安全状态的部位上,如出现渗水漏水的部位、受到较大反复荷载或动力荷载作用的构件、受到腐蚀性介质侵蚀的构件、受到污染影响的构件、与侵蚀性土壤直接接触的构件、受到冻融影响的构件、委托方定期检查怀疑有安全隐患的构件及容易受到磨损、冲撞损伤的构件等；

(5)现场检测宜采用无破损检测方法，如必须采用破损检测时，应尽量减少测点，检测结束后，应及时予以修复。

(二)现场检测要求

(1)检测时应确保所使用的仪器设备在检定或校准周期内，并处于正常状态，仪器设备的精度应满足检测项目的要求。

(2)检测的原始记录应记录在专用记录纸上，数据准确、字迹清晰，信息完整，不得追记、涂改。如有笔误应进行杠改；当采用自动记录时，应符合有关要求；原始记录必须由检测及记录人员签字。

(3)现场取样的试件或试样应予以标识并妥善保存。

(4)当发现检测数据数量不足或检测数据出现异常情况时，应进行补充检测。

(5)现场检测工作结束后，应及时修补因检测造成的结构或构件的局部损伤，修补后的结构构件，应满足原结构构件承载能力的要求。

三、检测方法与抽样方案

(一)检测方法

1. 选用原则

水闸现场安全检测应根据检测项目、检测目的、水闸结构型式和现场条件选择适宜的检测方法。

2. 选用方法

水闸现场安全检测可选用下列检测方法：

(1)有相应标准的检测方法；

(2)有关规范、标准规定或建议的检测方法；

(3)参照第(1)条的检测标准，扩大其适用范围的检测方法；

(4)检测单位自行开发或引进的检测方法。

3. 选用方法的相关规定

(1)当选用有相应标准的检测方法时，应遵守下列规定：①对于通用的检测项目，应选用国家标准或行业标准；②对于有地区特点的检测项目，可选用地方标准；③对同一种方法，地方标准与国家标准或行业标准不一致时，有地区特点的部分宜按地方标准执行，检测的基本原则和基本操作要求应按国家标准或行业标准执行；④当国家标准、行业标准或地方标准的规定与实际情况确有差异或存在明显不适用问题时，可对相应的规定做出适当的调整或修正，但调整与修正应有充分的依据，调整与修正的内容应在检测方案中予以说明，必要时应向委托方提供调整与修正的检测细则。

(2)当采用有关规范、标准规定或建议的检测方法时，应遵守下列规定：①当检测方法有相应的检测标准时，应按上一条规定执行；②当检测方法没有相应的检测标准时，检测单位应有相应的检测细则，检测细则应对检测所用仪器设备、操作要求、数据的处理等做出规定。

(3)当采用扩大相应检测标准适用范围的检测方法时，应遵守下列规定：①所检测项目的目的与相应检测标准相同；②检测对象的性质与相应检测标准检测对象的性质相近；③必须采取有效的措施消除因检测对象性质差异而存在的检测误差；④检测单位应有相应的检测细则，在检测方案中应予以说明，必要时应向委托方提供检测细则。

(4)当采用检测单位自行开发或引进的检测仪器及检测方法时，应遵守下列规定：①该仪器或方法必须通过技术鉴定；②该方法应与已有成熟的方法进行比对，予以验证；③检测单位应有相应的检测细则，检测细则应对检测所用仪器设备、操作要求、数据的处理等做出规定，并给出测试误差或测试结果的不确定度；④在检测方案中应予以说明，必要时应向委托方提供检测细则。

(二)抽样方案

1. 闸孔抽样比例确定

依据SL214—98《水闸安全鉴定规定》第4.1.3条，多孔闸应在普查基础上，选取能较全面反映整个工程实际安全状态的闸孔进行抽样检测。抽样比例应综合闸孔数量、运行情况、检测内容和条件等因素确定，一般应符合下列规定：

(1)10孔以内的水闸为100%～30%；

(2)11～20孔的水闸为30%～15%；

(3)21～70孔的水闸为15%～10%；

(4)超过70孔的水闸可酌量减少抽样比例。

边孔受力特点与中孔区别较大，故应至少抽检一个边孔；另外，使用频率较高或外观质量较差的闸孔一般能反映整个工程实际安全状态，宜选为抽检闸孔。确定闸孔后，应对闸孔内各构件进行相应项目检测。

对外部缺陷的检测，应采用全数检测方案。

如果水闸外观质量较好且差异不大时，采用随机抽样方法确定抽检闸孔。

由于SL214—98《水闸安全鉴定规定》中规定的抽孔检测方法往往不能较全面地反映水闸的安全状况，采用破损检测或半破损检测时对水闸的损坏又较集中，因此为了使抽样检测更能全面地反映水闸的安全状况，灵活选取检测构件，建议采用按检测单元综合抽样的方法检测，即按水闸结构的部位、结构型式等特征先进行检测单元划分和构件划分，然后依据上述规定的比例按检测单元抽取相应的检测构件。检测单元及抽检构件划分示例如表4.1所示。

表4.1 检测单元构件类型

检测单元	构件类型	备注
上游连接段	护坡、护底、翼墙、铺盖、防冲槽	
闸室段下部	闸门、闸墩、底板、顶板、胸墙	
涵洞段	闸墙、底板、顶板	
下游连接段	护坡、翼墙、消力池、海漫、防冲槽	
启闭机房及管理用房	梁、板、柱、墙	构件确定参照GB/T50344—2004
交通桥	梁、板、柱	构件确定参照GB/T50344—2004
工作桥	排架柱、梁、板	构件确定参照GB/T50344—2004

2. 钢闸门和启闭机抽样

钢闸门和启闭机抽样检测的最小样本容量可参照 SL101—94《水工钢闸门和启闭机安全检测技术规程》。抽样检测比例按如下规定进行:

(1)闸门孔数为 100 以上时,抽样比例为 10%;

(2)闸门孔数为 100~51 时,抽样比例为 10%~15%;

(3)闸门孔数为 50~31 时,抽样比例为 15%~20%;

(4)闸门孔数为 30~11 时,抽样比例为 20%~30%;

(5)闸门孔数为 10~1 时,抽样比例为 30%~100%。

第二节 现场安全检测方案的编制

水闸现场安全检测涉及面广、技术性强、覆盖专业多,为了有序、有针对性地开展工作,编制现场安全检测方案非常必要。现场安全检测方案是现场安全检测的工作大纲和作业指导书;是水闸安全鉴定工作的重要步骤;是水闸管理单位全面了解现场检测的内容和进度安排,准备配合工作的重要资料。

一、编制原则

水闸现场安全检测应根据检测目的和工程现状调查报告及相关的规程规范,合理地确定检测项目、检测内容和检测方法,选择适宜的检测仪器,编制完善的水闸检测方案。现场安全检测方案应征得水闸安全鉴定组织单位的同意。

二、编制步骤

水闸安全鉴定承担单位承担水闸安全鉴定任务后,按下列步骤形成水闸现场检测方案:

(1)分析现状调查分析报告,了解工程现状;

(2)现场查勘,与水闸管理单位充分沟通,详细了解水闸病险,确定检测目的;

(3)研究制订现场检测初步方案;

(4)水闸安全鉴定组织单位组织成立的水闸安全鉴定专家组审查通过现场安全检测方案。

三、编制大纲

水闸现场检测方案编制大纲一般包括:

(1)工程概况。水闸位置、类型、设计规模、建成年代及改扩建情况和运行管理情况等。

(2)检测目的。根据委托方的检测要求确定进行全面安全鉴定或单项安全鉴定。

(3)检测依据。检测所依据的规程规范及有关的技术资料等。

(4)检测项目和选用的检测方法及检测数量。根据检测目的和水闸管理单位提供的《工程现状调查分析报告》及相关规程规范,综合研究确定检测项目,然后选择相应的检测方法并说明构件抽测比例或数量。

(5)检测人员和仪器设备。介绍水闸现场安全检测项目负责人和其他人员基本情况(职称、检测年限、资格证书),检测拟使用的仪器设备及其编号、数量和校验日期。

(6)检测工作进度。列出现场安全检测需要的总时间及其计划进度。

(7)所需要的配合工作。提出水闸管理单位所需要的配合工作,如水、电、检测平台及修补工作等。

(8)安全措施。拟定检测工作中的用电安全措施和高空作业措施;采用射线法进行钢结构探伤检测时,应提出防辐射措施。

(9)环保措施。对现场检测工作中可能造成环境污染的检测方法,提出减小或控制污染的措施。

第三节　现场安全检测的项目和方法

水闸现场安全检测项目一般包括:地基土、填料土的基本工程性质,土石结构的完整性,防渗、导渗与消能防冲设施的有效性和完整性,混凝土结构的强度、变形和耐久性,闸门、启闭机的安全性,电气设备的安全性,观测设施的有效性和其他有关专项测试。本节主要阐述现场安全检测项目的内容及对应的检测方法。

一、地基土和填料土的基本工程性质

依据SL214—98《水闸安全鉴定规定》第4.1.3条,闸室或岸墙、翼墙发生异常沉降、倾斜、滑移等情况,除应检测水下部位结构外,还应检测地基土和填料土的基本工程性质指标。

水闸基础异常变形往往是由于闸基的基土流失或沉降造成的。检测水闸工程的地基土和填料土主要是为了查明其基本工程性质指标,用以分析闸基异常沉降的原因。

当水闸工程的《工程地质勘测报告》资料齐全时,也可依据该报告提供的地基土和填料土的基本工程性质指标分析其原因。

(一)检测内容

主要检测地基土和填料土的抗剪强度、压缩模量和弹性模量等基本工程特性指标。

(二)检测方法

检测时,可采用野外鉴别、标准贯入试验、轻便触探试验等方法按相应规范规程确定。现场试验时,可在水闸地基附近适当距离内进行。

二、土石结构的完整性

(一)检测内容

土石结构检测内容一般包括外观质量与缺陷检测、砌石尺寸和平整度检测、变形与损伤检测。当水闸闸室段或涵洞段为土石结构并需要进行复核计算时,还应检测砌筑砂浆的抗压强度和砌体的强度。

(二)检测方法

1.外观质量与缺陷

外观质量与缺陷主要包括裂缝、块石风化、块石塌陷、松动、勾缝脱落。

裂缝检测采用目测法,配以钢尺、深度游标卡尺和塞尺等工具,对裂缝的位置、分布和形态等参数采用绘图或拍照等方法进行记录,必要时粘贴石膏板对裂缝进行监测。

块石风化、塌陷、松动、勾缝脱落的检测采用目测法，配以钢尺或皮尺等工具，对缺陷面积进行测量、记录，并计算缺陷面积占所测构件面积的百分比。

2. 砌石尺寸和平整度

采用钢尺测量砌石尺寸、靠尺量测平整度，按 SL239—1999《堤防工程施工质量评定与验收规程(试行)》第 3.9.2 条的规定判断是否合格。

3. 变形与损伤

(1)构件或结构的倾斜，可用经纬仪、激光定位仪、三轴定位仪或吊锤的方法检测；

(2)当结构受到损伤时，对环境侵蚀，应确定侵蚀源、侵蚀程度和侵蚀速度，对冻伤，可采用取芯法和剔除法检测砌石损伤厚度和面积。

4. 砌筑块材和砂浆的强度

砌筑块材和砂浆的强度可参照 GB/T50344—2004《建筑结构检测技术标准》执行。

三、防渗和导渗及消能防冲设施的有效性和完整性

(一)检测内容

防渗和导渗及消能防冲设施的检测内容主要包括止水失效，结构断裂，基土流失，冲坑和塌陷，海漫、消力池冲刷及裂缝等，还包括判断水闸地基是否发生渗流等内容。

(二)检测方法

防渗和导渗及消能防冲设施检测要在分析《工程现状调查分析报告》和运行管理资料反映病害的基础上进一步详细调查，对存在的病害现场观察、量测和拍照。

(1)伸缩缝止水失效主要观察止水有无损坏、渗水和其他渗出物等情况；水闸止水失效主要观察闸门是否渗水、止水带是否有弹性；同时要判断其危害程度。

(2)结构断裂主要观察裂缝处有无渗水现象及水流混浊程度，判断有无土体流失。

(3)基土流失主要观察排水孔、减压井排出水流的混浊程度，判断有无土体流失。

(4)冲坑和塌陷主要测量其发生部位、面积及深度，检查有无渗流。

(5)海漫、消力池主要观察有无淤积、冲刷破坏和裂缝等情况，判断是否发生渗流现象。

四、混凝土结构的强度和变形及耐久性

水闸混凝土结构检测的目的是通过现场检测，评定水闸混凝土结构的工程现状，同时为工程复核计算提供相关数据和依据。

(一)检测内容

水闸混凝土结构的检测内容一般包括混凝土构件外观质量与缺陷检测、混凝土抗压强度检测、变形与损伤检测及钢筋的配置与锈蚀检测。对于承重结构荷载超过原设计荷载而产生明显变形的，应检测结构的应力和变形值；结构因受侵蚀性介质作用而发生腐蚀的，应测定侵蚀性介质的成分、含量和结构的腐蚀程度。

(二)检测方法

1. 外观质量与缺陷检测

1)缺陷类型

混凝土结构构件的外观质量与缺陷大致可分为四类：

(1)裂缝,包括非受力裂缝和受力裂缝;

(2)层离、剥落、露筋、掉棱、缺角、蜂窝麻面、表面侵蚀、冻融破坏等;

(3)内部空洞、离析、结合面质量等内部缺陷。

2)检查方法

(1)裂缝。裂缝检测主要是检查记录裂缝的形态、分布情况;利用读数显微镜、裂缝宽度测试仪、钢尺等检测裂缝的长度、宽度和间距等;采用超声测缺法量测裂缝的深度,观察裂缝周围有无锈迹、锈蚀产物和凝胶泌出物;对尚未稳定的裂缝可用千分表、粘贴石膏板等方法监测裂缝发展情况。裂缝检测结果应如实反映裂缝的形态、分布情况和裂缝周边混凝土表面状况,应尽可能采用图形和照片进行描述并附文字说明。

(2)层离、剥落或露筋、掉棱或缺角、蜂窝麻面、表面侵蚀、冻融破坏。检测方法主要采用目测法,辅以钢尺测量和锤击检查,也可采用红外热成像仪对水闸结构的开裂、剥离、渗漏进行快速扫描。主要测量损伤面积和深度,并测算缺陷面积占构件表面面积的比值。检测结果应如实反映损伤状况,尽可能采用图形和照片进行描述,并应附有详尽的文字说明。

(3)内部缺陷。SL214—98《水闸安全鉴定规定》条文说明第1.0.6条推荐水闸混凝土内部缺陷检测采用超声法,依据规程为CECS21:2000《超声法检测混凝土缺陷技术规程》。但采用超声法测试内部缺陷时,一般需要被测构件具有对测面,但水闸工程中边墩、闸底板、顶板、胸墙等构件不具备超声法的检测条件,需采用其他方法检测,如冲击－回波法、混凝土雷达检测技术等。

2. 混凝土抗压强度检测

1)检测方法

SL214—98《水闸安全鉴定规定》条文说明第1.0.6条推荐的水闸混凝土强度检测方法有回弹法(JGJ/T23—2001《回弹法检测混凝土抗压强度技术规程》)、超声回弹综合法(CECS02:2005《超声回弹综合法检测混凝土强度技术规程》)和钻芯法(CECS03:2007《钻芯法检测混凝土抗压强度技术规程》)。SL352—2006《水工混凝土试验规程》关于水工混凝土抗压强度现场测试方法有回弹法、射钉法、超声法、钻芯法,其中射钉法、超声法需制作一批试件,且试件的原材料、配合比、振捣方法、养护条件应与被测建筑物混凝土一致。被鉴定的水闸一般建成年限都较长,制作试件比较困难,因此,这两种方法在水闸现场安全检测中应用难度较大。

回弹法和超声回弹综合法属于无损检测方法,钻芯法属于半破损检测方法,这三种方法在水闸中的应用范围见表4.2。

2)测区布置

确定水闸混凝土构件检测方法后,应按相关规范布置测区。对于尺寸较大的构件(如铺盖、闸墩、胸墙等),测区间距可取规范规定的较大值。

采用回弹法或超声回弹综合法时,由于水闸在运用过程中,同一构件的外观、碳化情况可能发生较大差异,因此在布置测区时应加以注意。如:

(1)闸墩经水流冲刷,造成闸墩下部剥蚀、表面凹凸不平,而上部较好时,应按外观质量将该闸墩分成不同的构件进行测区布置,分别选用合适的方法进行检测。

(2)处于水位变化范围内的混凝土构件如果水上、水下部分碳化深度差异较大,也应将其分成不同的构件进行测区布置,分别选用适合的方法进行检测。

(3)在测试过程中,遇到测试参数(回弹值、声时值等)变化幅度较大时,应对异常区域加密布置测区进行检测。

表4.2 水闸工程混凝土强度检测方法

检测方法	测试参数	适用部位	备注
回弹法	表面硬度值	(1)闸墩(墙)、铺盖、涵洞段底板、顶板、闸门、胸墙、工作桥、交通桥等; (2)受环境侵蚀(如污染、氯离子腐蚀等)影响且影响层能剔除的构件	(1)冲蚀比较严重、凸凹不平的构件不适宜用该方法; (2)使用该方法时,建议先钻芯验证其适用性,后钻芯修正
超声回弹综合法	表面硬度值和超声波声速	(1)闸墩(墙)、铺盖、涵洞段底板、顶板、闸门、胸墙、工作桥、交通桥等; (2)受环境侵蚀(如污染、氯离子腐蚀等)影响且影响层能剔除的构件	(1)冲蚀比较严重、凸凹不平的构件不适宜用该方法; (2)使用该方法时,先钻芯验证其适用性,后钻芯修正
钻芯法	芯样试验压力	所有混凝土构件	不宜大量采用,但破损严重或强度存疑部位宜采用

3.变形检测

1)检测内容

内容主要包括构件的挠度、结构的倾斜和基础不均匀沉降等。

2)检测方法

(1)混凝土构件的挠度可用水准仪或百分表测量;结构的倾斜可用经纬仪、全站仪或吊锤测量。

(2)基础的不均匀沉降,可用水准仪检测,当需要确定基础沉降的发展情况时,应在混凝土结构上布置固定观测点进行观测,基础的累计沉降可依照基准高程点测量推算,观测操作应遵守 JGJ/T8《建筑变形测量规程》的规定。

4.损伤检测

1)检测内容

内容主要包括环境侵蚀损伤、灾害损伤、人为损伤、混凝土有害元素造成的损伤检测。

2)检测方法

(1)当混凝土结构受到损伤时,对环境侵蚀,应确定侵蚀源、侵蚀程度和侵蚀速度;对冻伤,可按本指南附录一的规定进行检测,并测定冻融损伤深度、面积。

(2)当怀疑混凝土存在碱骨料反应时,可从混凝土中取样,按 JGJ53《普通混凝土用碎石或卵石质量标准及检验方法》检测骨料的碱活性,按相关标准的规定检测混凝土中的碱含量。

(3)混凝土碳化深度值,可按本指南附录一进行检测。

(4)混凝土中氯离子的含量,可按本指南附录一进行检测。

5. 钢筋的配置与锈蚀检测

现场检测中主要检测承重构件主受力钢筋的配置和锈蚀。

1)检测内容

内容主要包括钢筋间距和保护层厚度、钢筋直径及钢筋锈蚀性状检测。

2)检测方法

(1)钢筋间距和保护层厚度,利用地质雷达或钢筋探测仪进行检测,必要时凿开混凝土进行验证,所用仪器应符合 JGJ/T152—2008《混凝土中钢筋检测技术规程》中的有关规定。

(2)钢筋直径利用钢筋探测仪进行检测,所用仪器应符合 JGJ/T152—2008《混凝土中钢筋检测技术规程》中的有关规定。

(3)钢筋锈蚀情况,采用剔凿法、电化学测定法和综合分析法检测。

五、闸门和启闭机的安全性

根据《工程现状调查分析报告》和运行管理记录等资料,按 SL226—98《水利水电工程金属结构报废标准》中相关规定,可以确定报废的钢闸门和启闭机不再进行本项内容检测。

(一)检测内容

内容主要包括外观质量、材料材性、焊缝质量、闸门启闭力、应力、水质及底质检测。

(二)检测方法

依据 SL101—94《水工钢闸门和启闭机安全检测技术规程》的相关规定进行现场检测,其中水质及底质检测,该规范给出了相关检测指标,具体检测方法及步骤详见 SL352—2006《水工混凝土试验规程》。

六、电气设备的安全性

水闸电气设备安全性检测的目的是通过现场检测,评定水闸电气设备安全状况,保障水闸的正常运行。

(一)检测内容

检测内容包括配套电动机的电气性能、输电线路和备用电源的完好性、防雷接地设施和安全保护装置的可靠性、动力成套配电(控制)柜的操作灵敏性。

(二)检测方法

1. 电动机

(1)校验电动机型号。查看铭牌,对比相关规范规程判断是否属于淘汰型号。

(2)测量绕组的绝缘电阻和吸收比。采用电阻测试仪(兆欧表)进行检测,额定电压为 1 000 V 以下,常温下绝缘电阻值不应低于 0.5 MΩ,额定电压转子绕组不应低于 0.5 MΩ/kV(1 000 V 以下电动机可不测吸收比)。

(3)测量可变电阻器、起动电阻器、灭磁电阻器的绝缘电阻。采用电阻测试仪(兆欧表)进行检测,可变电阻器、起动电阻器、灭磁电阻器的绝缘电阻应与回路一起测量,绝缘电阻值不应低于 0.5 MΩ。

(4)检查定子绕组极性及其连接的正确性。中性点未引出者可不检查极性。

(5)电动机空载转动检查和空载电流测量。采用电流表测量，记录电动机的空载电流，电动机空载转动检查的运行时间为 2 h。当电动机与其机械部分的连接不易拆开时，可连在一起进行空载转动检查试验。

2. 输电线路

(1)输电线路完好性采用查看检查方法对其接头牢固性、电路老化程度等方面进行检测，详细记录并依据规范判断是否合格。绝缘电阻采用接地电阻测试仪进行测量并判断合格与否。

(2)测量电缆绝缘电阻。测量各电缆导体对地或对金属屏蔽层间和各导体间的绝缘电阻。耐压试验前后，绝缘电阻测量应无明显变化；橡塑电缆外护套、内衬套的绝缘电阻不低于 0.5 MΩ/km。

(3)电缆交流耐压试验。采用 20 ~ 300 Hz 交流耐压试验，试验电压及时间见表 4.3。

表 4.3 橡塑电缆 20 ~ 300 Hz 交流耐压试验和时间

额定电压 U_0/U(kV)	试验电压(kV)	时间(min)
18/30 及以下	$2.5U_0$(或 $2U_0$)	5(或 60)
21/35 ~ 64/110	$2U_0$	60
127/220	$1.7U_0$(或 $1.4U_0$)	60
190/330	$1.7U_0$(或 $1.3U_0$)	60
290/500	$1.7U_0$(或 $1.1U_0$)	60

(4)检查电缆线路两端的相位。电缆线路两端的相位应一致，并与电网相位相符合。

3. 防雷接地设施

(1)电气设备的可接近裸露导体接地(PE)或接零(PEN)必须可靠，并经检查合格。

(2)接地网电气完整性测试。试验方法可参照国家现行标准《接地装置工频特性参数测试导则》的规定。试验时必须排除与接地网连接的架空地线、电缆的影响。

(3)接地阻抗。使用同一接地装置的所有电力设备，当总容量≥100 kVA 时，接地阻抗不宜大于 4 Ω，如总容量＜100 kVA，则接地阻抗允许大于 4 Ω，但不大于 10 Ω。

(4)金属氧化物避雷器及其基座的绝缘电阻测量，应符合下列要求：35 kV 以上电压，用 5 000 V 兆欧表，绝缘电阻不小于 2 500 MΩ；35 kV 及以下电压，用 2 500 V 兆欧表，绝缘电阻不小于 1 000 MΩ；低压(1 kV 以下)，用 500 V 兆欧表，绝缘电阻不小于 2 MΩ。基座绝缘电阻不低于 5 MΩ。

(5)金属氧化物避雷器的工频参考电压和持续电流的测量，应符合 GB11032《交流无间隙金属氧化物避雷器》或产品技术条件的规定。

4. 动力成套配电(控制)柜

(1)检查柜内接线是否正确，接头是否牢固，操作机构是否灵敏；

(2)动力成套配电(控制)柜的交流工频耐压试验应符合规范要求。

5. 安全保护装置

(1)采用现场试验法检测保护装置是否灵敏、指示是否准确,并依据规范对其作出评价。

(2)采用接地电阻测试仪对其绝缘电阻进行检测并依据规范判断是否合格。

(3)控制回路宜进行模拟动作试验,经检查确认电气部分与机械部分的转动或动作协调一致,才能空载试运行、联动试运行。

6. 备用电源

(1)检查是否具有备用电源,查询备用电源的功率进行对比、判断是否与用电设备匹配;

(2)采用相应仪器仪表对备用电源的线路电流、电压、电阻、连接、接头牢固性和线路老化等方面进行检测并判断是否可靠。

七、观测设施的有效性

观测设备和设施所测得的数据是判断水闸运行状态是否正常的重要指标,其有效性关系到能否对水闸工程的安全进行监视及充分发挥水闸的效益。在水闸安全鉴定中,应对观测设施的有效性进行检测,检测内容和方法直接关系到安全评价的准确性。

(一)检测内容

检测基准高程点的可靠性(是否损坏、精度)、测压管的有效性(是否失效、灵敏度)、河床变形观测断面桩的完好性、伸缩缝及裂缝观测固定观测标点的完好性。

(二)检测方法

1. 基准高程点

采用目测法对基准高程点逐一检查,查看是否损坏;采用水准仪或经纬仪对垂直基准高程点和工作基点进行测量,分别将闭合差限差和两测回观测值之差与对应水准等级和视准线观测限差进行对比,判断精度是否满足要求(观测精度应满足三等以上水准测量规范要求)。

2. 测压管

采用目测法检查测压管管口或渗压计输出接口是否损坏,判断其完好性;采用水准仪或经纬仪对测压管管口高程按三等水准测量要求校测,判断其闭合差限差是否满足规定值(观测精度应满足三等以上水准测量规范要求),结合水闸垂直位移观测对测压管管口高程进行考证;采用注水试验检查测压管的灵敏度。

3. 河床变形观测断面桩

采用目测法检查河床变形观测断面桩是否损坏,判断其完好性。采用水准仪或经纬仪对断面桩的桩顶高程按三等水准要求进行测量,判断其闭合差限差是否满足规定值(观测精度应满足三等以上水准测量规范要求)。

4. 伸缩缝及裂缝观测的固定观测标点

采用目测法检查闸身两端边闸墩与岸墙之间、岸墙与翼墙之间建筑物顶部的伸缩缝上是否具有固定观测标点(若无,要求水闸主管单位设置必要的观测点),观测其是否损坏,判断其完好性。

八、其他有关专项测试

其他有关专项测试系指特殊工况的水闸，根据安全鉴定需要而进行的非常规性检测，如地基土对混凝土拖板的抗滑试验和管涌试验、闸门震动观测及水闸监控系统等。本部分主要针对应用较多的水闸监控系统进行检测内容和方法的简单介绍。

(一)检测内容

检测内容包括网络系统运行状况；现地控制单元(LCU)和PLC运行状况；执行元件、信号器、传感器、变送器等自动化元件的精度、线性度和工作可靠性；系统特性指标及安全监视和控制功能；计算机安装场所环境。

(二)检测方法

上述检测内容可按照以下检测方法分别检测。

(1)计算机监控系统的现场安全检测可按GB/T2887《电子计算机场地通用规范》、DL/T5051《水利水电工程水情自动测报系统设计规定》、DL400《继电保护和安全自动装置技术规程》中的有关规定执行。

(2)采用微机继电保护装置的计算机监控系统的现场安全检测可按DL/T587《微机继电保护装置运行管理规程》中的有关规定执行。

(3)计算机监控系统及微机继电保护装置的现场安全检测内容应满足自动监控的需要，系统软件应满足水闸计算机监控和信息化、网络化发展的要求。

第四节　现场安全检测报告的编写大纲

一般来说，水闸现场安全检测报告应分为前言、基本情况、检测目的和内容、检测方法和检测依据、抽样方案及数量、检测结果及分析、结论与建议等7部分。

一、前言

简单介绍该水闸进行安全鉴定的背景和现场检测工作情况。

二、基本情况

(一)工程概况

主要包括水闸建成时间，工程规模，水闸所处位置，主要结构和闸门、启闭机型式，工程设计效益和实际效益以及工程的建设程序等。

如果可能，还应包括工程的工程地质勘测单位、设计单位、施工单位、监理单位及运行管理单位等。

(二)设计与施工

主要包括水闸工程建筑物级别和设计特征值、地基情况和地基处理措施、水文气象、工程地质与水文地质、施工中发生的主要质量问题及处理措施等，工程的改扩建或加固情况以及其中发生的主要质量问题及处理措施等。

（三）运行管理

（1）技术管理制度执行情况。主要包括技术管理人员情况、技术管理制度制定和执行情况、人员分工及履行职责情况、管理和保护范围、主要管理设施、工程调度运用方式和控制运用情况、工程监测等。

（2）工程事故及处理措施。运行期间遭遇洪水、风暴潮、强烈地震及重大工程事故造成的工程损坏情况及处理措施等。

（3）工程现状调查分析成果综述。介绍水闸的砌体结构、混凝土结构、闸门、启闭机和电气设备等工程的初步调查分析成果及建议进行的现场安全检测项目。

三、检测目的和内容

阐述进行水闸安全鉴定的检测目的以及确定的检测内容。

四、检测方法和检测依据

根据水闸确定的检测内容，简述进行各项现场检测的方法及依据的规程规范或相关的行业管理规定等。

五、抽样方案及数量

说明项目检测的抽样方案及检测数量（测区数或测点数、钻芯数量等）。

六、检测结果及分析

按水闸组成分述检测结果并进行分析。

1. 闸室段

根据检测水闸的不同情况，可按闸墩、闸底板、顶板、胸墙、工作桥、交通桥和启闭机房等分别列出各检测内容的检测结果。

2. 洞身段

根据检测水闸的不同情况，可按闸底板、顶板、侧墙（边墙）和出口拱桥分别列出各检测内容的检测结果。

3. 上游连接段

根据检测水闸的不同情况，可按护坡、翼墙、铺盖、护底分别列出各检测内容的检测结果。

4. 下游连接段

根据检测水闸的不同情况，可按护坡、翼墙、消力池、海漫等分别列出各检测内容的检测结果。

5. 围护结构

根据检测水闸的不同情况，可按上游侧混凝土护栏、下游侧混凝土护栏和机架桥护栏等分别列出各检测内容的检测结果。

6. 启闭设备

根据检测水闸的不同情况，可按机座、螺杆、钢丝绳、电动机等分别列出各检测内容的检测结果。

7. 闸门和附属设施

根据检测水闸的不同情况，可按闸门面板、行走机构和闸门止水等分别列出各检测内容的检测结果。

8. 观测设施

根据检测水闸的不同情况，可按基点高程点、测压管、河床变形观测的断面桩、伸缩缝及裂缝观测的固定观测标点等分别列出各检测内容的检测结果。

七、结论与建议

1. 现场安全检测结论

按水闸组成分别给出检测结论：

(1)闸室段检测结论；

(2)洞身段检测结论；

(3)上游连接段检测结论；

(4)下游连接段检测结论；

(5)围护结构检测结论；

(6)启闭设备检测结论；

(7)闸门和附属设施检测结论；

(8)观测设施检测结论。

2. 建议

根据现场安全检测结果，提出处理意见。

八、附图

汇总水闸现场安全检测典型缺陷图。

第五章 工程复核计算

工程复核计算是依据水闸基本技术资料，按照相关规程规范的规定对水闸安全状况的论证分析。其目的是分析水闸存在的安全隐患，揭示水闸病险原因和机理，给出相应结论，为水闸安全鉴定专家组准确地对水闸做出安全评价奠定良好的基础；同时又是水闸安全鉴定过程中的重要环节和步骤，是揭示水闸病险原因和机理的重要手段和方法之一。

SL214—98《水闸安全鉴定规定》对水闸工程复核计算的主要内容、需要开展复核计算的情况、钢筋锈蚀后混凝土结构的复核计算方法和材料锈蚀后钢闸门的复核计算方法等进行了原则规定。本章主要依据上述规定，结合工程实践经验，从工程复核计算的基本资料、计算方法、成果判定分析等方面，简要介绍水闸安全鉴定中工程复核计算的常用计算方法和步骤，以供国内水闸安全鉴定工作参考。

第一节 一般规定

一、依据规范

(1)SL214—98《水闸安全鉴定规定》；

(2)SL265—2001《水闸设计规范》；

(3)SL75—94《水闸技术管理规程》；

(4)SL252—2000《水利水电工程等级划分及洪水标准》；

(5)DL5077—1997《水工建筑物荷载规范》；

(6)SL/T191—96《水工混凝土结构设计规范》；

(7)SL203—97《水工建筑物抗震设计规范》；

(8)SL74—95《水利水电工程钢闸门设计规范》；

(9)DL/T835—2003《水工钢闸门和启闭机安全检测技术规程》等。

二、基本资料

(一)设计资料

设计资料主要包括以下内容：

(1)规划资料。主要包括水闸的最新规划数据，设计、改造时规划对水闸的任务和要求，规划条件，规划设计图等，规划资料是水闸复核计算的主要依据之一。

(2)水文气象资料。主要包括水文分析、水利计算、当地气象资料 3 个方面的内容。

(3)工程地质与水文地质资料。主要包括工程地质勘察报告，如地质剖面图、柱状图、地基土的物理力学指标、水文地质各项指标、工程地点地震烈度等。

(4)水闸施工图。主要包括水闸设计所依据的规程规范、地形、地质、水流、挡水、泄水和运行要求等设计依据、设计计算方法、工程施工图纸等。

(二)施工资料

施工资料主要包括以下内容:

(1)施工依据的技术标准、规范规程,施工组织设计。

(2)材料的品种和数量、出厂合格证和质量检测报告等,砂石料的来源及质量检测报告。

(3)混凝土配合比和试块试验报告,砂浆的配合比与试块试验报告,焊接试验或检验报告等。

(4)地基承载力试验报告。

(5)地基开挖记录,施工日志,隐蔽工程验收报告,安装工程验收报告,工程分项、分部和单元工程质量评定验收报告,与施工有关的其他技术资料如施工期间发现的质量问题、处理措施及其效果的详细记录等。

(6)施工期间的沉降观测记录。

(三)运行管理资料

运行管理资料主要包括水闸控制运用、检查观测、维修维护等资料。

三、基本要求

大中型水闸复核计算应遵守以下规定,小型水闸亦可参照执行:

(1)以最新的规划数据(防洪标准、水闸规模等)、检查观测资料和安全检测成果为主要依据,按照 SL265—2001《水闸设计规范》及其他有关标准进行;

(2)复核计算应充分利用现场安全检测成果,对水闸缺陷进行论证分析,如分析裂缝、消力池冲刷、闸室倾斜等现象产生的原因,并给出对水闸安全影响程度的判断。

第二节　复核计算内容

一、复核计算的主要内容

水闸工程复核计算内容包括 8 个主要方面,即防洪标准、过水能力,消能防冲、抗渗稳定性、整体稳定性、结构强度和变形、钢闸门结构强度和变形、抗震性能。

(1)防洪标准复核主要依据最新规划数据复核闸顶高程是否大于设防水位。

(2)过水能力复核主要依据过闸水位差,根据水闸的过闸流态计算闸孔出流流量 Q,并与水闸设计流量进行对比、判别。

(3)消能防冲复核主要依据过闸水位差、过闸流量和泄流方式判别消能防冲设施的尺寸(如消力池长度、宽度和深度等)是否满足消能需要。

(4)抗渗稳定性复核主要依据过闸水位差和渗径长度,结合防渗布置的现状对渗流破坏形式进行判断,计算闸基出口段渗透坡降并将其与规范允许值进行对比判别。

(5)整体稳定性复核主要依据水闸渗透压力和外部作用,根据水闸结构型式对岸墙和翼墙的基底应力、抗滑稳定和抗倾覆稳定进行判别,对闸室的基底应力、抗滑稳定和抗浮稳定进行判别。

(6)混凝土结构强度和变形复核主要依据现场检测成果(包括材料性能、结构尺寸和破损现象等),根据水闸结构型式对构件的强度、变形和裂缝分别进行承载能力极限状态和正常使用极限状态的判别。

(7)钢闸门结构强度和变形复核主要依据现场检测成果(包括材料性能、结构尺寸和材料腐蚀程度等),根据闸门结构型式对闸门面板、主梁、次梁、吊耳和轨道等构件进行强度和变形的判别。

(8)抗震性能复核主要依据现有地质勘察资料和水闸结构型式,对水闸地基和上部结构在设防烈度情况下的抗震性能进行判别。

二、计算内容确定的基本原则

水闸安全鉴定工作中,工程复合计算的具体内容应根据 SL214—98《水闸安全鉴定规定》的相关规定,结合工程现状调查分析和现场安全检测成果综合确定。确定的方法和原则如下:

(1)因规划数据的改变而影响水闸安全运行的,应区别不同情况进行闸室、岸墙和翼墙的整体稳定性、抗渗稳定性、水闸过水能力、消能防冲或结构强度等复核计算。

(2)水闸结构因作用荷载提高而影响工程安全的,应复核其结构强度和变形。

(3)闸室或岸墙、翼墙发生异常沉降、倾斜、滑移,应以新测定的地基土和填料土的基本工程性质指标,核算闸室或岸墙、翼墙的整体稳定性。

(4)闸室或岸墙、翼墙的地基出现异常渗流,应进行抗渗稳定性验算。

(5)混凝土结构复核计算,当需要限制裂缝宽度的结构构件出现超过允许值的裂缝时,应复核其结构强度和裂缝宽度;当需要控制变形值的结构构件出现超过允许值的变形时,应进行结构强度和变形验算;当主要结构构件发生锈胀裂缝或表面剥蚀、磨损而导致钢筋保护层破坏和钢筋锈蚀时,应按实际截面进行结构构件强度复核。

(6)闸门复核计算,当钢闸门结构发生严重锈蚀而导致截面削弱时,应进行结构强度、刚度和稳定性验算;当闸门的零部件和埋件等发生严重锈蚀或磨损时,应按实际截面进行强度复核。

(7)水闸上、下游河道发生严重淤积或冲刷而引起上、下游水位发生变化的,应进行水闸过流能力和消能防冲核算。

(8)地震设防区的水闸,原设计未考虑抗震设防或设计设防烈度低于现行标准的,应按 SL203—97《水工建筑物抗震设计规范》等有关规定进行复核计算。

第三节　防洪标准复核

防洪标准是水闸安全鉴定中的重要环节。早期建成的水闸一般存在着防洪标准偏低的问题。按照《中华人民共和国工程建设标准强制性条文》中水利工程部分的要求,对水闸防洪标准进行复核属于强制性内容。

一、基本资料

(1)水闸最新规划数据,特别是水闸所处位置的防洪标准或相邻桩位的防洪标准。

(2)水闸改扩建资料,如水闸所处堤防位置进行加高加固的相关资料。

(3)水闸沉降观测资料。

二、复核计算

一般来说,水闸安全鉴定中,各类有设防要求的水闸均需要进行防洪标准复核,复核的步骤和方法如下。

(一)设防水位

设防水位可通过查询流域或河流规划数据获得。对于没有对应规划数据的水闸,可按照 SL104—95《水利工程水利计算规范》和 SL44—93《水利水电工程设计洪水计算规范》中规定的计算方法,依据相关资料进行设防水位的推求。

(二)闸顶高程

闸顶高程可满足防洪标准的高度计算方法如下:

(1)挡水:闸顶高程等于正常蓄水位(或最高挡水位)与相应安全超高值之和;

(2)泄水:闸顶高程等于设计洪水位(校核洪水位)与相应安全超高之和。

三、成果判别与分析

应根据水闸不同类型,区分挡水闸和泄水闸,通过对比分析闸顶高程与对应水位的关系进行判断。

第四节　过流能力复核

水闸的过流能力是水闸工程安全程度的重要指标,对于控制、调节和输水水闸应根据规划数据等外部条件的变化有针对性地进行过流能力复核,验算其在不利工况下的实际过流能力是否满足分洪和灌溉等方面的要求。

一、基本资料

(1)水闸设计文件中的设计洪水的计算,确定设计过流能力。

(2)工程运行资料,如运行期的最高水位等。

(3)水闸验收及前次安全鉴定资料。

(4)水闸结构有关资料,如结构尺寸参数等。

(5)最新规划数据,包括以下主要内容:①流域最新规划数据,如防洪标准等;②运用期流域内相关水文(位)站历年实测洪水资料及人类活动(如调水调沙)对水文参数的影响资料;③引渠高程等。

二、复核计算

(一)需要复核计算的情况

(1)水闸规划数据改变;

(2)水闸上、下游河道发生严重淤积或冲刷而引起上、下游水位发生变化。

(二)复核方法和步骤

1. 开敞式水闸

(1)根据闸门在闸室的位置及闸门运用方式,判定过闸水流是堰流还是孔流状态。

(2)根据防洪标准及水闸设计相关资料,确定过闸水位差。

(3)堰流状态可分为平底堰流、高淹没度堰流、有坎宽顶堰流。结合水闸结构布置,平底堰流、高淹没度堰流按附录式(2-1)计算过闸流量 Q,有坎宽顶堰流按附录式(2-9)计算过闸流量 Q。

(4)孔流状态按附录式(2-10)计算过闸流量 Q。

2. 涵洞式水闸

分闸室段和涵洞段分别计算:

(1)闸室段计算方法同开敞式水闸。

(2)将根据闸室段计算出的下游水位高度,作为涵洞入口处水位高度来判别涵洞的流态。

(3)当涵洞处于半有压流和有压流之间时,应判别涵洞底坡陡、缓,分别计算对应的界限值,并判断涵洞流态。涵洞按流态可分为无压涵洞、半有压涵洞和有压涵洞 3 种流态。

(4)对无压涵洞,按附录二方法判断长短洞。

(5)分别按照不同情况,计算涵洞过流量、上部净空:①无压涵洞先按附表 2.6 确定最小净空高度,然后按附录式(2-16)计算涵洞过流量 Q;②半有压涵洞按附录式(2-17)计算涵洞过流量 Q;③有压涵洞根据非淹没压力流涵洞和淹没压力流涵洞分别按附录式(2-18)、式(2-23)计算涵洞过流量 Q。

三、成果判别与分析

设 Q 为根据水闸现有条件进行复核之后得到的过流量(m^3/s),Q'为水闸原设计过流量(m^3/s),则:

(1)$Q > Q'$,过流量满足设计要求;

(2)$Q < Q'$,过流量不满足设计要求。

第五节 消能防冲复核

水闸的消能防冲设施是保证水闸下游河(渠)道不被严重冲刷破坏的重要设施,对水闸安全具有重要的影响。因此,应根据水闸运用要求、上下游水位、过闸流量及泄流方式等,核算其在最不利水力条件下能否满足消散动能与均匀扩散水流等方面的要求。

一、基本资料

(1)水闸设计资料。如设计洪水计算部分的上下游水位、地质勘探资料等。

(2)工程运行管理资料。如水闸正常运用方式等。

(3)水闸验收及前次安全鉴定资料。

(4)水闸消能防冲设施设计资料。如消力池的尺寸等。

(5)最新规划数据。如防洪标准及对水闸运用的具体要求等。

(6)引渠相关资料。如高程、淤积情况等。

(7)现场安全检测成果。重点为消能防冲设施的冲刷磨损情况,以及与河(渠)道连接部位的损坏情况,设置防冲槽的深度等。

二、复核计算

(一)需要复核计算的情况

(1)规划数据改变;

(2)消能防冲设施出现病险问题。

(二)复核方法和步骤

水闸常用消能型式较多,如挑流消能、底流消能和戽流消能等。对应的消能设施也较多,如消力池、消力坎、综合消力池和消力齿、消力墩、消力梁等辅助消能工程,平原软基上建闸一般采用消力池。

以下主要介绍水闸工程中使用较多的挖深式底流消能矩形消力池的复核计算,同时简要介绍海漫长度和河(渠)道冲刷深度的复核方法。

1.消力池

消力池深度、长度按以下步骤复核:

(1)根据上游水深及收缩断面水深、单宽流量等参数按照附录式(2-27)~式(2-30),试算出满足水闸消能的消力池深度;

(2)根据弗劳德数 Fr 并区分不同情况分别按附录式(2-32)或式(2-33)计算自由水跃长度;

(3)按附录式(2-31)计算消力池长度 L_k。

2.海漫

根据不同土质确定土的抗冲系数,按附录式(2-34)计算海漫长度。

3.河床冲刷深度

分别按附录式(2-35)和式(2-36)计算海漫末端河床冲刷深度 d_1 和上游护底首端河床冲刷深度 d_2。

4.跌坎高度

将现场实测的跌坎坎顶仰角、跌坎反弧半径、跌坎长度等代入附录式(2-37)~式(2-39)中,计算跌坎的高度范围。

三、成果判别与分析

(一)消力池

将复核出的消力池深度、长度分别与现场检测测得的对应尺寸进行对比:如小于现场测得的尺寸,则满足规范要求;否则为不满足。

(二)海漫长度

将复核出的海漫长度与现场检测的海漫长度进行对比:如小于现场测得的尺寸,则满足规范要求;否则为不满足。

(三)河床冲刷深度

将复核出的海漫末端河床冲刷深度 d_1 和上游护底首端河床冲刷深度 d_2 分别与现场检测的下游防冲槽和上游防冲槽的深度进行对比:如小于现场测得的尺寸,则满足规范要求;否则为不满足。

(四)跌坎高度

现场实测的跌坎高度在附录式(2-37)~式(2-39)计算的高度范围内,为满足;反之为不满足。

第六节　防渗排水复核

水闸由于裂缝、散浸、沼泽化、流土、管涌等而造成的水闸安全和水资源浪费属于渗流排水方面的问题。应根据水闸渗控工程的实际效果、渗流条件的变化(如止水带破坏等)等现场检测成果对防渗排水的布置(排水孔、永久缝止水)、渗透压力和抗渗稳定性等方面进行复核。

一、基本资料

(1)水闸设计资料。如设计洪水计算部分的上下游水位、地质勘探资料、结构尺寸布置等。

(2)工程运行管理资料。如水闸中出现渗漏的部位和发生过的险情等。

(3)水闸验收及前次安全鉴定资料。

(4)最新规划数据。如防洪标准等。

(5)水文观测资料。如运用期流域内相关水文(位)站历年实测洪水资料及人类活动(如调水调沙)对水文参数的影响资料。

(6)现场安全检测成果,重点为止水带的损坏及水闸实际渗径长度的测量,如有闸底板下脱空区的成果,则应进行分析,绘出脱空区分布情况。

二、复核计算

(一)需要进行防渗排水复核的情况

(1)因规划数据的改变而影响安全运行的应对水闸抗渗稳定性复核计算;

(2)闸室或岸墙、翼墙的地基出现异常渗流,应进行抗渗稳定性验算。

(二)复核方法和步骤

1. 防渗排水的布置

按照附录式(2-40)计算水闸渗径长度 L,包括闸基轮廓线防渗部分水平段和垂直段长度。

2. 渗透压力

当水闸地基为岩基,可采用全截面等直线分布法按附录式(2-41)或式(2-42)计算渗透压力;当水闸地基为土基,可采用改进阻力系数法按附录式(2-43)~式(2-58)计算渗透压力。

3. 抗渗稳定性

水闸抗渗稳定性主要是对出口段渗流坡降值 J 进行判断,计算公式见附录式(2-59)。

三、成果判别与分析

(一)防渗排水布置

依据现行规程规范,从渗径长度、水平排水和垂直排水等方面对防渗布置及设施进行分析判别。

(二)渗流允许坡降值

(1)水闸地基为土基时,水平段和出口段允许坡降值[J]见表5.1。当渗流出口设滤层时,表列数值可加大30%。

表5.1 水平段和出口段允许渗流坡降值

地基类别	允许坡降		地基类别	允许坡降	
	水平段	出口垂直段		水平段	出口垂直段
粉砂	0.05~0.07	0.25~0.30	砂壤土	0.15~0.25	0.40~0.50
细砂	0.07~0.10	0.30~0.35	壤土	0.25~0.35	0.50~0.60
中砂	0.10~0.13	0.35~0.40	软黏土	0.30~0.40	0.60~0.70
粗砂	0.13~0.17	0.40~0.45	坚硬黏土	0.40~0.50	0.70~0.80
中砾、细砾	0.17~0.22	0.45~0.50	极坚硬黏土	0.50~0.60	0.80~0.90
粗砾夹卵石	0.22~0.28	0.50~0.55			

(2)水闸地基为砂砾石地基时,应首先判断可能发生的渗流破坏形式是流土破坏还是管涌破坏,判断方法为当 $4P_f(1-n)>1.0$ 时,发生流土破坏;当 $4P_f(1-n)<1.0$ 时,发生管涌破坏。流土破坏时渗流允许坡降值[J]仍采用表5.1数值,管涌破坏渗流允许坡降值[J]按式(5-1)、式(5-2)计算。

$$[J]=\frac{7d_5}{Kd_f}[4P_f(1-n)]^2 \tag{5-1}$$

$$d_f=1.3\sqrt{d_{15}d_{85}} \tag{5-2}$$

式中：$[J]$为防止管涌破坏的允许渗流坡降值；d_f 为闸基土的粗细颗粒分界粒径，mm；P_f 为小于 d_f 土粒百分数含量，%；n 为闸基土的孔隙率；d_5、d_{15}、d_{85} 分别为闸基颗粒极配曲线上小于含量 5%、15%、85% 的颗粒粒径；K 为防止管涌破坏的安全系数，可采用 1.5～2.0。

（三）判断方法

当 $J \leq [J]$ 时，水闸抗渗稳定性满足规范要求；当 $J > [J]$ 时，水闸抗渗稳定性不满足规范要求。

第七节　结构稳定复核

水闸闸室、岸墙或翼墙发生异常沉降、倾斜、滑移等病险是由于结构不稳定造成的，对结构在防洪排涝时的影响非常大。因此，应根据水闸上下游水位、结构布置、外部荷载、地基和填料土、渗流等方面资源对闸室、岸墙和翼墙结构在正常运行情况和防洪情况下的稳定性进行复核。

一、基本资料

（1）水闸设计资料。如设计洪水计算部分的上下游水位、地质勘探报告及地基土和填料土设计采用的基本工程性质指标、结构尺寸布置等。

（2）工程运行管理资料。如水闸异常变形的观测资料和发生过的险情等。

（3）水闸验收及前次安全鉴定资料。

（4）最新规划数据。如防洪标准等。

（5）现场安全检测成果。重点为水闸变形的测量，如针对地基土和填料土进行了取样或现场试验，则应以其基本工程性质试验结果作为计算基本资料。

二、复核计算

水闸结构稳定复核一般包括闸室地基承载力、抗滑和抗浮复核，岸墙地基承载力和抗滑复核，翼墙地基承载力、抗滑和抗倾复核。水闸结构稳定计算采用单一安全系数法，荷载采用标准值。

（一）需要进行复核计算的情况

（1）规划数据改变影响结构稳定的；

（2）闸室、岸墙或翼墙发生异常沉降、倾斜、滑移变形的。

（二）复核方法和步骤

1. 荷载计算

作用在水闸上的荷载一般有结构及其上部填料的自重、水重及静水压力、扬压力、土压力、淤沙压力、风压力、浪压力和地震惯性力等。各种荷载计算方法参见附录式（2-60）～式（2-77）。

2. 荷载组合

水闸在设计时的荷载组合思想是：将可能同时作用的各种荷载进行组合，荷载组合可分为基本组合和特殊组合两类:基本组合由基本荷载组成,特殊组合由基本荷载和一种或几种特殊荷载组成。地震荷载只应与正常蓄水位情况下的相应荷载组合。设计时对应的荷载组合见表5.2。

表5.2　荷载组合

荷载组合	计算情况	荷载												备注
		自重	水重	静水压力	扬压力	土压力	淤沙压力	风压力	浪压力	冰压力	土的冻胀力	地震荷载	其他	
基本组合	完建	√	—	—	—	√	—	—	—	—	—	—	√	必要时,可考虑地下水产生的扬压力
	正常蓄水位	√	√	√	√	√	√	√	√	—	—	—	√	按正常蓄水位组合计算水重、静水压力、扬压力及浪压力
	设计洪水位	√	√	√	√	√	√	√	√	—	—	—	—	按设计洪水位组合计算水重、静水压力、扬压力及浪压力
	冰冻	√	√	√	√	√	√	√	—	√	√	—	√	按正常蓄水位组合计算水重、静水压力、扬压力及冰压力
特殊组合	施工	√	—	—	—	√	—	—	—	—	—	—	√	应考虑施工过程中各个阶段的临时荷载
	检修	√	—	√	√	√	√	√	√	—	—	—	√	按正常蓄水位组合(必要时可按设计洪水位组合或冬季低水位条件)计算静水压力、扬压力及浪压力
	校核洪水位	√	√	√	√	√	√	√	√	—	—	—	—	按校核洪水位组合计算水重、静水压力、扬压力及浪压力
	地震	√	√	√	√	√	√	√	√	—	—	√	—	按正常蓄水位组合计算水重、静水压力、扬压力及浪压力

综合起来,依据最新的规划数据,在水闸设计荷载组合的基础上,从充分反映水闸存在的病险问题角度出发,应最少将以下3种情况作为水闸荷载组合的最不利情况,并进行对应的核算:

(1)检修情况,要注意考虑水闸防渗排水的破坏,并在计算扬压力时有所反映;

(2)设计水位时期,闸上游为设计水位、下游为相应低水位,闸室的荷载除自重、水重和扬压力以外,还要考虑风浪压力;

(3)校核洪水位时期,闸上游为非常挡水位、下游则为相应最低水位,闸室荷载与常蓄水时期种类相同，具体数值不同。

需要说明的是，在原设计未考虑抗震设防或地震设防烈度发生改变的情况时，尚需对水闸进行抗震能力复核。

荷载组合可参考表5.2。

（三）计算步骤

水闸结构稳定计算方法的具体步骤如下。

1. 根据水闸结构型式，划分合理的计算单元

（1）闸室：闸室稳定计算的计算单元应根据水闸结构布置特点确定。一般来说，宜取两相邻顺水流向永久缝之间的闸段作为计算单元。对于未设顺水流向永久缝的单孔、双孔或多孔水闸，则以未设缝的单孔、双孔或多孔水闸作为一个计算单元；对于顺水流向永久缝进行分段的多孔水闸，一般情况下，由于边孔闸段和中孔闸段的结构边界条件及受力状况有所不同，因此应将边孔闸段和中孔闸段分别作为计算单元。闸室稳定计算示意图见图5.1。

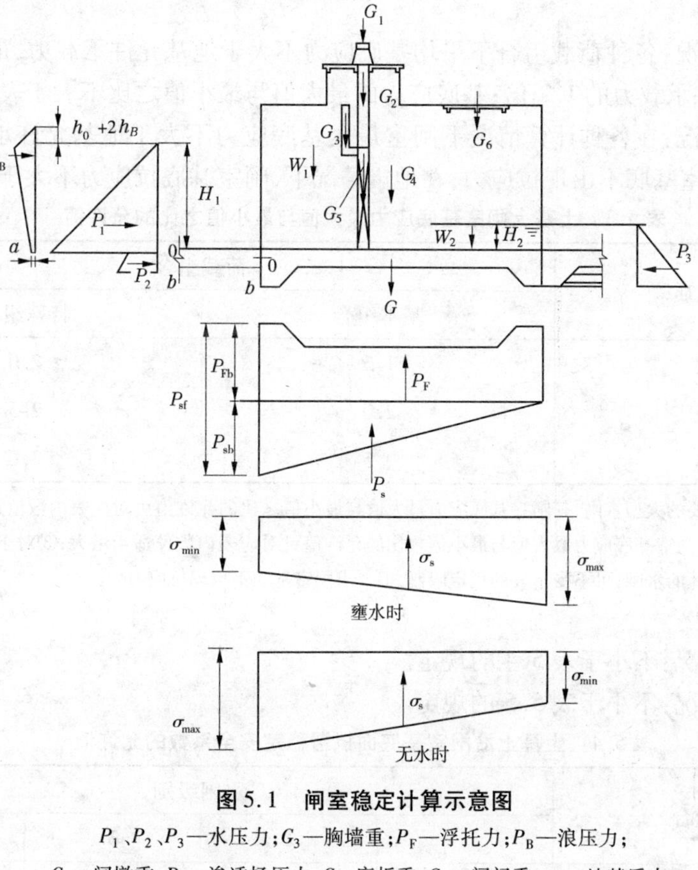

图5.1　闸室稳定计算示意图

P_1、P_2、P_3—水压力；G_3—胸墙重；P_F—浮托力；P_B—浪压力；

G_4—闸墩重；P_s—渗透扬压力；G—底板重；G_5—闸门重；σ_s—地基反力；

G_1—启闭机重；G_6—公路桥重；G_2—工作桥重；W_1、W_2—水重

（2）岸墙、翼墙：对于未设横向永久缝的重力式岸墙、翼墙结构，应取单位长度墙体作为稳定计算单元；对于设有横向永久缝的重力式、扶壁式或空箱式岸墙、翼墙结构，取分段长度墙体作为稳定计算单元。

2. 基底应力计算

闸室、岸墙和翼墙的基底应力应根据结构布置及受力情况，分结构对称和结构不对称两种情况分别进行复核。

3. 稳定性计算

水闸稳定性计算主要分为抗滑稳定性和抗倾覆稳定性两个主要内容。根据国内水闸的建设情况，还应针对地基和基础的不同情况分别复核。

地基和基础的划分一般分为：①土基，包括土基上采用钻孔灌注桩、木板桩等型式基础的水闸；②黏性土地基；③岩基。

三、成果判别与分析

按照上述计算方法，分闸室和岸墙、翼墙稳定两部分，各种计算结果的判定标准分别如下。

（一）闸室段

1. 基底应力

（1）土基情况：各种荷载组合下平均基底应力不大于地基允许承载力，最大基底应力不大于地基允许承载力的1.2倍；基底应力的最大值与最小值之比不大于表5.3的规定。

（2）岩基情况：在各种计算情况下闸室最大基底应力不大于地基允许承载力。在非地震情况下，闸室基底不出现拉应力；在地震情况下，闸室基底拉应力不大于100 kPa。

表5.3　土基上闸室基底应力最大值与最小值之比的允许值

地基土质	荷载组合	
	基本组合	特殊组合
松软	1.5	2.0
中等坚实	2.0	2.5
坚实	2.5	3.0

注：①对于特别重要的大型水闸，其闸室基底应力最大值与最小值之比的允许值可对应表内数值适当减小；②对于地震区的水闸，闸室基底应力最大值与最小值之比的允许值可对应表内数值适当增大；③对于地基特别坚实或可压缩土层甚薄的水闸，可不受本表的规定限制，但要求闸室基底不出现拉应力。

2. 抗滑稳定

（1）土基情况：不小于表5.4的规定。

（2）岩基情况：不小于表5.5的规定。

表5.4　土基上沿闸室基底面抗滑稳定安全系数的允许值

荷载组合		水闸级别			
		1	2	3	4、5
基本组合		1.35	1.30	1.25	1.20
特殊组合	Ⅰ	1.20	1.15	1.10	1.05
	Ⅱ	1.10	1.05	1.05	1.00

注：①特殊组合Ⅰ运用于施工、检修及校核洪水位情况；②特殊组合Ⅱ适用于地震情况。

表 5.5　岩基上沿闸室基底面抗滑稳定安全系数的允许值

荷载组合		按附录式(2-80)计算时 水闸级别			按附录式(2-82)计算时
		1	2、3	4、5	
基本组合		1.10	1.08	1.05	3.00
特殊组合	Ⅰ	1.05	1.03	1.00	2.50
	Ⅱ		1.00		2.30

注:①特殊组合Ⅰ适用于施工、检修及校核洪水位情况;②特殊组合Ⅱ适用于地震情况;③利用钢筋混凝土铺盖作为阻滑板,闸室自身的抗滑稳定安全系数不应小于1.0(计算由阻滑板增加的抗滑力时,阻滑板效果的折减系数可采用0.8),阻滑板应满足抗裂要求。

3. 抗浮稳定

不论水闸级别和地基条件,在基本荷载组合条件下,闸室抗浮稳定安全系数不应小于1.0;在特殊荷载组合条件下,闸室抗浮稳定安全系数不应小于1.05。

(二)岸墙和翼墙

1. 基底应力

(1)土基情况:各种荷载组合下平均基底应力不大于地基允许承载力。最大基底应力不大于地基允许承载力的1.2倍;基底应力的最大值与最小值之比不大于表5.3的规定。

(2)岩基情况:在各种计算情况下闸室最大基底应力不大于地基允许承载力。

2. 抗滑稳定

(1)土基情况:不小于表5.4的规定。

(2)岩基情况:不小于表5.5的规定。

3. 抗倾覆稳定

不论水闸级别和地基条件,在基本荷载组合条件下,岩基上翼墙抗倾覆稳定安全系数不应小于1.50;在特殊荷载组合条件下,岩基上翼墙抗倾覆稳定安全系数不应小于1.30。

第八节　混凝土结构强度和变形复核

水闸钢筋锈蚀、混凝土强度减小、结构体系破坏等病险会改变混凝土结构的强度和变形。规划数据的改变、堤防加高加固、运用方式的改变会超出水闸承受的设计荷载值,改变结构产生的内力,打破原有水闸结构效力－抗力的平衡关系。因此,应充分考虑结构本身特性的改变和外部荷载的变化,根据现场检测成果及观测资料等对水闸混凝土结构的强度和变形进行复核。

一、基本资料

(1)最新规划数据。主要包括校核洪水位、设计洪水位,水闸由单向改为双向运用的资料。

(2)作用荷载变化。包括堤防加高加固后与原来相比的高差,公路交通荷载设计标准的提高等级,增建的管理设施相关图纸和资料,如桥头堡、新增的启闭机房等。

(3)水闸的原施工图、竣工图及改建图。

(4)水闸地质勘探报告及地基土和填料土设计采用的基本工程性质指标。

(5)水闸管理运行中的沉降观测和异常观测资料。

二、复核计算

(一)需要进行复核的情况

(1)规划数据改变而影响结构强度和变形的;

(2)结构荷载标准提高而影响工程安全的。

(二)复核方法和步骤

1. 荷载计算

荷载标准值计算见附录二。

2. 荷载组合

荷载组合采用分项系数法,所涉及到的九类荷载分项系数取值如下:

(1)自重分项系数,即水闸结构和永久设备自重作用分项系数,当作用效应对结构不利时采用1.05、对结构有利时采用0.95。

(2)静水压力(包括外水压力)的作用分项系数取1.0。

(3)扬压力的作用分项系数,对于浮托力应采用1.0、对于渗透压力可采用1.2。

(4)浪压力的作用分项系数采用1.2。

(5)主动土压力和静止土压力的作用分项系数应采用1.2;埋管上垂直土压力、侧向土压力的作用分项系数,当起作用效应对结构不利时采用1.1、有利时采用0.9。

(6)风荷载的作用分项系数应采用1.3。

(7)冰压力(包括静冰压力和动冰压力)的作用分项系数应采用1.1,土的动胀力的作用分项系数应采用1.1。

(8)地震荷载的作用分项系数应采用1.0。

(9)其他荷载,应按照相关荷载规范或设计规范选取。

3. 内力计算

依据不同的水闸结构可以划分为不同的计算单元和构件,如闸底板、闸敦、涵洞、工作桥、交通桥、启闭机房等,各构件的计算方法可以按照SL265—2001《水闸设计规范》及相关规程规范复合计算,本部分重点对闸底板内力计算方法的选用进行说明。

(1)内力计算。水闸结构内力计算分为闸室、机架桥、引水涵洞等部分内容。引水涵洞计算可假设地基反力为等直线分布,按照刚架模型利用结构力学位移法求解。机架桥属于底部固支的刚架模型,可采用结构力学位移法进行求解。闸室段一般可分为闸底板和闸墩的内力计算两部分内容:闸墩可按照底部固支的悬臂梁(也可按照底部固支上部具有水平单向约束)模型进行求解;闸底板内力计算较为复杂,要考虑地基的不同情况分别假设不同的地基反力进行对应的计算。

闸底板计算的核心问题是地基反力的确定,地基反力的分布形式和大小确定之后,同题便转化为材料力学中梁的已知荷载分布求内力函数的问题。闸底板内力的计算也根据地基反力假设的不同,分为反力直线分布法、弹性地基梁法和基床系数法3种,对于小型水闸还可使用倒置梁法进行计算。

(2)选择原则。①土基上水闸闸室底板的应力分析可采用反力直线分布法或弹性地基梁法。相对密度小于或等于0.5的砂性地基,可采用直线反力分布法;对黏性土地基或相对密度大于0.5的砂性土地基,应采用弹性地基梁法。②当采用弹性地基梁法分析水闸闸室底板应力时,应考虑可压缩土层厚度与弹性地基梁半长之比值的影响。当比值小于0.25时,可按基床系数法计算;当比值大于2.0时,可按半无限深的弹性地基梁法计算;当比值为0.25~2.0时,可按有限深的弹性地基梁法计算。③岩基上水闸闸室底板的应力分析可采用基床系数法计算。④小型水闸可采用倒置梁法进行内力计算。

(3)弹性地基梁的电算化分析程序。基于文克尔假定,即使用链杆法求解的弹性地基梁,也可以采用电算化分析程序进行分析。目前常用做弹性地基梁分析的电算化程序有 Midas Civil/Gen、PKPM、SAP2000、ANSYS 等,其中核心的问题在于弹簧刚度系数 k 的取值,关于 k 的取值,可参考《取水输水建筑物丛书——水闸》等相关书籍中关于链杆刚度的计算方法。

4.承载能力计算

考虑钢筋锈蚀的构件承载能力计算方法见附录式(2-88)~式(2-90)。

5.裂缝和挠度计算

考虑钢筋锈蚀的构件裂缝开展宽度计算方法见附录式(2-91)。构件挠度一般情况下取现场测量值。

三、成果判别与分析

混凝土结构的评价主要分为:结构的强度、裂缝开展宽度和结构挠度3个方面,分述如下。

(一)结构的强度

根据附录式(2-89)对构件截面应力最大点进行判断,分为拉应力和压应力的判断。也可按照计算出来的效力进行配筋与水闸截面实配钢筋面积进行对比分析。但由于按照新规范规定的最小构造配筋率提高,所配置的钢筋面积一般较大,不容易满足强度要求,因此常采用根据截面配筋计算其能够承担的最大抗力,然后与效力进行对比,以抗力不小于效力作为是否满足的限值。

(二)裂缝宽度

将不同使用环境条件下不同构件的最大允许裂缝宽度,与现场检测或经复核计算核算出的裂缝宽度相对比,裂缝宽度大于最大允许裂缝宽度要求者为不满足,反之为满足。

(三)结构挠度

一般情况下,根据测量成果,将规范规定的允许最大挠度与构件挠度检测值进行对比,构件挠度检测值小于允许值为满足,否则为不满足。

第九节　钢闸门强度和变形复核

水工钢闸门是水闸的重要组成部分,直接影响着整个水闸工程的运行效果。由于规划数据、钢材锈蚀等原因造成钢闸门病险日益增多,因此应从结构的强度和变形方面对钢闸门开展复核计算。本节主要介绍应用较广泛的平面钢闸门和弧形钢闸门的复核方法,其他型式闸门可参照相关规范规程计算。

对部分钢闸门存在的振动、启闭困难等病险,还应结合现场检测对其做专项分析和评价。

一、基本资料

(一)现场检测结果

(1)腐蚀检测结果,包括蚀余厚度、蚀坑深度等;

(2)闸门焊缝及内部缺陷的检测结果,包括焊缝缺陷位置和缺陷尺寸;

(3)材料材性检测结果,包括强度、伸长率、硬度、冲击韧性等;

(4)应力检测结果,包括闸门主梁、边梁、支臂、面板、吊耳等受力构件的应力检测结果;

(5)结构振动检测结果,包括结构振动量检测,如振幅、振频、动应力等,以及结构自振特性检测,如结构自振频率、阻尼比、振型等。

(二)运行管理观测结果

(1)巡视检查结果。包括与钢闸门相关的水流条件以及水工建筑物、附属设施等的运行情况。

(2)外观检测结果。包括闸门,闸门止水,闸门支承行走装置,闸门锁定装置,平压设备及连接件,闸门槽的尺寸、变形、磨损、挠度等。

(三)设计技术资料

设计技术资料主要包括以下内容:

(1)施工图及竣工图,包括布置图、装配图、部件图及必需的零件图等;

(2)主要材料出厂牌号证明及质量证明书;

(3)设计计算书的有关部分;

(4)制造质量合格证;

(5)制造安装最终检查、试验记录及有关资料;

(6)重大缺陷处理记录;

(7)焊缝探伤报告;

(8)制造、安装、运行使用说明书(设计单位编制的);

(9)制造质量等级证书;

(10)安装质量等级证书,竣工资料及文件;

(11)有关水工建筑物变形观测资料分析报告;

(12)操作规程及运行操作、维修保养记录;

(13)事故记录;

(14)前次安全检测报告及安全鉴定资料;

(15)最新水力学原型观测报告。

二、复核计算

(一)需要进行复核计算的情况

(1)钢闸门结构发生锈蚀而导致截面削弱严重的;

(2)闸门的零部件和埋件等发生严重锈蚀或磨损的。

(二)荷载

作用在闸门上的荷载,按设计条件和校核条件划分为两类,即设计荷载和校核荷载。

(1)设计荷载包括:闸门自重(包括加重),设计水头下的静水压力、动水压力、波浪压力、地震动水压力,设计水头下的水锤压力,泥沙压力,风压力,启闭力等。

(2)校核荷载包括:闸门自重(包括加重),校核水头下的静水压力、动水压力、波浪压力、地震动水压力、水锤压力、泥沙压力、风压力、冰、漂浮物和推移物的撞击力,温度荷载,启闭力等。

与上述结构稳定计算部分相比,启闭力,动水压力,冰、漂浮物和推移物的撞击力,温度荷载为水工钢闸门需要考虑的荷载,可参考 SL74—95《水利水电工程钢闸门设计规范》的计算方法计算。

(三)荷载组合

复核计算分别按照闸门的检修工况、设计洪水位情况和校核洪水位情况,取实际可能发生的最不利的荷载组合情况进行验算,荷载组合具体情况见表 5.2。

需要注意的是,荷载组合时还应注意当运行期出现超设计条件的特殊工况,应对荷载重新组合;对改变设计规定运行条件的闸门,应按改变的运行条件对荷载重新组合。

(四)设计准则及容许应力

钢闸门设计方法采用的是容许应力法。荷载计算除考虑动力系数外,荷载采用标准值。材料的容许应力,应考虑不同情况分别计算调整,具体如下。

1. 尺寸分组

根据钢闸门钢材的不同材质、型号及几何尺寸,按照表 5.6 分组。其中型钢包括角钢、工字钢和槽钢,工字钢和槽钢的厚度指腹板厚度。

表 5.6　钢材尺寸分组　(单位:mm)

组别	Q215、Q235		16Mn、16Mnq
	钢材厚度(直径)	型钢和异型钢的厚度	钢材厚度(直径)
第 1 组	≤16	≤15	≤16
第 2 组	16 ~ 40	15 ~ 20	16 ~ 25
第 3 组	40 ~ 60	>20	25 ~ 36
第 4 组	60 ~ 100	—	36 ~ 50
第 5 组	100 ~ 500	—	50 ~ 100 方、圆钢
第 6 组	150	—	—

2. 钢材容许应力

钢材容许应力一般按照表5.7确定。对于焊缝、螺栓等连接材料,水闸安全鉴定中如发现有缺陷,宜替换或修复。但应对应下列情况下乘以相应的调整系数;下列情况的调整系数不连乘且仅适用于一般情况,特殊情况应另行考虑,调整系数如下:

(1)大、中型工程的工作闸门及重要的事故闸门为0.9~0.95;

(2)在较高水头下经常局部开启的大型闸门为0.85~0.9;

(3)规模巨大且在高水头下操作而工作条件又特别复杂的工作闸门为0.8~0.85。

表5.7　钢材的容许应力　(单位:MPa)

钢材			抗拉、抗压和抗弯	抗剪	局部承压	局部紧接承压
钢种	钢号	组别	$[\sigma]$	$[\tau]$	$[\sigma_{cd}]$	$[\sigma_{cj}]$
碳素结构钢	Q215	第1组	145	90	220	110
		第2组	135	80	200	100
		第3组	125	70	190	95
		第4组	120	65	180	90
		第5组	115	60	170	85
		第6组	110	55	160	80
	Q235	第1组	160	95	240	120
		第2组	150	90	230	115
		第3组	145	85	220	110
		第4组	135	80	210	105
		第5组	130	75	200	100
		第6组	125	70	190	95
低合金结构钢	16Mn、16Mnq	第1组	230	135	350	175
		第2组	220	130	330	165
		第3组	205	120	310	155
		第4组	190	110	290	145
		第5组	180	105	270	135

注:①局部承压应力不乘调整系数;②局部承压是指构件腹板的小部分表面受局部荷载的挤压或端面承压(磨平顶紧)等情况;③局部紧接承压是指可动性小的铰在接触面的投影面上的压应力。

3. 吊耳、连接、支承部分的零部件和铸、锻造主轨的容许应力

机械零部件的容许应力根据表5.8确定。括号内为调质处理后的数值,孔壁抗拉容许应力指固定结合的情况(若是活动结合,应对应降低20%);合金结构钢的容许应力,适用于钢材厚度(直径)不大于25 mm的情况;如果由于厚度影响屈服点有减小时,各类容许应力可按屈服点比例减小。

表 5.8 机械零部件的容许应力 （单位：MPa）

应力种类	符号	碳素结构钢		低合金钢	优质碳素结构钢		铸造碳钢			
		Q235	Q275	16Mn	35	45	ZG230 -450	ZG270 -500	ZG310 -570	ZG340 -640
抗拉、抗压和抗弯	[σ]	100	120	140	130	145	115	120	140	150
抗剪	[τ]	65	75	90	85	95	85	90	105	115
局部承压	[σ_{cd}]	150	180	210	195	220	170	180	200	220
局部紧接承压	[σ_{cj}]	80	95	110	105	120	90	95	110	120

应力种类	符号	合金铸钢		合金结构钢	
		$ZG50Mn_2$	ZG35CrMo	$35Mn_2$	40Cr
抗拉、抗压和抗弯	[σ]	190	170(235)	130(280)	(320)
抗剪	[τ]	150	130(180)	85(190)	(215)
局部承压	[σ_{cd}]	280	250(345)	195(430)	(485)
局部紧接承压	[σ_{cj}]	155	135(190)	105(230)	(265)

4. 灰铸铁的容许应力

灰铸铁的容许应力根据表 5.9 确定。

表 5.9 灰铸铁的容许应力 （单位：MPa）

应力种类	符号	灰铸铁牌号		
		HT15 - 33	HT20 - 40	HT25 - 47
轴心抗弯和弯曲抗压	[σ_a]	120	150	200
弯曲抗拉	[σ_w]	35	45	60
抗剪	[τ]	25	35	45
局部承压	[σ_{cd}]	170	210	260
局部紧接承压	[σ_{cj}]	60	75	90

5. 埋设件一、二期混凝土的承压容许应力

混凝土的承压容许应力根据表 5.10 确定。

表 5.10　混凝土的承压容许应力　（单位：MPa）

应力种类	符号	混凝土标号			
		C15	C20	C25	C30
承压	$[\sigma_h]$	5	7	9	11

6. 材料的物理性能

钢材和铸钢件的物理性能根据表 5.11 确定。

表 5.11　钢材和铸件的物理性能

材料名称	弹性模量 E(MPa)	剪切模量 G(MPa)	线胀系数 α(K^{-1})	质量密度 ρ(kg/m^3)
承压	2.06×10^5	0.79×10^5	1.2×10^{-5}	7 850

（五）闸门强度

平面钢闸门强度计算分为面板、主梁、边梁、水平次梁、垂直次梁等构件。其中，面板按不同支撑情况的弹性板计算内力，其余构件按照结构力学的方法进行计算。详细计算方法见附录二。

弧形钢闸门强度计算分为主框架、面板、水平次梁、竖直次梁等构件。其中，主框架的计算可按刚架模型用结构力学方法求解，其余构件计算方法可参考平面钢闸门。

当钢闸门构件锈蚀后，闸门强度的计算可依据规范，按照构件实际截面的大小进行核算。需要注意的是，钢闸门在腐蚀后构件各点的裂纹、蚀坑形状和深度也有所不同，局部将产生应力集中，故除了要对均匀腐蚀情况下构件最危险点的强度进行验算外，还需要对这些特殊点进行校核。

当现场检测结果表明，钢闸门焊缝具有裂缝、夹渣等缺陷时，复核计算可不考虑缺陷部位的强度，应直接提出将焊缝剔除补焊的建议和相应的处理措施。

（六）闸门变形

平面钢闸门变形计算分为主梁、边梁、水平次梁、垂直次梁等构件。主梁和水平次梁最大挠度计算公式见附录式（2-129）和式（2-130），边梁最大挠度的计算按简支梁和悬臂梁的情况分别计算，取其最大值；垂直次梁最大挠度按多支点双悬臂梁计算。

弧形钢闸门变形计算分为主横梁、支臂、次梁等构件。其中，主横梁最大挠度计算公式见附录二，次梁最大挠度计算公式见平面钢闸门，支臂挠度很小一般可忽略不计。

当钢闸门构件锈蚀后，同样由于不同程度的截面削弱，使各构件的刚度减小。计算变形时，仍需采用实际截面的几何参数求解梁体挠度，核算是否满足变形要求。

（七）附属构件强度

钢闸门附属构件一般不存在变形问题，主要是强度复核。

闸门附属构件主要分为轨道、吊耳和吊杆两个主要部分。其中，轨道主要为轨道与滚轮的接触应力、平面闸门主轨强度（滚轮作用下轨道，包括轨道底板混凝土承压应力、轨道横断面弯曲应力、轨道颈部的局部承压应力、轨道底板弯曲应力；胶木滑道支承轨道，包括轨道底板的混凝土承压应力和轨道底板的弯曲应力）；吊耳和吊杆主要为吊耳孔壁应力、吊耳杆薄弱处的应力。上述内容的计算方法见附录二。

附属钢构件锈蚀后,除应按实际截面进行强度复核外,截面复核点应选择强度最薄弱的环节,如锈蚀最严重的地方。

三、成果判别与分析

(一)强度

钢闸门强度的判别,应将计算出的结构应力 σ 与对应部位的容许应力$[\sigma]$进行对比分析:若 $\sigma \leqslant [\sigma]$,则强度满足现行规范要求;反之强度不满足现行规范要求。

(二)变形

受弯构件的最大挠度与计算跨度之比,不应超过下列数值:潜孔式工作闸门和事故闸门的主梁,1/750;漏顶式工作闸门和事故闸门的主梁,1/600;检修闸门和拦污栅的主梁,1/500;次梁,1/250。

第十节　工程复核计算及安全状态综合评价报告的编写大纲

一般来说,水闸工程复核计算报告应分为概述、工程概况、计算依据、复核计算的项目和内容、复核计算成果及分析、水闸安全状态综合评价等6部分主要内容,各部分内容的编写提纲如下。

一、概述

主要简单介绍水闸安全鉴定的委托(或招投标)情况,安全鉴定的主要原因和水闸现场安全检测主要结论,以及开展工程复核计算的必要性和重要性。

二、工程概况

工程概况应从以下5个方面分别概括说明:

(1)水闸所处位置、桩号及管理单位等总体情况概述;

(2)水闸原设计相关参数(如设计流量、防洪水位、校核水位、建筑物等级、通航能力、灌溉引水面积等),地基和基础情况,设计单位及设计时间;

(3)水闸施工情况,如施工单位、监理单位、施工中出现的问题及处理措施、施工中遗留至今的问题(如水闸施工中的遗留混凝土垃圾由于没有及时清理导致目前水闸过流能力的削弱)等;

(4)水闸改扩建或除险加固的情况;

(5)工程现状调查和现场安全检测成果反映出的水闸存在的主要病险问题及概述,工程复核计算的目的。

三、计算依据

主要从以下3个方面进行说明:

(1)依据更新后的规范规程及水利部发布的相关文件;

(2)规范不能够满足时,需要参考的经典理论手册、教材等,宜列出;

(3)工程现状调查和现场安全检测成果,要对工程复核计算中使用到的相关成果进行说明并列出必要的数据,包括地基等参数的取值。

四、复核计算的项目和内容

主要从以下两个方面进行说明:

(1)工程复核计算的项目,应根据已有资料和成果,结合 SL214—98《水闸安全鉴定规定》进行判定,并论证计算项目的必要性及作用;

(2)分别阐述上述计算项目应开展的计算内容。

五、复核计算成果及分析

下述的提纲应根据水闸工程复核计算实际情况,有选择地编写报告。

1. 防洪标准

采用的防洪标准及水闸现有设计防洪标准,如堤顶高程等,防洪标准成果及分析。

2. 过流能力

相关计算参数、计算方法及主要计算过程,过流能力计算主要成果及分析。

3. 消能防冲

消能防冲计算条件及参数,包括现场检测结果在计算中的考虑,计算方法及主要计算过程,消能防冲计算主要成果及分析。

4. 防渗排水

防渗排水计算工况及计算参数,计算方法及主要计算过程,排水布置复核主要成果及结论,防渗稳定性主要成果及分析。

5. 闸室稳定

闸室稳定计算工况、荷载计算、计算方法及主要计算过程,闸室、岸墙及翼墙抗浮、抗倾及抗滑稳定,地基承载力,地基最大应力与最小应力比值等计算成果及分析。

6. 结构强度和变形

结构计算工况,部分荷载计算,荷载采用的分项系数、设计状况系数、结构重要性系数等参数的确定,结构计算模型,内力计算结果,强度和变形复核成果,对成果的分析。

7. 结构抗震

水闸原设防抗震烈度及现行规范规定水闸所在区的抗震设防烈度,计算参数,抗震计算方法,主要计算成果及分析。

8. 闸门强度和变形

闸门计算模型、荷载计算,采用材料容许应力,计算方法及主要计算过程,面板、主框架及附属构件计算成果及分析。

六、水闸安全状态综合评价

1. 防洪标准

是否满足规范要求及建议。

2. 过流能力

结合现场检测成果，判定是否满足规范要求，给出相关建议。

3. 消能防冲

结合现场检测成果，判定是否满足规范要求，给出相关建议。

4. 防渗排水

结合现场检测成果，判定是否满足规范要求，给出相关建议。

5. 闸室稳定

结合现场检测成果，判定是否满足规范要求，给出相关建议。

6. 结构强度和变形

结合现场检测成果，判定是否满足规范要求，给出相关建议。

7. 结构抗震

结合现场检测成果，判定是否满足规范要求，给出相关建议。

8. 闸门强度和变形

结合现场检测成果，判定是否满足规范要求，给出相关建议。

第六章　水闸安全评价成果审查

水闸安全评价应由负责水闸鉴定的组织单位组织相关单位参加水闸安全鉴定会议，成立专家组，对《工程现状调查分析报告》、《现场安全检测报告》、《工程复核计算报告》等安全评价成果进行审查，形成《水闸安全鉴定报告书》。

第一节　水闸安全评价成果审查

一、评价准则和标准

（一）评价准则

对水闸安全性、耐久性和适用性的要求即为水闸安全评价准则。具体可从运用指标是否能达到设计标准、结构损伤程度、结构的可修复性三方面进行判别。

工程现状调查分析报告、现场安全检测报告以及复核计算报告的审查，是水闸安全评价的重要环节，直接影响水闸安全类别的评定。

（二）水闸安全类别评定标准

依据 SL214—98《水闸安全鉴定规定》的规定，水闸按安全类别可划分为四类，评定标准分别为：

（1）一类闸：运用指标能达到设计标准，无影响正常运行的缺陷，按常规维修养护即可保证正常运行。通常称之为正常水闸。

（2）二类闸：运用指标基本达到设计标准，工程存在一定损坏，经大修后，可达到正常运行。该类水闸略低于国家现行标准要求，某些设施存在较大损坏或设备老化问题，需要进行工程大修或设备更新。通常称之为可用水闸。

（3）三类闸：运用指标达不到设计标准，工程存在严重损坏，经除险加固后，才能达到正常运行。该类水闸不符合国家标准要求，存在的问题对工程正常使用影响较大，应当立即采取除险加固措施，才能保证工程的安全运行，通常称之为病闸。对大修工期较长，与新建水闸相比，费用相差不多的水闸，管理和主管单位也可考虑拆除重建。

（4）四类闸：运用指标无法达到设计标准，工程存在严重安全问题，需降低标准运用或报废重建。该类水闸严重不符合国家标准要求，已不能正常使用，通常称之为险闸，一般应拆除重建。

二、成果审查

水闸安全评价成果重点审查工程现状调查分析报告、现场安全检测报告和工程复核计算报告中资料数据的来源与可靠性，现场安全检测和工程复核计算项目的完整性、方法的规范性、结论的合理性等方面内容。

水闸安全鉴定承担单位可参照表6.1填写各项内容以供审查。

表6.1　安全评价成果审查内容

评价项目				主要成果	主要结论	审查意见	备注
防洪能力			复核计算				
水闸稳定性和抗渗稳定性	闸室		现场检测 复核计算				现场检测成果可主要从外观缺陷、异常变形等方面进行描述;复核计算成果可主要从基底应力,抗滑、抗倾及抗浮稳定等方面不满足规范或设计要求的地方填写。如满足,则如实填写
	岸墙、翼墙		现场检测 复核计算				
	抗渗稳定		现场检测 复核计算				
抗震能力			复核计算				
消能防冲	消力池		现场检测 复核计算				现场检测成果可主要从外观缺陷等方面进行描述,复核计算成果可主要从长度、深度等方面不满足规范或设计要求的地方填写。如满足,则如实填写
	海漫		现场检测 复核计算				
过流能力			复核计算				
结构安全	闸室	底板	现场检测 复核计算				现场检测成果可主要从外观缺陷、内部缺陷、强度不足、异常变形等方面进行描述,复核计算成果可主要从结构强度、裂缝开展宽度、变形等方面不满足规范或设计要求的地方填写。对构件完好的分部工程,如开展相关工作且证明不存在安全隐患,可分别如实填写“完好、满足规范要求”
		顶板	现场检测 复核计算				
		闸墩	现场检测 复核计算				
		胸墙	现场检测 复核计算				
	涵洞	边墙	现场检测 复核计算				
		中墙	现场检测 复核计算				
		底板	现场检测 复核计算				
		顶板	现场检测 复核计算				
	机架桥		现场检测 复核计算				

续表 6.1

<table>
<tr><th colspan="3">评价项目</th><th rowspan="2">主要成果</th><th rowspan="2">主要结论</th><th rowspan="2">审查意见</th><th rowspan="2">备注</th></tr>
<tr><th colspan="2">防洪能力</th><th>复核计算</th></tr>
<tr><td rowspan="3">闸门和启闭机</td><td rowspan="2">闸门、附属结构</td><td>现场检测</td><td rowspan="2"></td><td rowspan="2"></td><td rowspan="3"></td><td rowspan="3">现场检测成果主要可从外观缺陷、腐蚀程度等方面进行描述，复核计算成果可从强度、变形等方面进行描述。如满足，则如实填写</td></tr>
<tr><td>复核计算</td></tr>
<tr><td>启闭机</td><td>现场检测</td><td></td><td></td></tr>
<tr><td colspan="2">电气设备</td><td>现场检测</td><td></td><td></td><td></td><td></td></tr>
<tr><td colspan="2">观测设施</td><td>现场检测</td><td></td><td></td><td></td><td></td></tr>
<tr><td colspan="3">其他有关专项项目</td><td></td><td></td><td></td><td></td></tr>
</table>

第二节　水闸安全鉴定报告书的编写

水闸安全鉴定报告书的各项分析评价内容，应在工程现状调查分析、现场安全检测以及复核计算 3 项成果的审查结果基础上逐项填写。

根据上述各项分析评价结果，利用综合评判方法，对水闸安全状况提出相应的鉴定结论，评定水闸安全类别，编写水闸安全鉴定报告书，报送审定部门进行审定，对工程存在的主要问题，提出相应的处理意见。

适用性指标达不到设计标准，如过流或消能防冲能力不足、启闭设备老化、闸门不能正常使用、观测设施无效、胸墙漏水等，建议归类于二类或三类闸，并采取相应的维修或处理措施。

影响水闸安全性的一些关键项，如防洪能力、抗滑能力、抗渗能力、结构强度等严重不满足设计或规范要求的，建议归类于四类闸，降级使用或拆除重建。

实际引流能力不满足使用要求，其他方面均满足规范要求的水闸，建议降低引流标准，归类于一类闸或降级使用。

对于因河道或水库运行方式变化，大堤及水库防洪标准提高造成防洪能力不足的水闸，建议归类于四类水闸。

《水闸安全鉴定报告书》样式见附录三。

附录一　现场检测技术及方法介绍

第一节　常用检测技术介绍

这里着重介绍常用检测技术的原理、仪器、方法及注意事项。

一、回弹法检测混凝土抗压强度

回弹法检测混凝土抗压强度的依据为 SL352—2006《水工混凝土试验规程》和 JGJ/T23—2001《回弹法检测混凝土抗压强度技术规程》。

(一)基本原理

回弹法是应用广泛、使用历史悠久的无损检测方法，它根据混凝土表面硬度和碳化深度来推定其强度，属于表面硬度法的一种。回弹法的基本原理是依靠回弹仪中运动的重锤以一定冲击动能撞击顶在混凝土表面的冲击杆后，测出重锤被反弹回来的距离，以回弹值作为与强度相关的指标，来推定混凝土的强度。

(二)主要仪器及辅助工具

1. 回弹仪

回弹仪有指针直读式和数字式两种，通常使用的是前一种。直读式回弹仪按其标称动能可分为：小型回弹仪(L 型)，标称动能为 0.735 J；中型回弹仪(N 型)，标称动能为 2.207 J；重型回弹仪(M 型)，标称动能为 29.40 J。

回弹仪使用时的环境温度为 -4 ~ 40 ℃，使用回弹仪的检测人员，应通过主管部门认可的专业培训，并应持有相应的资格证书。

2. 辅助工具

碳化深度测试仪、电锤(或凿)、吸耳球、砂轮及酚酞试剂。

(三)检测步骤

1. 检测准备

检测前要对被检测结构情况进行全面、正确的了解，如工程名称、结构型式、构件名称、外形尺寸、构件数量、工程建成或改建时间、混凝土强度设计等级等。

回弹仪在工程检测前后，应在钢砧上作率定试验。率定中型回弹仪的钢砧洛氏硬度 HRC 为 60 ±2，率定重型回弹仪的钢砧洛氏硬度 HRC 为 63 ±1。回弹仪率定试验宜在干燥、室温为 5 ~ 35 ℃的条件下进行。率定时，钢砧应稳固地平放在刚度大的物体上。测定回弹值时，取连续向下弹击 3 次稳定回弹值的平均值。弹击杆应分 4 次旋转，每次旋转宜为 90°，弹击杆每旋转一次的率定平均值，中型回弹仪为 80 ±2，重型回弹仪为 63 ±2。

2. 确定测试构件

依据本指南抽样方案中按检测单元综合抽样的方法来选取测试构件。

3. 确定仪器型号

(1)混凝土结构或构件厚度不大于60 cm,或骨料最大粒径不大于40 mm,宜选中型回弹仪。

(2)混凝土结构或构件厚度大于60 cm,或骨料最大粒径不大于40 mm,宜选重型回弹仪。

4. 测区布置

测区指每一试样的测试区域,测区布置方法及原则如下:

(1)每一结构或构件的测区数不应少于10个,某一方向尺寸小于4.5 m且另一方向尺寸小于0.3 m的构件,其测区数量可适当减少,但不应少于5个;

(2)测区面积中型回弹仪为400 cm^2,重型回弹仪为2 500 cm^2,相邻两测区的间距控制在2 m以内,测区离构件端部或施工缝边缘的距离不宜大于0.5 m,且不宜小于0.2 m;

(3)测区尽量选在可使回弹仪处于水平方向检测混凝土浇筑侧面,当不能满足这一要求时,可使回弹仪处于非水平方向检测混凝土浇筑侧面、表面或底面;

(4)测区宜选在构件的两个对称可测面上,也可选在一个可测面上,且应均匀分布。在构件的重要部位及薄弱部位必须布置测区,并应避开预埋件;

(5)检测面应为混凝土表面,并应清洁、平整,不应有疏松层、浮浆、油垢、涂层以及蜂窝、麻面,必要时可用砂轮清除疏松层和杂物,且不应有残留的粉末或碎屑。

5. 回弹值与碳化深度值测量

完成试样测区布置后,可进行回弹值测量,检测的要点如下:

(1)回弹仪的轴线应始终垂直于结构或构件的混凝土检测面,并不得打在气孔和外露石子上;

(2)操作回弹仪要缓慢施压,准确读数,快速复位;

(3)测点在测区范围内均匀分布,相邻两测点的净距不小于50 mm,测点距外露钢筋、预埋件的距离不宜小于30 mm。

(4)每个测区应弹击16点,同一测点只应弹击一次,当一个测区有两个测面时,每一测面弹击8点,不具备两个测面的测区,可在一个测面上弹击16点。

回弹值测试完成后,在有代表性的位置上测量碳化深度值,测点数不少于构件测区数的30%,取其平均值为该构件每测区的碳化深度值。当碳化深度值极差大于2 mm时,应在每一测区测量碳化深度值。

6. 数据处理

数据处理主要包括测区平均回弹值计算、角度修正、浇筑面修正、碳化深度平均值、测区混凝土强度确定和构件混凝土强度确定。

(四)主要注意事项

(1)虽然回弹法仪器操作简便,测试结果直观,检测部位无破损,但是不适用于表层和内部质量有明显差异或内部存在缺陷的构件。

(2)对于粒径大于60 mm的粗骨料混凝土、特种成型工艺制作的混凝土、检测部位曲率半径小于250 mm的混凝土、潮湿或浸水混凝土,应制定专用检测强度曲线或通过试验进行修正。

(3)当构件混凝土抗压强度大于60 MPa时,可采用标准能量大于2.207 J的混凝土回弹仪,并应另行制定检测方法并通过专用检测强度曲线进行检测。

二、超声回弹综合法检测混凝土强度

超声回弹综合法检测混凝土抗压强度的依据为CECS02:2005《超声回弹综合法检测混凝土强度技术规程》。

(一)基本原理

超声回弹综合法是在结构混凝土同一测区分别测量声时值和回弹值,然后利用已建的测强公式推算混凝土抗压强度的一种方法。它与单一的回弹法或超声法相比既减少了龄期和含水率的影响,又弥补了相互的不足,提高了测试精度。

(二)主要仪器及辅助工具

采用带波形显示器的低频超声波检测仪,并配置频率为50~100 kHz的换能器,测量混凝土中的超声波声速值,以及采用弹击锤冲击能量为2.207 J的混凝土回弹仪,测量回弹值。现场测试时耦合剂一般为液体或膏体,如黄油、凡士林和浆糊等。

(三)检测步骤

1. 检测准备

(1)超声波检测仪:用前要进行零读数校正。零读数是指当发、收换能器之间仅有耦合介质薄膜时仪器的读数。对于具有零校正回路的仪器,应按仪器使用说明书,用仪器所附的标准棒在测量前校正好零读数,然后测量(此时仪器的读数已扣除零读数)。对于无零校正回路的仪器应事先求得零读数值,从每次仪器读数中扣除。

(2)回弹仪:方法同回弹法。

2. 确定测试构件

依据本指南抽样方案中被检测单元综合抽样的方法选取测试构件。

3. 测区布置

测区指每一试样的测试区域,测区布置方法及原则如下:

(1)在条件允许时,测区宜优先布置在构件混凝土浇筑方向的侧面。

(2)测区可在构件的两个对应面、相邻面或同一面上布置。

(3)测区宜均匀布置,相邻两测区的间距不宜大于2 m。

(4)测区应避开钢筋密集区和预埋件。

(5)测区尺寸宜为200 mm×200 mm,采用平测时宜为400 mm×400 mm。

(6)测试面应清洁、平整、干燥,不应有接缝、施工缝、饰面层、浮浆和油垢,并应避开蜂窝、麻面部位。必要时,可用砂轮片清除杂物和磨平不平整处,并擦净残留粉尘。

4. 声时值与回弹值测量

完成试样测区布置后,可进行声时值与回弹值测量,回弹值测试同回弹法,声时值测试要点如下:

(1)超声测点应布置在回弹测试的同一测区内,每一测区布置3个测点。超声测试宜优先采用对测或角测,当被测构件不具备对测或角测条件时,可采用单面平测。

(2)超声测试时,换能器辐射面应通过耦合剂与混凝土测试面良好耦合。

(3)声时测量应精确至0.1 μs,超声测距测量应精确至1.0 mm,且测量误差不应超过±1%。声速计算应精确至0.01 km/s。

5. 数据处理

数据处理主要包括测区平均回弹值计算、角度修正、浇筑面修正、声速值计算、测区混凝土强度确定和构件混凝土强度确定等内容。

(四)主要注意事项

(1)不适用于检测因冻害、化学侵蚀、火灾、高温等已造成表面疏松、剥落的混凝土。

(2)对结构或构件的每一测区,应先进行回弹测试,后进行超声测试。

(3)计算混凝土抗压强度换算值时,非同一测区内的回弹值和声速值不得混用。

三、钻芯法检测混凝土强度

钻芯法检测混凝土抗压强度的依据为CECS03:2007《钻芯法检测混凝土强度技术规程》。

(一)基本原理

钻芯法是利用工程检测专用钻机,从结构混凝土中钻取芯样以检测混凝土抗压强度的一种半破损方法,该方法结果准确、直观,但对结构有局部损坏,费用也较高,常作为其他无损检测方法的补充。

(二)主要仪器、辅助设备及工具

1. 钻芯机

国内外生产的钻芯机有多种型号,可分为轻便型、轻型、重型和超重型。用于水闸现场检测的取芯设备一般采用体积小、重量轻、电动机功率在1.7 kW以上、有电器安全保护装置的轻型钻芯机。钻头胎体不得有肉眼可见的裂缝、缺边、少角、倾斜及喇叭口变形,对钢体的同心偏差不得大于0.3 mm。钻头的径向跳动不大于1.5 mm。

2. 辅助设备及工具

(1)芯样加工设备:岩石切割机、磨平机、补平器等。

(2)其他辅助设备及工具:冲击电锤、膨胀螺栓、水冷却管、水桶、锤子、扁凿、芯样夹(或细铅丝)等。

(三)检测步骤

1. 检测准备

确定芯样位置:

(1)结构或构件受力较小的部位;

(2)混凝土强度质量有代表性的部位;

(3)便于钻芯机安放和操作的部位;

(4)避开主筋、预埋件和管线的位置,钢筋位置可用磁感仪确定,磁感仪最大探测深度不应小于60 mm,探测位置偏差不宜大于±5 mm。

2. 钻芯机安装

确定固定钻芯机的膨胀螺栓孔位置,用冲击电锤钻出与膨胀螺栓胀头直径相应的孔。

3. 芯样钻取

(1)调整钻芯机的钻速,大直径钻头采用低速,小直径钻头采用高速。

(2)开机后钻头慢慢接触混凝土表面,待钻头刃部入槽稳定后方可加压。

(3)进钻过程中的加压力量以电机的转速无明显降低为宜。

(4)进钻深度一般大于芯样直径约 70 mm,对于直径小于 100 mm 的芯样,钻入深度可适当减小,但应保证取出的芯样有效长度大于芯样的直径。

(5)进钻到预定深度后,反向转动操作手柄,将钻头提升到接近混凝土表面,然后停电停水、卸下钻机。

(6)将扁凿插入芯样槽中用锤子敲打致使芯样与混凝土断开,再用芯样夹或铅丝套住芯样将其取出;对于水平钻取的芯样用扁螺丝刀插入槽中将芯样向外拨动,使芯样露出混凝土后用手将芯样取出。

(7)从钻孔中取出的芯样在稍微晾干后,标上清晰的标记。

(8)若所取芯样的高度及质量不能满足要求,则重新钻取芯样。

(9)结构或构件钻芯后所留下的孔洞应及时进行修补,以保证其正常工作。

4. 芯样试件加工

(1)抗压芯样试件的高度与直径之比(H/d)宜为 1.00。

(2)采用锯切机加工芯样试件时,将芯样固定,使锯切平面垂直于芯样轴线。

(3)锯切过程中用水冷却人造金刚石圆锯片和芯样。

(4)芯样试件内不应含有钢筋,不能避免时,标准芯样试件每个试件内最多只允许有两根直径小于 10 mm 的钢筋;公称直径小于 100 mm 的芯样试件,每个试件内最多只允许有一根直径小于 10 mm 的钢筋,且芯样内的钢筋应与芯样轴线基本垂直并离开端面 10 mm 以上。

(5)锯切后的芯样应进行端面处理,宜采取在磨平机上磨平端面的处理方法。

(6)当磨平后无法满足要求时,芯样试件端面可采用环氧胶泥或聚合物水泥砂浆补平。对于抗压强度低于 40 MPa 的芯样试件,可采用水泥砂浆、水泥净浆或聚合物水泥砂浆补平,补平层厚度不宜大于 5 mm;或采用硫磺胶泥补平,补平层厚度不宜大于 1.5 mm。

5. 抗压强度试验

(1)芯样试件几何尺寸的测量。①平均直径:用游标卡尺测量芯样中部,在相互垂直的两个位置上,取二次测量的算术平均值,精确至 0.5 mm;②芯样高度:用钢卷尺或钢板尺进行测量,精确至 1 mm;③垂直度:用游标量角器测量两个端面与母线的夹角,精确至 0.1°;④平整度:用钢板尺或角尺紧靠在芯样端面上,一面转动板尺,一面用塞尺测量与芯样端面之间的缝隙。

(2)芯样尺寸偏差及外观质量超过下列数值时,不能作抗压强度试验:①芯样试件的实际高径比(H/d)小于要求高径比的 0.95 或大于 1.05 时;②沿芯样试件高度的任一直径与平均直径差大于 2 mm 时;③抗压芯样试件端面的不平整度在 100 mm 长度内大于 0.1 mm 时;④芯样试件端面与轴线的不垂直度大于 1°时;⑤芯样有裂缝或有其他较大缺陷时。

(3)芯样抗压强度试验可按现行国家标准 GB/T50081《普通混凝土力学性能试验方

法》中对立方体试块抗压试验的规定进行。

6. 混凝土强度推定值的确定

芯样混凝土强度计算，依据 CECS03：2007《钻芯法检测混凝土强度技术规程》计算混凝土强度推定值。

（四）钻芯修正方法

（1）当采用间接测强方法进行钻芯修正时，芯样应从采用间接方法的结构构件中随机抽取，取芯位置应在结构或构件的下列部位钻取：①结构或构件受力较小的部位；②混凝土强度质量具有代表性的部位；③便于钻芯机安放与操作的部位；④当采用的间接检测方法为无损检测方法时，钻芯位置应与间接测强方法相应的测区重合；⑤当采用的间接检测方法对结构构件有损伤时，钻芯位置应布置在相应的测区附近。

（2）芯样修正可采用对应样本修正量的方法，此时直径 100 mm 混凝土芯样试件的数量不得少于 6 个；当现场钻取直径 100 mm 的混凝土芯样确有困难时，也可采用直径不小于 70 mm 的混凝土芯样，但芯样试件的数量宜适当增加。

（3）对应样本的修正量和换算强度计算方法如下：

$$f^{c}_{cu,i0} = f^{c}_{cu,i} + \Delta_f \tag{1-1}$$

$$\Delta_f = f_{cu,cor,m} - f^{c}_{cu,mj} \tag{1-2}$$

式中：$f^{c}_{cu,i0}$为修正后的换算强度，MPa；$f^{c}_{cu,i}$为修正前的换算强度，MPa；Δ_f为修正量，MPa；$f^{c}_{cu,mj}$为所用间接检测方法对应芯样测区的换算强度的算术平均值，MPa；$f_{cu,cor,m}$为芯样试件的混凝土抗压强度平均值，MPa。

（五）主要注意事项

（1）钻芯机安装过程中应注意尽量使钻芯钻头与结构的表面垂直，且钻芯机底座与结构表面的支撑点不得有松动。

（2）抗压试验的芯样宜使用标准芯样试件，其公称直径不宜小于骨料最大粒径的 3 倍；当采用小直径芯样试件时，公称直径不应小于 70 mm 且不得小于骨料最大粒径的 2 倍。

（3）确定单个构件的混凝土强度推定值时，有效芯样试件的数量不应少于 3 个，对于较小构件，有效芯样试件的数量不得少于 2 个。

（4）芯样试件在与被检测结构或构件混凝土湿度基本一致的条件下进行抗压试验。

（5）单个构件的混凝土强度推定值不再进行数据的舍弃，而应按有效芯样试件混凝土抗压强度值中的最小值确定。

（6）芯样应进行标记。当所取芯样高度和质量不能满足要求时，则应重新钻取芯样。

四、超声法检测混凝土缺陷

超声法检测混凝土缺陷的依据为 CECS21：2000《超声法检测混凝土缺陷技术规程》。

（一）基本原理

超声法检测混凝土缺陷的基本原理是根据超声波在混凝土中传播的声学参数变化情况来判定混凝土缺陷。超声波在相对均匀的混凝土中等距离传播时，声学参数相对稳定。当混凝土中存在某种缺陷（如蜂窝、空洞、裂缝等）时，由于缺陷破坏声通道的连续性，加之缺陷中空气(或水)界面的反射和散射,使得声波能量衰减较大,经过缺陷区的声学参数就会发生明显变化,反应为声速减小、首波平缓、波幅变小、波形畸变等。这种声学参数的突变,与正常混凝土随机波动有着本质区别。因此,通过完好混凝土声学参数与缺陷区声学参数对比分析,可准确判定混凝土内部质量的好坏。

(二)主要仪器、辅助设备及工具

采用带波形显示器的低频超声波检测仪,并配置频率为 50 ~ 100 kHz 的平面换能器(深裂缝检测采用钻孔对测法时,应选用频率为 20 ~ 60 kHz 的径向振动式换能器),测量混凝土中的超声波声速值。现场测试时耦合剂一般为液体或膏体,如黄油、凡士林和浆糊等。

(三)裂缝深度检测

裂缝深度的检测方法主要有单面平测法、双面斜测法和钻孔对测法。

1. 单面平测法

当结构的裂缝部位只有一个可测表面,估计裂缝深度又不大于 500 mm 时,可采用单面平测法,裂缝内有水或穿过裂缝的钢筋太密时,不能采用单面平测法。

平测时应在裂缝的被测部位,以不同的测距,按跨缝和不跨缝布置测点进行测量,布置测点时应避开钢筋的影响。

(1)不跨缝的声时测量。将 T 和 R 换能器置于裂缝附近同一侧,取两个换能器内边缘间距 l' 等于 100、150、200、250 mm、…分别读取声时值(t_i),绘制"时 - 距"坐标图(见附图 1.1)或用回归分析的方法求出声时与测距之间的回归直线方程:

$$l_i = a + bt_i \tag{1-3}$$

每测点超声实际传播的距离应为:

$$l_i = l'_i + |a| \tag{1-4}$$

式中:l_i 为第 i 点的超声实际传播距离,mm;l'_i 为第 i 点的 R、T 换能器内边缘间距,mm;a 为"时 - 距"图中 l' 轴的截距或回归直线方程的常数项,mm;b 为回归系数;t_i 为第 i 点的声时值。

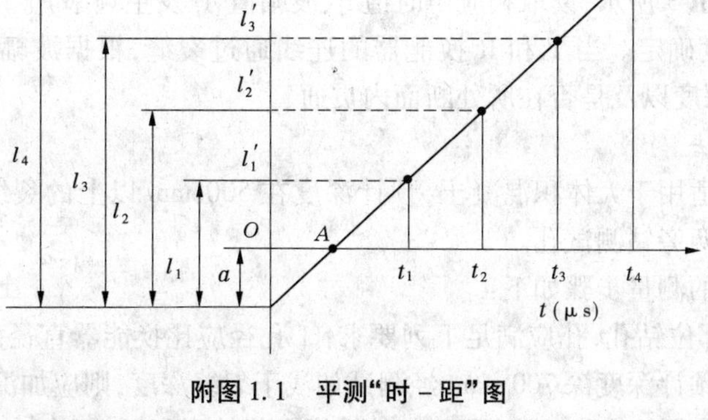

附图 1.1　平测"时 - 距"图

混凝土声速值 v 按下式计算:

$$v = \frac{l'_n - l'_1}{t_n - t_1} \tag{1-5}$$

式中：l'_n、l'_1 分别为第 n 点和第 1 点的测距，mm；t_n、t_1 分别为第 n 点和第 1 点读取的声时值，μs。

（2）跨缝的声时测量。将 T 和 R 换能器分别置于以裂缝为对称轴的两侧，取 l' = 100、150、200、250、300 mm、…分别读声时值 t_i^0，如附图 1.2 所示，同时观察首波相位的变化。

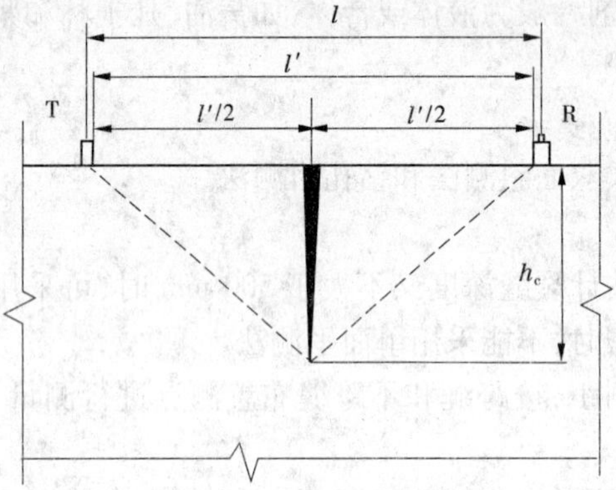

附图 1.2　绕过裂缝测试图

裂缝深度按式（1-6）、式（1-7）计算：

$$h_{ci} = \frac{l_i}{2}\sqrt{\left(\frac{t_i^0}{l_i}\right)^2 - 1} \tag{1-6}$$

$$m_{hc} = \frac{1}{n}\sum_{i=1}^{n} h_{ci} \tag{1-7}$$

式中：l_i 为不跨缝平测时第 i 点的超声波实际传播距离，mm；h_{ci} 为第 i 点计算的裂缝深度值，mm；t_i^0 为第 i 点跨缝平测的声时值，μs；m_{hc} 为各测点计算裂缝深度的平均值，mm；n 为测点数。

裂缝深度的确定方法如下：

（1）跨缝测量中，当在某测距发现首波反相时，可用该测距及两个相邻测距的测量值按式（1-6）计算 h_{ci} 值，取此三点 h_{ci} 的平均值作为该裂缝的深度值。

（2）跨缝测量中如难以发现首波反相，则以不同测距按式（1-6）、式（1-7）计算 h_{ci} 及其平均值 m_{hc}。将各测距 l'_i 与 m_{hc} 相比较，凡测距 l'_i 小于 m_{hc} 和大于 $3m_{hc}$ 的，应剔除该组数据，然后取余下 h_{ci} 的平均值，作为该裂缝的深度值。

2. 双面斜测法

（1）适用条件。当结构的裂缝部位具有两个相互平行的测试表面时，可采用双面穿透斜测法检测。

（2）测量步骤。将 T 和 R 换能器分别置于两测试表面对应测点 1，2，3，…，i 的位置，测点布置如附图 1.3 所示，读取相应声时值 t_i、波幅值 A_i 及主频率 f_i。

（3）裂缝深度确定。当 T 和 R 换能器的连线通过裂缝，根据波幅、声时和主频的突变，可判定裂缝深度以及是否在所处断面内贯通。

3. 钻孔对测法

钻孔对测法适用于大体积混凝土，预计深度在 500 mm 以上的裂缝检测。被测混凝土应允许在裂缝两旁钻测试孔。

钻孔对测法的测量步骤如下：

（1）在测试部位钻孔，孔应满足下列要求：①孔径应比换能器直径大 5 ~ 10 mm；②孔深应至少比裂缝预计深度深 700 mm，经测试如浅于裂缝深度，则应加深钻孔；③对应的两个测试孔（A，B）必须始终位于裂缝两则，其轴线应保持平行；④两个对应测试孔的间距宜为 2 000 mm，同一结构的各对应测孔间距应相同；⑤孔中粉末碎屑应清理干净；⑥如

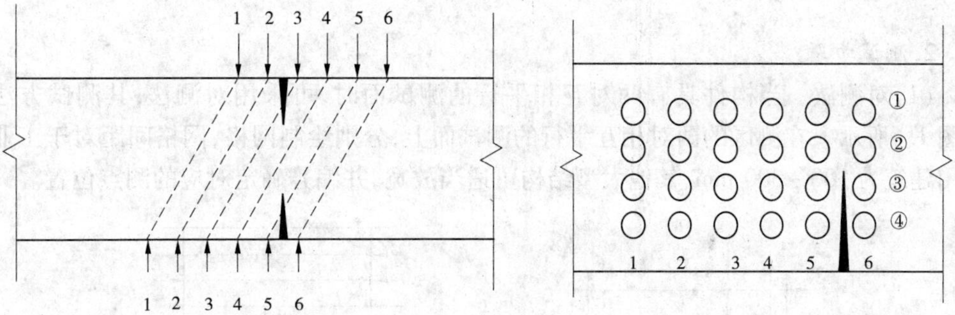

(a)平面图　　(b)立面图

附图 1.3　斜测裂缝示意图

附图 1.4(a)所示,宜在裂缝一侧多钻一个孔距相同但较浅的孔 C 为比较孔,通过 B、C 两孔测试无缝混凝土的声学参数。

(2)向测试孔中注满清水,然后将 T 和 R 换能器分别置于裂缝两侧的对应孔中,以相同高程等间距(100 ~400 mm)从上至下同步移动,逐点读取声时、波幅和换能器所处的深度,如附图 1.4(b)所示。

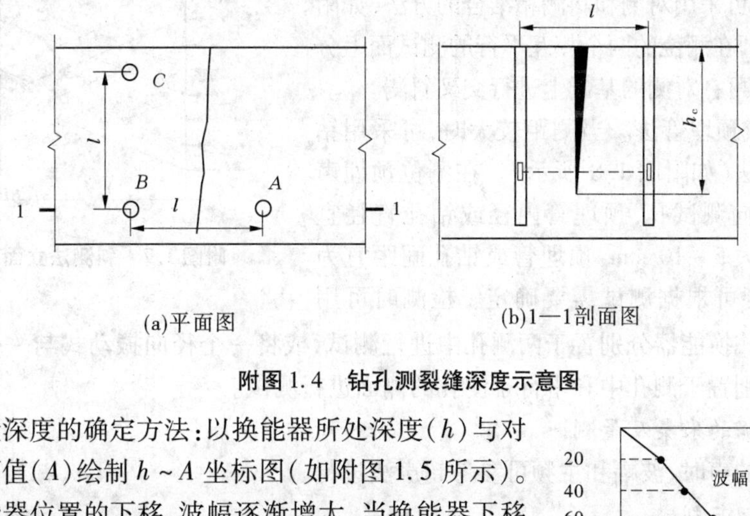

(a)平面图　　(b)1—1剖面图

附图 1.4　钻孔测裂缝深度示意图

裂缝深度的确定方法:以换能器所处深度(h)与对应的波幅值(A)绘制 $h \sim A$ 坐标图(如附图 1.5 所示)。随着换能器位置的下移,波幅逐渐增大,当换能器下移至某一位置后,波幅达到最大并基本稳定,则该位置所对应的深度便是裂缝深度 h_c。

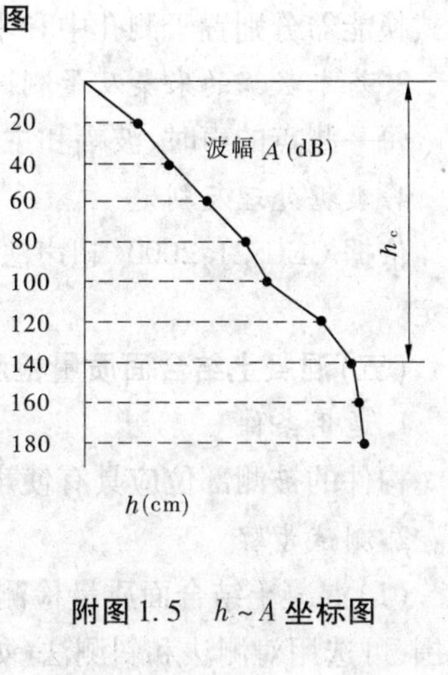

附图 1.5　$h \sim A$ 坐标图

(四)不密实区和空洞检测

1. 适用条件

(1)被测部位应具有一对(或两对)相互平行的测试面;

(2)测区的范围除应大于有怀疑区域外,还应有同条件的正常混凝土进行对比,且对比测点数不应少于

20 个。

2. 测试步骤

(1)对测法。当构件具有两对互相平行的测试面时,可采用对测法,其测试方法如附图 1.6所示。在测区的两对相互平行的测试面上,分别绘制网格,网格间距对于工业与民用建筑为 100 ~300 mm、其他大型结构可适当放宽,并编号确定对应的测点位置。

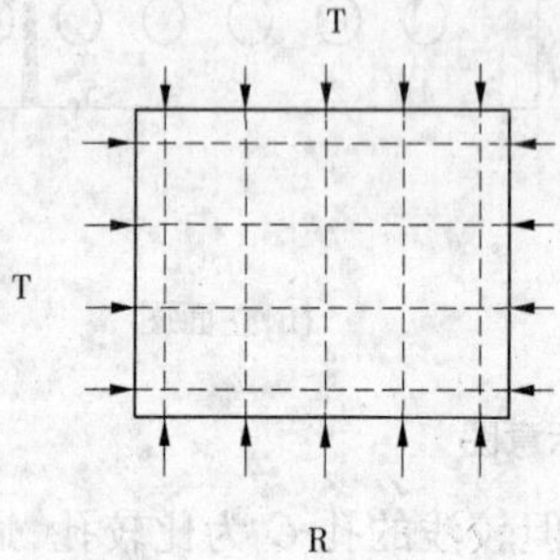

(a)平面图

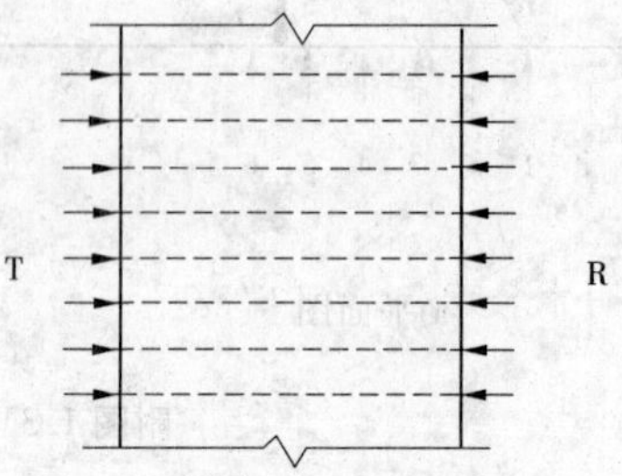

(b)立面图

附图 1.6 对测法示意图

(2)对测、斜测结合法。当构件只有一对相互平行的测试面时,可采用对测和斜测相结合的方法(如附图 1.7 所示),即在测位的两个相互平行的测试面上分别绘制网格线,可在对测的基础上进行交叉斜测。

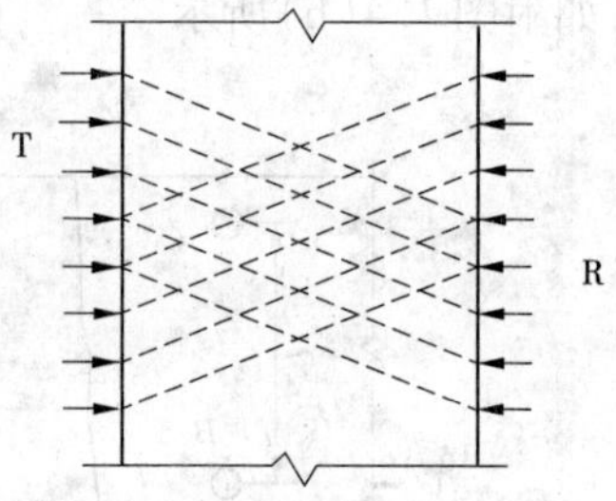

附图 1.7 斜测法立面图

(3)钻孔或预埋管法。当测距较大时,可采用钻孔或预埋管测法(如附图 1.8 所示)。在测位预埋声测管或钻出竖向测试孔,预埋管内径或钻孔直径宜比换能器直径大 5 ~10 mm,预埋管或钻孔间距宜为 2 ~3 m,其深度可根据测试需要确定。检测时可用两个径向振动式换能器分别置于两测孔中进行测试,或将一个径向振动式与一个厚度振动式换能器分别置于测孔中和平行于测孔的侧面进行测试。

3. 基本数据的采集及量测

每一测点的声时、波幅和主频可参考超声法进行。

4. 数据处理及判定

依据 CECS21:2000《超声法检测混凝土缺陷技术规程》的相关规定进行数据处理及判定。

(五)混凝土结合面质量检测

1. 适用条件

构件的被测部位应具有使声波垂直或斜穿结合面的测试条件。

2. 测试步骤

(1)混凝土结合面质量检测。测试前应查明结合面的位置及走向,明确被测部位及范围,可选用对测法和斜测法(如附图 1.9 所示)。

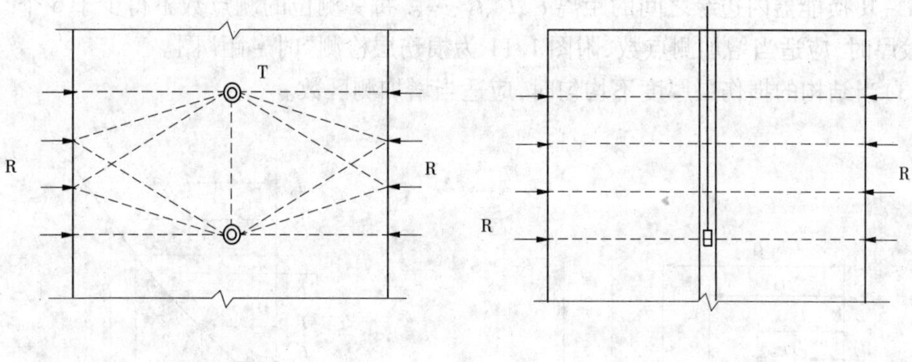

(a)平面图　　(b)立面图

附图 1.8　钻孔法示意图

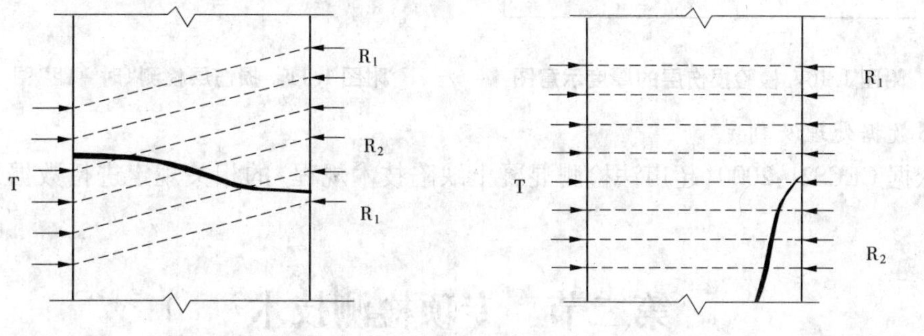

(a)斜测法　　(b)对测法

附图 1.9　混凝土结合面质量检测示意图

(2)布置测点。①使测试范围覆盖全部结合面或有怀疑的部位;②各对 $T-R_1$(声波传播不经过结合面)和 $T-R_2$(声波传播经过结合面)换能器连线的倾斜角及测距应相等;③测点的间距视结构尺寸和结合面外观质量情况而定,可控制在 100～300 mm。

(3)基本数据采集及量测。每一测点的声时、波幅和主频,可参考超声法进行。

(4)数据处理及判定。依据 CECS21:2000《超声法检测混凝土缺陷技术规程》的相关规定进行数据处理及判定。

(六)表面损伤层检测

1. 适用条件

(1)根据构件的损伤情况和外观质量选取有代表性的部位布置测位;

(2)构件被测表面应平整并处于自然干燥状态,且无接缝和饰面层,测试前应查明结合面的位置及走向,明确被测部位及范围。

2. 测试步骤

(1)表面损伤层检测宜选用频率较低的厚度振动式换能器。

(2)测试时 T 换能器应耦合好,并保持不动,然后将 R 换能器依次耦合在间距为 30 mm 的测点 1,2,3,…位置上(如附图 1.10 所示),读取相应的声时值 t_1、t_2、t_3、…,并测量每次 T－R 换能器内边缘之间的距离 l_1、l_2、l_3、…。每一测位的测点数不得少于 6 个，当损伤层较厚时，应适当增加测点数，附图 1.11 为损伤层检测“时－距”图。

（3）当结构的损伤层厚度不均匀时，应适当增加测区数。

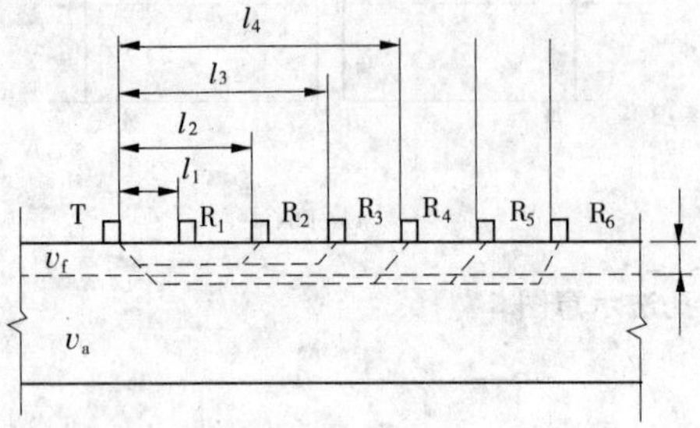

附图 1.10　检验损伤层的厚度示意图

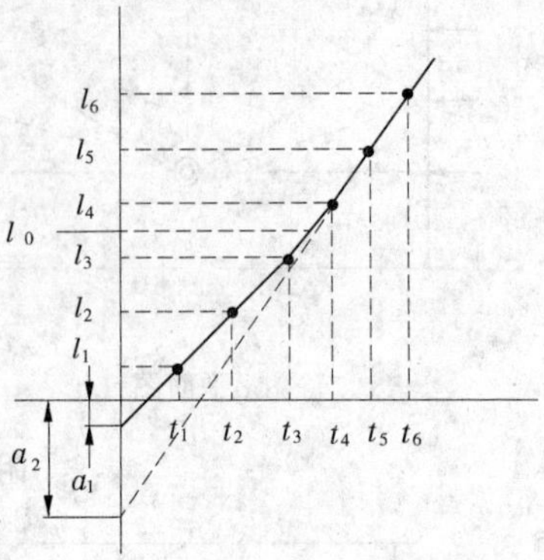

附图 1.11　损伤层检测“时－距”图

3. 数据处理及判定

依据 CECS21：2000《超声法检测混凝土缺陷技术规程》的相关规定进行数据处理及判定。

第二节　专项检测技术

一、混凝土冻伤的检测方法

（1）结构混凝土冻伤情况的分类，各类冻伤的定义、特点、检验项目和检测方法见附表 1.1。

附表 1.1　结构混凝土冻伤类型、检测项目与检测方法

<table>
<tr><th colspan="2">混凝土冻伤类型</th><th>定义</th><th>特点</th><th>检验项目</th><th>检测方法</th></tr>
<tr><td rowspan="2">混凝土早期冻伤</td><td>立即冻伤</td><td>新拌制的混凝土，若入模温度较低且接近于混凝土冻结温度时则导致立即冻伤</td><td>内外混凝土冻伤基本一致</td><td>受冻混凝土强度</td><td>取芯法或超声回弹综合法</td></tr>
<tr><td>预养冻伤</td><td>新拌制的混凝土，若入模温度较高，而混凝土预养时间不足，当环境温度降到混凝土冻结温度时则导致预养冻伤</td><td rowspan="2">内外混凝土冻伤不一致，内部轻微、外部较严重</td><td rowspan="2">①外部损伤较重的混凝土厚度及强度；②内部损伤轻微的混凝土强度</td><td rowspan="2">外部损伤较重的混凝土厚度可通过钻出芯样的湿度变化来检测，也可采用超声法</td></tr>
<tr><td colspan="2">混凝土冻融损伤</td><td>成熟龄期后的混凝土，在含水的情况下，由于环境正负温度的交替变化导致混凝土损伤</td></tr>
</table>

(2)混凝土冻伤质量检测的操作,应分别参照钻芯法、超声回弹综合法和超声法检测混凝土强度的标准进行。

(3)结构混凝土冻伤类型的判别可根据其定义并结合施工现场情况进行判别。必要时,也可从结构上取样,通过冻伤和未冻伤混凝土的吸水量、湿度变化等试验来判别。

二、混凝土中氯离子含量的测定

(一)试样制备应符合的要求

(1)将混凝土试件(芯样)破碎,剔除石子;

(2)将试样缩分至 30 g,研磨至全部通过 0.08 mm 的筛;

(3)用磁铁吸出试样中的金属铁屑;

(4)试样置烘箱中于 105 ~110 ℃烘至恒重,取出后放入干燥器中冷却至室温。

(二)混凝土中氯离子含量测定所需仪器

(1)酸度计或电位计:应具有 0.1 pH 单位或 10 mV 的精确度,精确的试验应采用具有 0.02 pH 单位或 2 mV 的精确度;

(2)216 型银电极;

(3)217 型双盐桥饱和甘汞电极;

(4)电磁搅拌器;

(5)电震荡器;

(6)滴定管(25 mL);

(7)移液管(10 mL)。

(三)混凝土中氯离子含量测定所需试剂

(1)硝酸溶液(1 +3);

(2)酚酞指示剂(10 g/L);

(3)硝酸银标准溶液;

(4)淀粉溶液。

(四)硝酸银标准溶液的配制

称取 1.7 g 硝酸银(称准至 0.000 1 g),用不含 Cl^- 的水溶液稀释至 1 L,混匀,贮于棕色瓶中。

(五)硝酸银标准溶液的标定方法

(1)称取于 500 ~600 ℃烧至恒重的氯化钠基准试剂 0.6 g(称准至 0.000 1 g),置于烧杯中,用不含 Cl^- 的水溶解,移入 1 000 mL 容量瓶中,稀释至刻度,摇匀。

(2)用移液管吸取 25 mL 氯化钠溶液于烧杯中,加水稀释至 50 mL,加 10 mL 淀粉溶液(10 g/L),以 216 型银电极做指示电极,217 型双盐桥饱和甘汞电极做参比电极,用配制好的硝酸银溶液滴定,按 GB/T9725—1988 中 6.2.2 条的规定,以二级微商法确定硝酸银溶液所用体积。

(3)同时进行空白试验。

(4)硝酸银溶液的浓度按下式计算:

$$C_{AgNO_3} = \frac{m_{NaCl} \times 25.00/1\,000.00}{(V_1 - V_2) \times 0.058\,44} \tag{1-8}$$

式中：C_{AgNO_3} 为硝酸银标准溶液浓度，mol/L；m_{NaCl} 为氯化钠的质量，g；V_1 为硝酸银标准溶液的用量，mL；V_2 为空白试验消耗硝酸银标准溶液的用量，mL；0.058 44 为氯化钠的毫摩尔质量，g/mmoL。

（六）混凝土中氯离子含量的测定

（1）称取 5 g 试样（称准至 0.000 1 g），置于具塞磨口锥形瓶中，加入 250 mL 水，密塞后剧烈振摇 3～4 min，置于电震荡器上震荡浸泡 6 h，以快速定量滤纸过滤。

（2）用移液管吸取 50 mL 滤纸于烧杯中，滴加酚酞指示剂 2 滴，以硝酸溶液（1＋3）滴至红色刚好褪去，再加 10 mL 淀粉溶液（10 g/L），以 216 型银电极做指示电极、217 型双盐桥饱和甘汞电极做参比电极，用标准硝酸银溶液滴定，并按 GB/T9725—1988 中 6.2.2 条的规定，以二级微商法确定硝酸银溶液所用体积。

（3）同时进行空白试验。

（4）氯离子含量按下式计算：

$$W_{Cl^-} = \frac{C_{AgNO_3}(V_1 - V_2) \times 0.035\,45}{m_s \times 50.00/250.0} \times 100 \tag{1-9}$$

式中：W_{Cl^-} 为混凝土中氯离子的质量百分数；0.035 45 为氯离子的毫摩尔质量，g/mmol；m_s 为混凝土试样的质量，g。

三、钢筋配置检测

钢筋配置检测包括的内容主要有钢筋间距、保护层厚度、钢筋直径和数量检测，依据 JGJ/T152—2008《混凝土中钢筋检测技术规程》的相关规定进行现场检测和数据处理。

（一）基本原理

目前，国内外混凝土结构保护层厚度的检测方法多采用电磁感应法，即在混凝土表面向内部发射电磁场，混凝土内部钢筋产生感应电磁场。根据感应电磁场强度及空间梯度的变化，经过一系列数据处理，即可确定保护层厚度、钢筋位置、钢筋数量等参数。

（二）检测仪器

钢筋配置检测常用钢筋探测仪，检测前应采用校准试件进行校准，当混凝土保护层厚度为 10～50 mm 时，混凝土保护层厚度检测的允许误差为 ±1 mm，钢筋间距检测的允许误差为 ±3 mm。

（三）测量方法

（1）仪器校准。仪器在检测前应在标准试件上进行校准（如附图 1.12 所示），以确保自身精度可靠。校准的试件尺寸、钢筋公称直径和钢筋保护层厚度可根据钢筋探测仪的量程进行设置，并应与工程中被检钢筋的实际参数基本相同。

（2）测量部位。混凝土结构钢筋测量部位主要为承重构件或承重构件的主要受力方向，或者是通过钢筋锈蚀电位测试，其结果表明钢筋可能锈蚀活化的部位，以及根据结构验算和其他需要确定的部位。

（3）测量方法。将探头放置在被检测体表面，沿钢筋走向的垂线方向移动探头。当

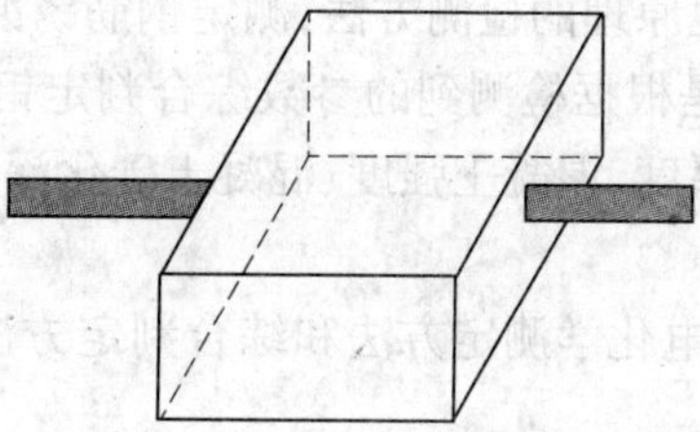

附图 1.12　钢筋探测仪校准试件

探头到达被测钢筋正上方时，仪器发出鸣声，提示此处下方有钢筋，保护层厚度值自动放入记录框中保存，此时按“存储”键将检测结果存入当前设置的数据编号中。然后，在相反方向的附近位置慢慢往复移动探头，同时观察屏幕的“当前值”，出现最小值时的位置即是钢筋的准确位置。探头正确移动方向如附图 1.13(a)、(b)所示，错误的移动方向如附图 1.13(c)所示。

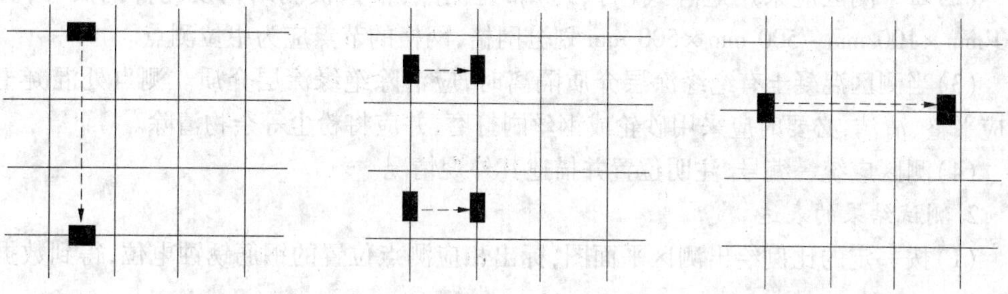

(a)正确移动方法1　　(b)正确移动方法2　　(c)错误移动方法

附图 1.13　探头移动方法

(四)其他方法

钢筋分布和保护层厚度也可采用探地雷达法检测，在尺寸较大(如闸墩、闸底板等)情况下检测效率更高。

四、钢筋锈蚀状况检测

水工结构的使用环境恶劣，钢筋锈蚀是影响水工钢筋混凝土结构耐久性的一个重要因素。因钢筋锈蚀造成保护层脱落、结构承载力下降等水闸病险情况屡见不鲜，严重危及水闸结构安全，成为水闸防洪的安全隐患，造成生产的重大安全事故和巨大经济损失及不良社会影响。

混凝土结构中钢筋锈蚀状态的检测主要有剔凿检测方法、电化学测定方法和综合分析判定方法，现场检测依据 JGJ/T152—2008《混凝土中钢筋检测技术规程》的相关规定进行。

(一)常用方法介绍

(1)剔凿检测法是剔凿出钢筋，测定钢筋剩余直径的一种直接检测方法，但由于对结构造成一定损伤，因此不易大面积使用。

(2)电化学测定法一般是采用极化电极原理的检测方法，测定钢筋锈蚀电流和混凝土的电阻率;也可采用半电池原理的检测方法,测定钢筋锈蚀的自然电位。

(3)综合分析判定方法是根据检测到的参数综合判定钢筋的锈蚀状况。参数一般包括裂缝宽度、混凝土保护层厚度、混凝土强度、混凝土碳化深度、混凝土中有害物质含量以及混凝土含水率等。

水闸现场检测中多采用电化学测定方法和综合判定方法,同时宜配合剔凿检测方法进行局部验证。

以下主要介绍电化学测定方法的测区、测点的布置,操作方法和注意事项,测试结果分析等内容。

(二)电化学测定方法检测钢筋锈蚀状况

1.测区及测点布置要求

(1)应根据构件的环境差异及外观检查结果确定测区,测区应能代表不同环境条件和不同的锈蚀外观表征,每种条件的测区数量不宜少于3个,测区面积不宜大于5 m×5 m。

(2)每个测区应采用矩阵式(行、列)布置测点,依据被测结构及构件的尺寸,宜用100 mm×100 mm~500 mm×500 mm划分网格,网格的节点应为中位测点。

(3)当测区混凝土有绝缘涂层介质隔离时,应清除绝缘涂层介质。测点处混凝土表面应平整、清洁,必要时应采用砂轮或钢丝刷打磨,并应将粉尘等杂物清除。

(4)测区应统一编号,注明位置并描述其外观情况。

2.测试结果的表达

(1)按一定的比例绘出测区平面图,标出相应测点位置的钢筋锈蚀电位,得到数据阵列。

(2)绘出电位等值线图,通过数值相等各点或内插各等值点绘出等值线,等值线差值宜取为100 mV。

3.测试结果的判定

根据腐蚀电位等值线图,定性判别腐蚀情况:①小于-350 mV时,发生锈蚀概率大于90%;②-350~-200 mV时,锈蚀性状不确定;③大于-200 mV时,不发生锈蚀的概率大于90%。

4.检测注意事项

(1)电极铜棒应清洁、无明显缺陷;

(2)测点处混凝土表面应清洁、湿润,无涂料、浮浆、污物或尘土等;

(3)保证仪器连接点的钢筋与测点钢筋连通;

(4)测点读数应稳定,在同一测点,用相同半电池重复2次测得该点的电位差值应小于10 mV,两只不同的半电池重复2次测得该点的电位差值应小于20 mV;

(5)应避免各种电磁场干扰;

(6)应注意环境温度对测试结果的影响,当检测环境温度在(22±5)℃之外时,应进行修正。

五、金属结构焊缝检测

焊缝质量检测分为外观质量检测和内部质量检测。外观质量检测可初步确定焊缝施工质量情况，内部质量检测可对金属结构焊缝质量进行较精确的测量。此项检测用以说明金属结构工程施工时的焊接质量及经过多年使用后质量的保持情况。

（一）外观质量检测

（1）外观检查。清除金属结构焊缝上的污垢，用不小于10倍的放大镜检查焊缝质量，观察并记录焊缝的咬边、飞溅情况以及弧坑、焊瘤、表面气孔、夹渣和裂纹情况等。

（2）尺寸检查。用焊缝检验尺测量焊缝尺寸，并记录测量结果。

（二）内部质量检测

焊缝内部缺陷可采用射线或超声波进行探伤检测。对于受力复杂、易产生疲劳裂纹的零部件，应首先采用渗透或磁粉探伤方法进行表面裂纹检查；发现裂纹后，应用射线探伤法或超声波探伤法，确定裂纹走向、长度和深度。

1. 抽检数量

焊缝内部缺陷探伤长度占焊缝全长的百分比应符合SL101—94《水工钢闸门和启闭机安全检测技术规程》、YB9257—96《钢结构检测评定及加固技术规程》、DL/T709—99《压力钢管安全检测技术规程》的规定，具体抽测比例为：

（1）一类焊缝，超声波探伤应不少于20%，射线探伤应不少于10%；

（2）二类焊缝，超声波探伤应不少于10%，射线探伤应不少于5%；

（3）使用年限较短的金属结构，抽样比例可以酌减；

（4）发现裂纹时，应根据具体情况在裂纹延伸方向增加探伤长度，直至焊缝全长。

2. 超声波探伤

超声波探伤是利用超声波透入金属材料的深处，由一截面进入另一截面时，在界面边缘发生反射的特点来检查材料缺陷的一种方法。

超声波探伤具有灵敏度高、操作方便、快速、经济、易于实现自动化探伤等优点，得到广泛运用。当对缺陷的性质不易准确判断时，须结合其他探伤方法进行验证。

金属超声波探伤仪的技术要求及检测方法应符合GB/T11345—1992《钢焊缝手工超声波探伤方法和探伤结果的分级》规定。

超声波探伤法有脉冲反射法、穿透法和谐振法3种，用得最多的是脉冲反射法，脉冲反射法在实际运用中主要有：

（1）接触法。接触法探伤见附图1.14。接触法是将探头与构件通过耦合剂接触，探头在构件表面移动时利用探头发出的超声脉冲在构件中传播，一部分遇到缺陷被反射回来，一部分抵达构件底面、经底面反射后回到探头。缺陷的反射波先到达，底面的反射波（底波）后到达。探头接收到的超声脉冲变换成高频电压，通过接收器进入示波器。探头可以用一个或两个，如附图1.14（a）、（b）：单探头同时起发射和接收超声波的作用，双探头则分别承担发射、接收超声波的作用。双探头法要优于单探头法。

（2）斜探头法。使超声波以一定入射角进入构件，根据折射定律产生波形变换，选择适当的入射角和第一介质材料，可以使构件中只有横波传播。通过改变探头入射角也可以产生表面波和板波。超声波探伤检验焊缝质量，一般按缺陷反射当量（或反射波高在预定的区域范围）和缺陷的指示长度来评定。因此，应在指定的试块上用规定的探伤灵敏度预先制作距离与波幅曲线，该曲线由测长线、定量线和判废线组成。

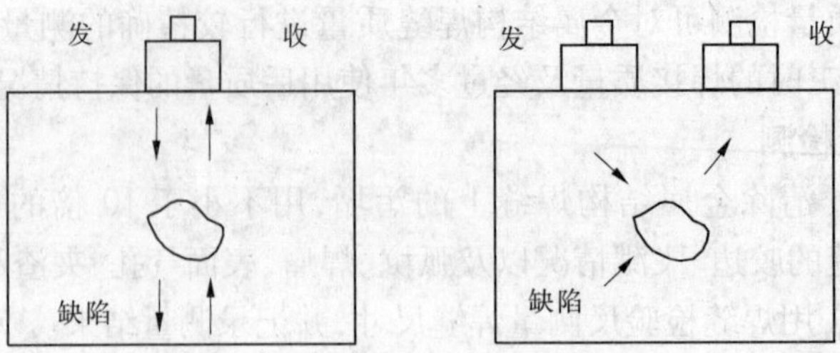

(a)单探头　　(b)双探头

附图 1.14　接触法探伤示意图

3. 射线探伤

射线探伤是检测焊缝内部缺陷的一种比较准确可靠的方法,可以显示出缺陷的平面位置、形状和大小。射线探伤法主要分 X 射线探伤法和 γ 射线探伤法两种,它们在不同程度上都能透过不透明物体,与照相胶片发生作用。当射线通过被检查的材料时,由于材料内的缺陷对射线的衰减和吸收能力不同,因此通过材料后的射线强度也不一样,作用在胶片上的感光程度也不一样,将感光的胶片冲洗后,用来判断和鉴定材料内部的质量。X 射线探伤法用于厚度不大于 30 mm 的焊缝,γ 射线探伤法用于厚度大于 30 mm 的焊缝。进行透照的焊缝表面要先进行平整度检查,要求表面状况以不妨碍底片缺陷的辨认为原则,否则应事先予以整修。

射线探伤法的实施应符合 GB3323—1987《钢熔化焊对接接头射线照相和质量分级》的规定。

(三)检测方法的选择

根据不同类型的焊接结构型式和材料,选用不同的检验方法。焊接缺陷检验的常用方法列于附表 1.2,各检测方法的特点和适用性列于附表 1.3、附表 1.4。

附表 1.2　焊接质量检验方法

检验方法		目的	手段
非破坏性	外观检验	检查焊缝的咬边、外部气孔、弧坑、焊瘤、焊穿以及焊缝外部形状尺寸的变化	肉眼观察,也可利用 5~20 倍放大镜、焊缝检验尺
	声响检验	检查焊缝内较大尺寸的缺陷	用小锤敲击构件,谐振法检验
	致密性检验	检查焊缝的致密性,确定泄漏位置	各种液(气)压试验
	无损探伤	检查焊缝、焊接接头内部或表面各种类型缺陷的位置、数量、尺寸和性质,如裂纹气孔、夹杂、未焊、未熔合等,也可进行应力应变和残余应力等的测定	射线检验、超声波检验、电磁检验、渗透检验、应变测量等

续附表 1.2

检验方法		目 的	手 段
破坏性	性能试验	测定强度值,用以评定各种焊接材料、母材、焊接接头的力学性能	拉伸、冲击、抗剪、扭转、弯曲、硬度、疲劳等试验
	腐蚀试验	确定焊缝在不同条件下的腐蚀倾向和耐腐蚀性能	应力腐蚀试验、晶间腐蚀试验
	化学成分分析	检查焊接材料、焊缝金属的化学组成成分	化学分析、光谱分析、X 射线荧光分析、质谱分析和电子探针微区分析等
	金相组织分析	了解焊接接头各部位的金相组织,包括相成、相结构、夹杂、氢白点、晶粒度及断口形貌等	光学和电镜分析、相分析、断口分析、X 射线结构分析等

附表 1.3　焊接缺陷的试验和检测方法

缺陷种类		试验、检测方法
尺寸上的缺陷	变形、错边	目视检查,辅以量具测定
	焊缝金属大小不当	目视检查,用焊缝金属专用量规测量
	焊缝金属形状不当	目视检查,用焊缝金属专用量规测量
组织结构上的缺陷	气孔 非金属夹杂、夹渣 未熔合或熔合不良 未熔透	射线探伤、宏观组织分析、断口观察、显微镜检查、超声波探伤
	咬边	目视检查、弯曲试验、X 射线透照
	裂纹	目视检查、射线检验、超声波检验、磁粉和涡流检验、宏观和微观金相分析、弯曲试验等
	各种表面缺陷	目视检查、磁粉检验及其他方法
	金相组织(宏观和微观)异常	光学金相和电子显微镜分析、宏观分析、断口分析、X 射线结构分析
性能上的缺陷	抗拉强度不足	焊缝金属和接头拉伸试验,角焊缝韧性试验,母材拉伸试验,断口和金相分析
	屈服强度不足	焊缝金属、接头和母材拉伸试验,断口和金相分析
	塑性不良	焊缝金属拉伸试验、自由弯曲试验、靠模弯曲试验、母材拉伸试验
	硬度不合格、疲劳性能低、冲击破坏	相应地进行硬度、疲劳和不同温度的冲击试验
	化学成分不适当	化学成分分析
	耐腐蚀性不良	相应的腐蚀试验、残余应力测定、金相分析

附表 1.4 焊接质量检验的无损探伤方法的特点

探伤方法	工作条件	主要优缺点	适用范围
射线探伤（RT）	便于安装探伤机，需有适当的操作空间；在射线源和被检结构间无遮胶片能有效地紧贴被检部位；无其他射线干扰	优点：可得到直观性强的缺陷平面影像，无需和构件接触，对构件表面状态要求不高，适用各种不同性质的材料，探伤结果可以长期保存。 缺点：探测厚度受射线能量的限制，费用高，设备较复杂，难以发现与射线方向垂直的发裂一类的缺陷。射线对人体有害	用于发现各种材料和构件中的夹杂、气孔、缩孔等体积形缺陷，以及与射线方向一致的裂纹、未焊透等线性缺陷。缺陷可用照相法、荧光屏显示法、电视观察法、电离记录法来记录或观察
超声波伤（UT）	构件形状简单、规则，有较光滑的可探测面，探头扫查需要足够的距离和空间；双层或多层结构需逐层检验；较厚的构件可能需要双面探伤	优点：适用范围广，对裂纹类缺陷的探伤灵敏度高，检验迅速灵活，可自动化，能正确判断缺陷位置，成本低。 缺点：测得的缺陷大小往往是相对值（当量），估计缺陷性质比较困难，探伤结果的准确性往往取决于检测人员的素质，缺陷显示直观性较差，薄壁（<8 mm）焊接结构的超声波探伤困难	可检查构件焊接接头中夹杂、裂纹、白点、气孔、未焊透，构件本身的分层、夹杂和裂纹等
磁粉探伤（MT）	工件表面光洁无锈、无油污，能实施磁化操作；探测面外露并便于观察；构件形状规则	优点：操作简便迅速，灵敏度高，缺陷观察直观。 缺点：对非铁磁性材料无能为力；对探测面要求高，难以确定缺陷的深度和埋藏深度位置，可检查深度有限	只用于探测铁磁性材料，可发现构件表面或表层内的缺陷，如气孔、夹杂、裂纹等
渗透探伤（PT）	探测面需外露，可以目视观察；表面光洁度要求高；需有足够的操作空间和场地	优点：不受构件材料种类的限制，操作简单，设备简单，缺陷观察直观，发现表面裂纹能力强；着色探伤在现场操作无需能源。 缺点：探伤剂易燃，污染环境，不能确定缺陷的深度	各种非多孔性材料表面开口缺陷（如裂纹）和穿透性缺陷等

第三节 检测新技术

一、冲击回波法检测混凝土缺陷

(一)工作原理

冲击回波法是用于混凝土结构检测的一种新型无损检测技术。该方法的主要仪器为Doctor冲击－回波测试仪。如附图1.15所示,仪器通过机械冲击器向物体表面发送短周期应力脉冲波,压缩波(P波)在物体上的传播过程中,遇到内部缺陷(如裂缝宽度>0.03 mm,波便不能穿透)或表面边界时便发生反射,波反射至表面后还继续往返反射,产生一个瞬时共振条件;P波每次返回表面都会发生一个很小的位移,被设置在测点附近的位移传感器所接收,仪器记录了P波在时域内的传播波形,P波自表面入射至底面,再返回表面,其传播的时间T大致等于两倍的路径($2D$)除以材料中的波速C_p,构件的厚度D为:

$$D = C_p \frac{T}{2} \tag{1-10}$$

设P波每返回一次的时间T为周期,通过FFT转换技术,把时域分析变换为频域的分析,用周期倒数频率(f)表达,则构件的厚度(或缺陷的隐存深度)数值上等于

$$D = \frac{C_p}{2f} \tag{1-11}$$

使用公式计算,若试验体厚度已知且密实,则P波的波速便可获得。一旦波速确定,且选择正确的冲击器,就可采用单面测试法准确地测得缺陷位置和深度。

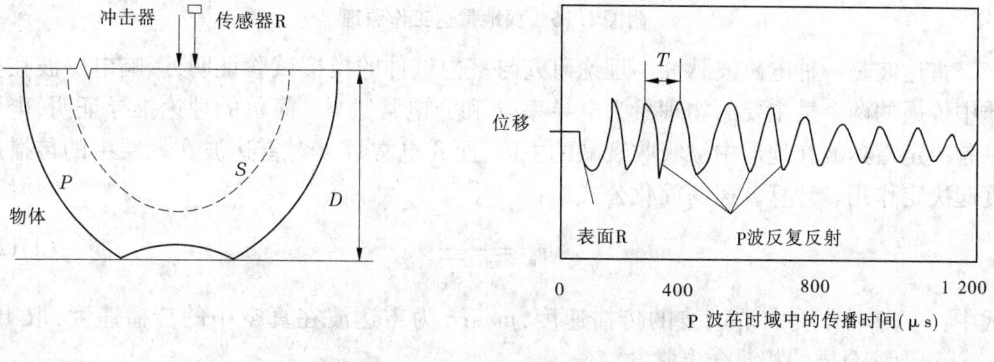

附图1.15 冲击－回波法检测原理

(二)应用范围

实验室理论研究和现场检测应用证明了冲击－回波法可用于如下检测工作:

(1)钢筋密集区混凝土裂缝、空隙和蜂窝缺陷的检测;

(2)由于钢筋腐蚀引起周边混凝土脱黏疏松情况;

(3)测定表面开裂的深度;

(4) 两层间孔隙的检查；

(5) 补修后工程质量的检查；

(6) 板状结构厚度的测量；

(7) 估计碱骨料反应或冻融循环损伤程度等。

二、探地雷达法检测混凝土缺陷

(一) 工作原理

探地雷达(Ground Penetration Radar, 简称 GPR)法是一种用于确定地下介质分布的广谱(MHz ~ GHz)电磁波技术。探地雷达利用一个天线发射高频率宽频带短脉冲电磁波，另一个天线接收来自地下介质界面的反射波。电磁波在介质中传播时，其路径、电磁场强度与波形将随所通过介质的电性质及几何形态而变化。因此，根据接收到波的旅行时间(亦称双程走时)、幅度与波形等资料，可探测介质的结构、构造与埋设物体，探地雷达工作原理如附图 1.16 所示。

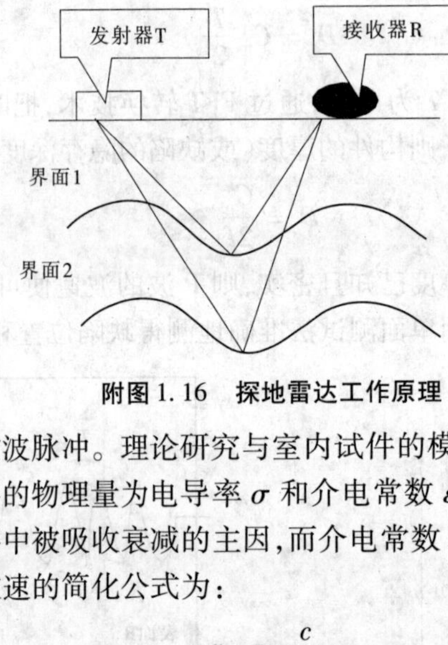

附图 1.16　探地雷达工作原理

雷达波是一种电磁波脉冲。理论研究与室内试件的模拟试验证明，影响电磁波在介质中传播的两个最主要的物理量为电导率 σ 和介电常数 ε。简单的理论推导证明，电导率是决定雷达波在地层中被吸收衰减的主因，而介电常数 ε 对雷达波在地层中的传播速度起决定作用。计算波速的简化公式为：

$$v_e = \frac{c}{\sqrt{\varepsilon_r}} \tag{1-12}$$

式中：v_e 为 e 介质中雷达波的传播速度，m/s；c 为雷达波在真空中的传播速度，取 10^8 m/s；ε_r 为该介质的相对介电常数。

(二) 地质雷达在钢筋混凝土构件检测中的应用

地质雷达用在钢筋混凝土构件检测上主要有 3 个方面：一是钢筋混凝土内部缺陷的检测；二是钢筋混凝土内部钢筋保护层厚度、钢筋位置和数量的检测；三是探测闸底板脱空情况(见 SL436—2008《堤防隐患探测规程》)。附图 1.17 为一水闸底板的缺陷探测图，附图 1.18为一水闸底板钢筋扫描图，其钢筋分布情况清晰可见。值得指出的是，图中亮点的大小并不简单地对应钢筋的粗细；要评估钢筋的直径，还须经过大量的模型试验，以确定反射强度与钢筋直径的关系。

附图 1.17　探地雷达检测底板缺陷

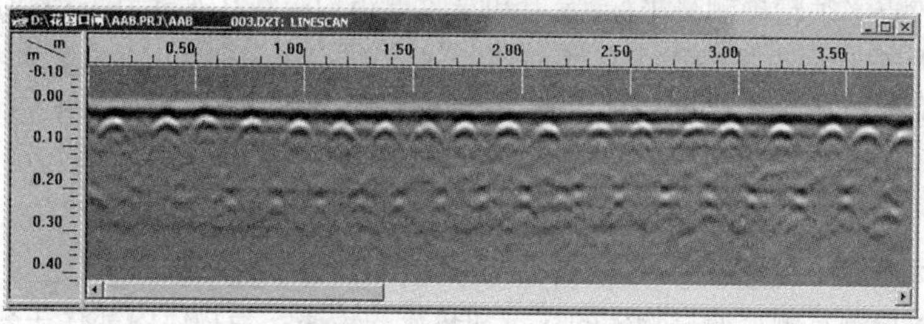

附图 1.18　探地雷达检测钢筋分布

(三)环境对探测效果的影响

一般来说,土质的电导率大,对雷达波吸收强,如潮湿黏土地区,非常不利于雷达探测;干燥的沙漠地区或岩石裸露地区,电导率小,有利于雷达波穿透,是利用雷达探测的有利地区。另外,环境的介电常数是折算雷达波传播速度和目标埋藏深度的依据:介电常数越大,传播速度越小,主频天线的波长也越短,有利于提高分辨率。

(四)主要注意事项

采用雷达法检测钢筋间距或混凝土保护层时,当遇到下列情况之一时,应选取不少于30%的已测钢筋,且不应少于6处(当实际检测数量不到6处时应全部选取),采用钻孔、剔凿方法验证。

(1)认为相邻钢筋对检测结果有影响;

(2)钢筋实际根数、位置与设计有较大偏差或无资料可供参考;

(3)混凝土含水率较高;

(4)钢筋以及混凝土材质与校准试件有显著差异。

三、声波 CT 法检测混凝土整体浇筑质量

(一)声波 CT 无损检测的基本原理

根据弹性波的运动学和动力学特征,弹性波层析成像(声波 CT)方法可以分为两大类:一是以运动特征为基础的射线层析成像;二是以动力学特征为基础的波动方程层析成像。作为反演声波穿透的射线层析成像,其基本思想是根据声波的射线几何运动学原理,将声波从发射点到接收点的旅行时间表达成探测区域介质速度参数的线积分,然后通过沿线积分路径进行反投影来重建介质速度参数的分布图像。

混凝土声波 CT 无损检测,就是根据声波射线的几何运动学原理,利用最先进的声波发射、接收系统,在被检测块体的一端发射,在另一端接收,用声波扫描被检测体,然后利用计算机反演成像技术,呈现被检测体各微小单元范围内的混凝土声波速度,进而对被检测体作出质量评价。

(二)现场检测技术

用于现场的观测系统为一发多收声系,即在一侧单点发射,另一侧作扇形排列接收,然后逐点同步沿剖面线移动进行扫描观测。

工作布置遵循以下原则:发射或接收必须分别在同一高程上,以便形成扫描剖面;各发射点和接收点必须精确测量坐标;发射和接收点距均应在 0.4 m 以下;发射与接收点之间的距离应大于 8 m,以提高射线密度。

现场检测严格按 312—2005《水利水电物探规程》执行。

四、红外热成像检测技术检测混凝土表面缺陷

(一)基本原理

红外无损检测是测量通过物体的热量和热流的传递。当物体内部存在裂缝或其他缺陷时,它将改变物体的热传导,使物体表面温度分布出现差异或不均匀变化,利用这些差异或不均匀的变化图像,可直观查出物体的缺陷位置。

(二)红外成像检测技术在工程中的应用

红外成像检测技术在工程中的应用通常包括受灾建筑物损伤检测、工程施工质量检测和保温隔热性、防渗漏的检测。

附录二　工程复核计算方法

第一节　过流能力

一、闸室段

（一）水闸过闸流态及判定

水闸过水流态分为堰流和孔流两种状态：堰流状态即闸泄流时自由水面不受任何阻挡，此时水流受到堰墙或两侧墩墙约束，上游水位壅高，水流经堰顶下泄，其溢流水面上缘不受任何约束而为连续的自由降落水面；孔流状态是在水闸泄流时水面受到闸门（局部开启）或胸墙的阻挡，此时水流受到约束，闸前水位壅高，水流由闸门底缘和闸底板之间的闸孔出流，过水断面受到闸孔开启尺寸的限制，其自由水面不连续。

堰流和孔流两种状态存在相互转化的可能，水闸在运用过程中可能某一时刻为堰流，但随着闸门的提高，堰流可能转化为孔流。转化的关键因素在于堰坎的型式、闸孔堰上总水头 H_0、堰顶以上开门高度 a，其判别方法如下。

（1）宽顶堰式的平底水闸：$a/H_0 > 0.65$ 时为堰流，$a/H_0 \leqslant 0.65$ 时为孔流；

（2）实用堰式水闸：$a/H_0 > 0.75$ 时为堰流，$a/H_0 \leqslant 0.75$ 时为孔流。

需要说明的是，上述界限值还与闸门在闸室的位置有关。闸门位置偏在闸室中游侧，界限值偏小；反之，界限值偏大。

（二）计算条件的确定

水闸过流能力的计算条件，一般是指其设计工况下的上下游水位。上游水位是指闸前的来水水位，当直接由水库、湖泊引水时，应考虑引渠的水头损失；当直接从河道侧面引水时，应考虑因分流而引起取水口处河道的水面跌落。

水闸的下游水位，一般根据过闸流量，由闸后渠道的均匀流公式计算求得；若有下游水位—流量关系曲线，可查关系曲线的图表得到。

（三）堰流计算

堰流的常见形式有，经过叠梁闸门顶的薄壁堰流、经过折线形或曲线形溢流坝的实用堰流及流经水闸和明流隧洞、涵管等进口的宽顶堰流等。

1. *平底堰流*

水闸闸前铺盖与闸底板顶面同高时称为平底水闸，此时闸墩或翼墙引起水流的侧向收缩，使水流成为宽顶堰流，过闸流量 Q（m^3/s）按式（2-1）计算，计算示意图如附图 2.1。

$$Q = \sigma \varepsilon m B_0 \sqrt{2g} H_0^{1.5} \tag{2-1}$$

其中

$$\sigma = 2.31 \frac{h_s}{H_0}\left(1 - \frac{h_s}{H_0}\right)^{0.4} \tag{2-2}$$

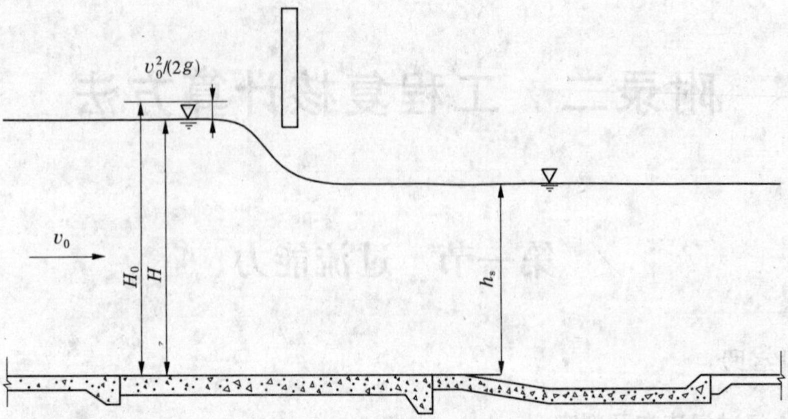

附图 2.1　平底宽顶堰流计算示意图

式中：σ 为堰流淹没系数，按式(2-2)计算或由附表 2.1 查取；ε 为堰流侧收缩系数，单孔闸按式(2-3)计算或由附表 2.2 查得，多孔闸按式(2-4)～式(2-6)计算；m 为堰流流量系数，可采用 0.385；B_0 为闸孔总净宽，m；g 为重力加速度；H_0 为计入行进流速水头的堰上水深，m；h_s 为堰顶算起的下游水深，m。

附表 2.1　宽顶堰淹没系数

h_s/H_0	≤0.72	0.75	0.78	0.80	0.82	0.84	0.86	0.88	0.90	0.91
σ	1.00	0.99	0.98	0.97	0.95	0.93	0.90	0.87	0.83	0.80
h_s/H_0	0.92	0.93	0.94	0.95	0.96	0.97	0.98	0.99	0.995	0.998
σ	0.77	0.74	0.70	0.66	0.61	0.55	0.47	0.36	0.28	0.19

ε 的计算方法如下：

(1)单孔闸时：

$$\varepsilon = 1 - 0.171\left(1 - \frac{b_0}{b_s}\right)\sqrt[4]{\frac{b_0}{b_s}} \tag{2-3}$$

式中：b_0 为闸孔净宽，m；b_s 为上游河道一半水深处的宽度，m。

(2)多孔闸且闸墩墩头为圆弧形时：

$$\varepsilon = \frac{\varepsilon_z(N-1) + \varepsilon_b}{N} \tag{2-4}$$

其中

$$\varepsilon_z = 1 - 0.171\left(1 - \frac{b_0}{b_0 + d_z}\right)\sqrt[4]{\frac{b_0}{b_0 + d_z}} \tag{2-5}$$

$$\varepsilon_b = 1 - 0.171\left(1 - \frac{b_0}{b_0 + \frac{d_z}{2} + b_b}\right)\sqrt[4]{\frac{b_0}{b_0 + \frac{d_z}{2} + b_b}} \tag{2-6}$$

式中：ε_z 为中闸孔侧收缩系数，可按公式(2-5)计算或由附表 2.2 查得，但表中的 $b_s = b_0 + d_z$；b_0 为闸孔净宽，m；ε_b 为边闸孔侧收缩系数，可按公式(2-6)计算求得或由附表 2.2 查得，但表中的 $b_s = b_0 + \frac{d_z}{2} + b_b$；$N$ 为闸孔数；b_b 为边墩顺水流向边缘线至上游河道水边线之间的距离，m；d_z 为中闸墩厚度，m。

附表 2.2 堰流侧收缩系数

b_0/b_s	≤0.2	0.3	0.4	0.5	0.6	0.7	0.8	0.9	1.0
ε	0.909	0.911	0.918	0.928	0.940	0.953	0.968	0.983	1.000

2. 有坎宽顶堰流

当闸底板比闸前铺盖顶面高时，称为有坎宽顶堰。有坎宽顶堰流的计算除过流量系数 m 外与平底宽顶堰流相同。

过流量系数 m 主要受坎的影响（如附图 2.2、附图 2.3 所示），根据坎的进口形状与坎的相对高度 $\frac{P}{H}$ 之间的关系可按式(2-7)、式(2-8)计算。

(1)对于矩形直角前沿进口的宽顶堰（如附图 2.2），m 按式(2-7)计算：

$$m = 0.32 + 0.01\frac{3 - P/H}{0.46 + 0.75P/H} \tag{2-7}$$

(2)对于矩形圆角前沿进口的宽顶堰（如附图 2.3），m 按式(2-8)计算：

$$m = 0.36 + 0.01\frac{3 - P/H}{1.2 + 1.5P/H} \tag{2-8}$$

$P/H > 3$ 时，按 $P/H = 3$ 考虑；$m_{max} = 0.385$。

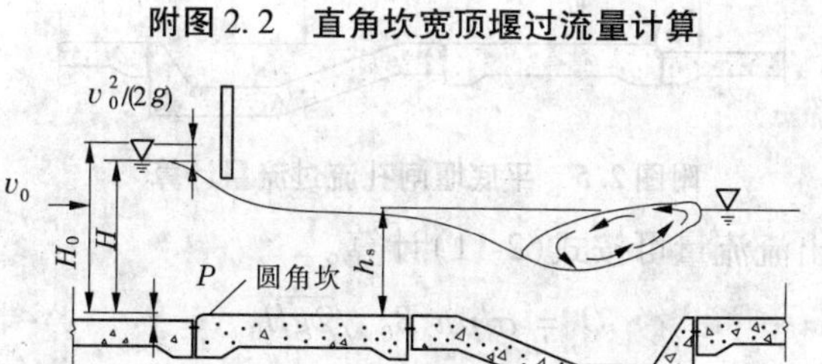

附图 2.2 直角坎宽顶堰过流量计算

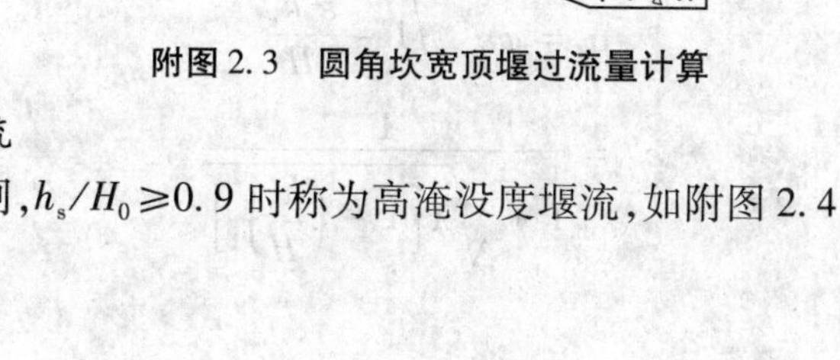

附图 2.3 圆角坎宽顶堰过流量计算

3. 高淹没度堰流

平底宽顶堰水闸，$h_s/H_0 \geq 0.9$ 时称为高淹没度堰流，如附图 2.4，过流量按式(2-9)计算。

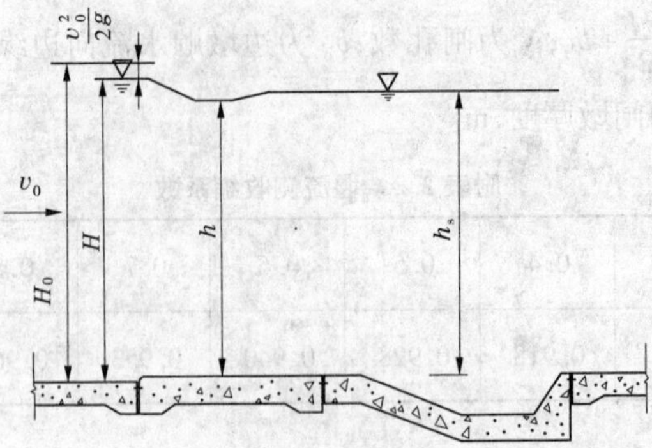

附图 2.4　平底堰高淹没度过流量计算

$$Q = \mu_0 h_s B_0 \sqrt{2g(H_0 - h_s)} \tag{2-9}$$

其中

$$\mu_0 = 0.877 + \left(\frac{h_s}{H_0} - 0.65\right)^2 \tag{2-10}$$

式中:μ_0 为淹没堰流的综合流量系数,可按式(2-10)计算或由附表 2.3 查得。

附表 2.3　淹没堰流的综合流量系数 μ_0

h_s/H_0	0.90	0.91	0.92	0.93	0.94	0.95	0.96	0.97	0.98	0.99	0.995	0.998
μ_0	0.940	0.945	0.950	0.955	0.961	0.967	0.973	0.979	0.986	0.993	0.996	0.998

(四)孔流计算

平底堰闸孔流过流量计算见附图 2.5。

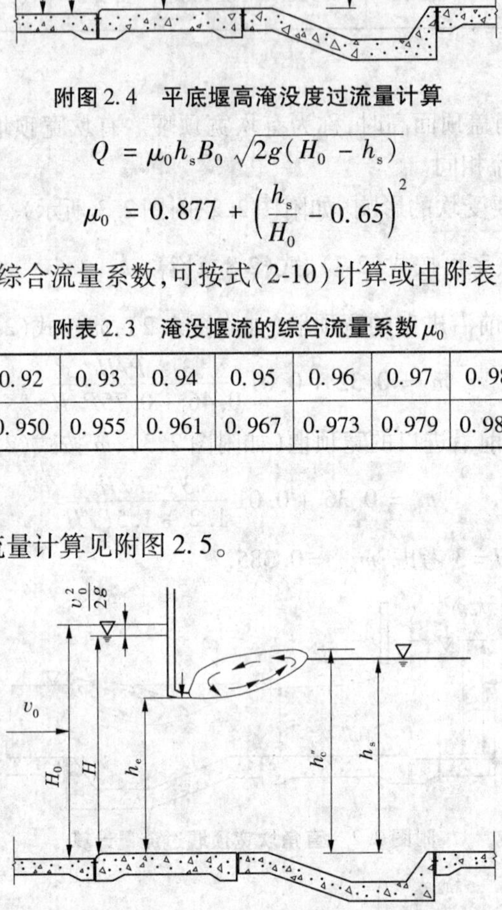

附图 2.5　平底堰闸孔流过流量计算

平底宽顶堰闸孔出流流量可按式(2-11)计算。

$$Q = \sigma' \mu h_e B_0 \sqrt{2gH_0} \tag{2-11}$$

$$\mu = \varphi \varepsilon' \sqrt{1 - \frac{\varepsilon' h_e}{H}} \tag{2-12}$$

$$\varepsilon' = \frac{1}{1 + \sqrt{\lambda\left[1 - \left(\frac{h_e}{H}\right)^2\right]}} \tag{2-13}$$

$$\lambda = \frac{0.4}{2.718^{16\frac{r}{h_e}}} \tag{2-14}$$

式中：σ'为孔流淹没系数，可由附表 2.4 查得；μ 为孔流流量系数，可按式(2-12)或由附表 2.5 查得；φ 为孔流流速系数，一般采用 0.95 ~ 1.00；ε'为孔流垂直收缩系数；λ 为计算系数；r 为胸墙圆弧半径，m；h_e 为空口高度，m；$\frac{r}{h_e}$的范围为 0 ~ 0.25。

附表 2.4　孔流淹没系数 σ'值

$\frac{h_s - h''_c}{H - h''_c}$	≤0	0.1	0.2	0.3	0.4	0.5	0.6	0.7	0.8	0.9	0.92	0.94	0.96	0.98	0.99	0.995
σ'	1.00	0.86	0.78	0.71	0.66	0.59	0.52	0.45	0.36	0.23	0.19	0.16	0.12	0.07	0.04	0.02

附表 2.5　孔流流量系数 μ 值

r/h_e	h_e/H													
	≤0	0.05	0.10	0.15	0.20	0.25	0.30	0.35	0.40	0.45	0.50	0.55	0.60	0.65
0	0.582	0.573	0.565	0.557	0.549	0.542	0.534	0.527	0.520	0.512	0.505	0.497	0.489	0.481
0.05	0.667	0.656	0.644	0.633	0.622	0.611	0.600	0.589	0.577	0.566	0.553	0.541	0.527	0.512
0.10	0.740	0.725	0.711	0.697	0.682	0.668	0.653	0.638	0.623	0.607	0.590	0.572	0.553	0.533
0.15	0.798	0.781	0.764	0.747	0.730	0.712	0.694	0.676	0.657	0.637	0.616	0.594	0.571	0.546
0.20	0.842	0.824	0.805	0.785	0.766	0.745	0.725	0.703	0.681	0.658	0.634	0.609	0.582	0.553
0.25	0.875	0.855	0.834	0.813	0.791	0.769	0.747	0.723	0.699	0.673	0.647	0.619	0.589	0.557

二、涵洞段计算

涵洞分为无压涵洞、有压涵洞和半有压涵洞三类。

(一)涵洞流态的判定

无压涵洞：在各种水位条件下涵洞水流形态均为无压流，同时还应满足预留幅和预留净空面积的要求。

有压涵洞和无压涵洞：随着上游水位的上升，当洞口处水深贴顶，水流即由无压流转变为半有压流；当上游水位继续升高，水流贴顶部分自洞口处开始向洞内不断延伸，洞身前段部分断面为水流充满，成为有压流，后段仍为有自由水面的无压流，即为半有压流的长洞情况；当上游水位继续升高使水流充满全洞时，洞中水流由半有压流转变为有压流。若上游水位由高至低下降，则洞中流态相反，将由有压流过渡到半有压流、再到无压流。

涵洞半有压流态和有压流态之间的界限值，与其进口型式、洞身长度、断面形状、尺寸、涵洞底坡和出流条件等因素有关，可按以下方法判别：

(1)涵洞底坡陡、缓的判别。先设无压均匀流水深 h_0 趋于洞高 a，求此时的流量，再以此流量求出临界水深 h_k：若 $h_0 > h_k$ 为缓坡，反之为陡坡。

(2)缓坡洞($i < i_k$)半有压流至有压流的界限值(K_{2h})按下式计算：

$$K_{2h} = 1 + \left(1 + \sum \zeta + \frac{2gL}{C^2 R}\right)\frac{v^2}{2ga} - i\frac{L}{a} \tag{2-15}$$

式中：$\sum\zeta$ 为自进口上游渐变流断面到出断面前的局部水头损失系数之和；R、C 分别为满流时的水力半径和谢才系数；i、L、a 分别为涵洞的底坡、洞长和洞高；$\frac{v^2}{ga}$为出口断面弗劳德数的平方，当出口断面周边为大气时，由试验得$\frac{v^2}{ga} = 1.62$，当出口断面下游有底板时，$\frac{v^2}{ga} = 1.0$。

通过比较 H/a(H 为从进口洞底算起的进口(上游)水深，a 为进口洞深)与 K_{2h}的大小来判断半有压流或有压流。当 $K_{2h} > H/a > 1.2$ 时，为半有压流；当 $H/a > K_{2h}$时，为有压流。

(3)陡坡洞($i > i_k$)半有压流至有压流的界限值(K_{2d})。K_{2d}值比 K_{2h}更易受洞口立面型式、洞长和洞前水深等因素影响，一般由试验确定，使用时应注意其适用条件。工程中常用 $K_{2d} = 1.5$，故：$K_{2d} > H/a > 1.5$ 时，为有压流；$1.5 > H/a > 1.2$ 时，为半有压流。

上述涵洞水流形态的判别方法是在自由出流(即在下游水位不淹没洞口或虽淹没洞口但壅水影响未达到涵洞进口收缩断面)的条件下建立的，否则涵洞的水流形态就可能发生变化。对半有压流，当洞口淹没($i < i_k$)或发生淹没水跃($i > i_k$)时，将变为有压流态。

(二)无压涵洞长短洞的判断

关于无压涵洞长洞和短洞的判定标准，国内出现较大争议。针对同一涵洞，主要集中在《水工设计手册》和《灌溉与排水工程设计规范》中的判定方法与《水工手册》和《水力计算手册》中的判定方法所计算出的短洞极限长度相差甚大，在此不详细叙述。根据熊启均教授的推荐和从事水闸安全鉴定的工程经验，推荐采用如下判定标准：$L > 8H$ 时，为短洞，反之为长洞。

(三)无压涵洞

无压涵洞过水能力的复核步骤及方法如下。

(1)判断涵洞进口的流态。

(2)判断涵洞为自由出流或淹没出流。

(3)按式(2-16)计算过流量：

$$Q = \sigma \varepsilon m B\sqrt{2g}H_0^{1.5} \tag{2-16}$$

式中：σ 为淹没系数，可参考 SL265—2001《水闸设计规范》中的计算公式及查表取值；ε 为侧向收缩系数，可取 0.95；m 为流量系数，对于规模较小的涵洞段可近似取 $m = 0.36$；B 为洞宽，m；H_0 为包括行进流速水头在内的进口水深，m。

(4)洞内净空高度应满足附表 2.6 的规定值，净空面积应不小于涵洞面积的 10%。

附表 2.6　无压涵洞内顶点至最高水面的净空　　（单位：m）

进口净高	圆涵	拱涵	方涵	备注
≤3	≥a/4	≥a/4	≥a/6	a 为涵洞高度
>3	≥0.75	≥0.75	≥0.50	

（四）半压力流涵洞

半压力流涵洞的流量计算方法较多，综合起来，可按式（2-17）计算。

$$Q = m_1 A\sqrt{2g(H_0 + iL - \beta_1 D)} \tag{2-17}$$

式中：m_1 为流量系数，由附表 2.7 查取；A 为洞身断面面积，m^2；β_1 为修正系数，由附表 2.7 查取；D 为洞身净高，m；i 为洞底坡降。

附表 2.7　流量系数 m_1 及修正系数 β_1 值

进口型式	m_1	β_1
圆锥形护坡	0.625	0.735
八字形、扭曲面翼墙	0.670	0.740
走廊式翼墙	0.576	0.715

（五）压力流涵洞

压力流涵洞分为非淹没压力流涵洞和淹没压力流涵洞两种情况，复核方法分别如下。

（1）非淹没压力流涵洞过流量计算公式如下：

$$Q = m_2 A\sqrt{2g(H_0 + iL - \beta_2 D)} \tag{2-18}$$

其中

$$m_2 = \frac{1}{\sqrt{1 + \sum\xi + \dfrac{2gL}{C^2 R}}} \tag{2-19}$$

$$R = A/\chi \tag{2-20}$$

$$C = \frac{1}{n}R^{\frac{1}{6}} \tag{2-21}$$

$$\sum\xi = \xi_1 + \xi_2 + \xi_3 + \xi_5 + \xi_6 \tag{2-22}$$

式中：m_2 为流量系数；β_2 为修正系数，一般可取 0.85；R 为水力半径，m；χ 为湿周，m；C 为谢才系数，$m^{0.5}/s$；n 为糙率，混凝土材料洞一般采用 0.014；$\sum\xi$ 为除出口损失系数外的局部水头损失系数总和；ξ_1 为进口损失系数，顶部修圆的进口损失系数一般可采用 0.1～0.2；ξ_2 为拦污栅损失系数，与栅条形状尺寸及间距有关，一般可采用 0.2～0.3；ξ_3 为闸门槽损失系数，一般可采用 0.05～0.1；ξ_5 为进口渐变段损失系数，可根据布置型式查附表 2.8 获得；ξ_6 为出口渐变段损失系数，可根据布置型式查附表 2.8 获得。

（2）淹没压力流涵洞过流量计算公式如下：

$$Q = m_3 A\sqrt{2g(H_0 + iL - h)} \tag{2-23}$$

附表 2.8 渐变段水头损失系数

渐变段型式	进口	出口
扭曲面	0.1~0.2	0.3~0.5
八字墙	0.2	0.5
圆弧直墙	0.2	0.5

其中

$$m_3 = \frac{1}{\sqrt{\sum \xi + \frac{2gL}{C^2 R}}} \quad (2\text{-}24)$$

$$\sum \xi = \xi_1 + \xi_2 + \xi_3 + \xi_4 + \xi_5 + \xi_6 \quad (2\text{-}25)$$

$$\xi_4 = \left(1 - \frac{A}{A_{下}}\right)^2 \quad (2\text{-}26)$$

式中：m_3 为流量系数；h 为出口水深，m；$\sum \xi$ 为局部水头损失系数总和；ξ_4 为出口损失系数，一般来说淹没压力流的下游过水断面均较洞身断面大得多，可近似取为 1.0；A 为洞身断面面积，m^2；$A_{下}$ 为出口后下游过水断面面积，m^2。

第二节　消能防冲

水闸消能型式有挑流消能、底流消能和戽流消能等。

水闸消能设施包括消力池、消力坎、综合消力池和消力齿、消力墩、消力梁等辅助消能工。平原软基上建闸一般采用消力池。

本指南介绍水闸工程中使用较多的挖深式底流消能的矩形消力池的复核计算。挖深式底流消能的梯形消力池和尾坎式、综合式消能的复核计算可参照进行。

一、消力池

消力池复核计算主要包括池深、长度两项主要内容，分述如下。

（一）消力池深度

消力池计算深度示意图见附图 2.6。

$$T_0 = h_c + \frac{q_c^2}{2g\varphi^2 h_c^2} \quad (2\text{-}27)$$

$$h''_c = \frac{h_c}{2}\left[\sqrt{1 + \frac{8\alpha q_c^2}{g h_c^3}} - 1\right]\left(\frac{b_1}{b_2}\right)^{0.25} = \frac{h_c}{2}\left(\sqrt{1 + 8F_{rc}^2} - 1\right)\left(\frac{b_1}{b_2}\right)^{0.25} \quad (2\text{-}28)$$

$$\Delta z = \frac{\alpha q_c^2}{2g\varphi^2 h_s^2} - \frac{\alpha q_c^2}{2g h_T^2} \quad (2\text{-}29)$$

$$d \geqslant \sigma h''_c - (h_s + \Delta z) \quad (2\text{-}30)$$

式中：T_0 为上游总水头，m；h_c 为收缩断面水深，m；q_c 为 h_c 断面的单宽流量，$m^3/(s \cdot m)$；φ 为流速系数，一般取 0.95；h''_c 为跃后水深，m；F_{rc} 为跃前断面水流的弗劳德数，F_{rc} =

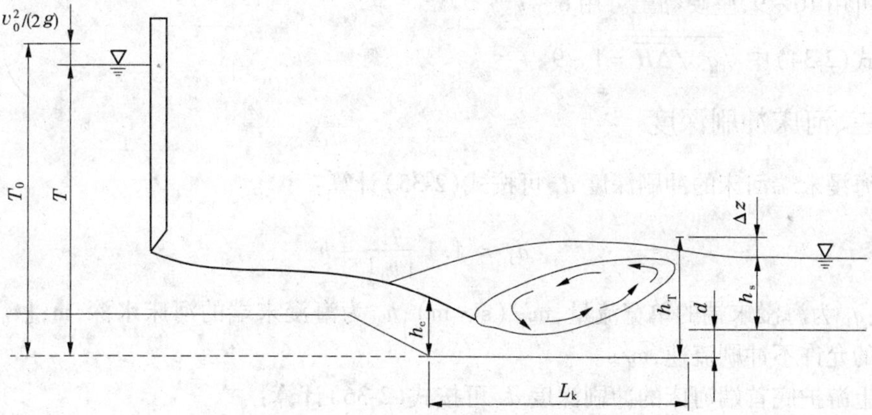

附图 2.6 矩形挖深式消力池计算

$\frac{v}{\sqrt{gh_c}}$；b_1、b_2 分别为消力池首末端宽度，m；Δz 为消力池出口处的水面落差，m；α 为水流动能修正系数，可采用 1.0～1.05；h_s 为下游水深，m；h_T 为消力池末端（池坎前）水深，m；d 为消力池深度，m；σ 为坎顶水深的淹没安全系数，采用 1.05～1.10。

在计算 h_c 时，须试算或借助有关图表。在计算中，如可满足式(2-30)，则说明消力池深度满足要求，否则需重新假定新的池深。按上述 4 式试算至满足式(2-30)，即可求出能够满足水闸消能的池深。

（二）消力池长度

消力池除应具有一定的深度外，还应有一定的长度，以保证稍有淹没的水跃发生在池内，而不冲出池外。消力池的长度主要与水跃的长度有关。消力池坎的作用是强迫水跃在池内产生，此时的水跃比自由水跃 L_j 的长度有所缩短，也比较稳定。消力池长度 L_k 按式(2-31)计算。

$$L_k = (0.7 \sim 0.8)L_j \tag{2-31}$$

对于矩形断面扩散式水跃，当 $F_{rc} > 4$ 时，按式(2-32)计算；当 $F_{rc} \leqslant 4$ 时，按式(2-33)计算。

$$L_j = 5.0h''_c \tag{2-32}$$

$$L_j = 3h''_c\left[\sqrt{1 + F_{rc}^2\left(1 - \frac{F_{rc}^2}{23}\right)} - 1\right] \tag{2-33}$$

式中：L_j 为水跃长度，m；h''_c 为跃后水深。

二、海漫长度

海漫是保证下游河渠不受冲刷的重要消能防冲设施之一。如果海漫长度过短，会造成渠道冲刷严重。海漫长度的复核计算可按式(2-34)计算。

$$L_p = k\sqrt{q\sqrt{\Delta H}} \tag{2-34}$$

式中：q 为消力池出口处的单宽流量，$m^3/(s \cdot m)$；ΔH 为上下游水位差，m；k 为反映土质抗冲能力的系数，粉砂、细砂河渠床可用 14～13，粗砂、中砂及粉质壤土可用 12～11，粉质黏土可用 10 ~9,坚硬黏土可用 8 ~7。

式(2-34)中 $\sqrt{q\sqrt{\Delta H}}=1\sim9$。

三、河床冲刷深度

海漫末端河床的冲刷深度 d_1 可按式(2-35)计算:

$$d_1 = 1.1\frac{q_1}{[v_0]} - h_s \tag{2-35}$$

式中:q_1 为海漫末端的单宽流量,$m^3/(s\cdot m)$;h_s 为海漫末端的河床水深,m;$[v_0]$为河床土质的允许不冲刷流速,m/s。

上游护底首端河床的冲刷深度 d_2 可按式(2-36)计算:

$$d_2 = 0.8\frac{q_2}{[v_0]} - h_1 \tag{2-36}$$

式中:q_2 为上游护底首端的单宽流量,$m^3/(s\cdot m)$;h_1 为上游护底首端的河床水深,m。

四、跌坎高度

跌坎计算见附图 2.7。跌坎高度的计算可按式(2-37) ~式(2-39)进行。

$$P \geqslant 0.186\frac{h_k^{2.75}}{h_{dc}^{1.75}} \tag{2-37}$$

$$P < \frac{2.24h_k - h_{ds}}{1.48\dfrac{h_k}{P_d} - 0.84} \tag{2-38}$$

$$P > \frac{2.38h_k - h_{ds}}{1.81\dfrac{h_k}{P_d} - 1.16} \tag{2-39}$$

式中:P 为跌坎高度,m;h_{dc}为跌坎上的收缩水深,m;h_{ds}为跌坎后的河床水深,m;h_k 为跌坎上的临界水深,m;P_d 为跌坎顶面与下游河底的高程差,m。

附图 2.7 中,θ 为跌坎坎顶仰角,取值范围在 0° ~10°;R 为跌坎反弧半径,不宜小于跌坎上收缩水深的 2.5 倍;L_m 为跌坎长度,不小于跌坎上收缩水深的 1.5 倍。

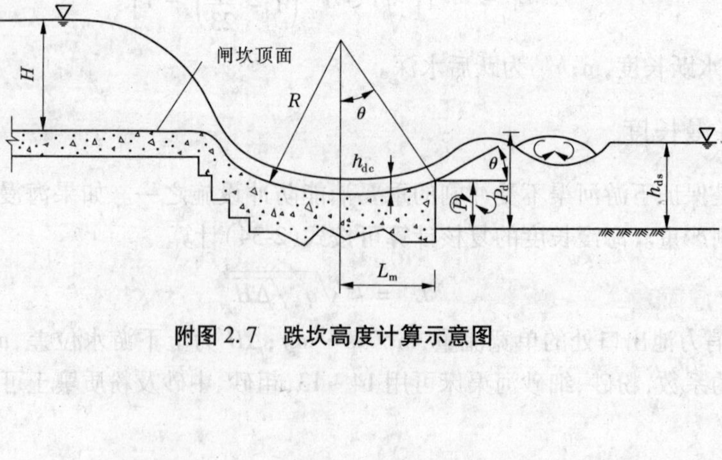

附图 2.7 跌坎高度计算示意图

第三节　渗径长度

土质闸基的防渗长度(又称渗径长度)常采用勃莱系数法按下式复核:

$$L = C\Delta H \tag{2-40}$$

式中:L 为闸基防渗长度,即闸基轮廓线防渗部分水平段和垂直段长度总和,m;C 为勃莱渗径系数,取值见附表 2.9,当闸基设板桩时可采用表中所列规定值的最小值;ΔH 为水闸承受的最大上下游水位差,m。

附表 2.9　允许渗径系数值

地基类别 排水条件	粉砂	细砂	中砂	粗砂	中砾、细砾	粗砾、夹卵石	轻粉质砂壤土	轻粉质壤土	壤土	黏土
有滤层	13 ~ 9	9 ~ 7	7 ~ 5	5 ~ 4	4 ~ 3	3 ~ 2.5	11 ~ 7	9 ~ 5	5 ~ 3	3 ~ 2
无滤层									7 ~ 4	4 ~ 3

需要说明的是,许多水闸实际采用的水平地下轮廓线长度大于上述经验公式的计算值。

第四节　防渗排水

一、排水设施

水闸排水设施一般都布置在紧靠闸室下游的部位,主要作用是导渗。水闸排水设施有水平排水和垂直排水:水平排水位于闸基表层,位置较浅,通常需要有一定的宽度,功能是把上游渗入闸基的地下水汇集起来,通过反滤层过滤,然后引出地表,其目的是降低地下渗水压力;垂直排水通常是由一排或数排滤水井组成,目的是消除闸基深部的渗透压力,增加闸基的稳定性。

排水设施复核要根据水闸运行情况,根据安全检测对排水孔堵塞情况的调查结果,分析闸基渗透压力,复核排水设施的排水能力。

二、渗透压力

地基的渗流分析根据拉普拉斯方程,具有不同的计算方法和理论。而实际工作中为了简化计算,多采用 SL265—2001《水闸设计规范》中规定的全截面直线分布法或改进阻力系数法进行计算。本指南主要针对以上两种方法进行说明,其他数值计算方法可参考相关资料。

(一)全截面直线分布法

1. 适用范围

适用于水闸地基为岩基的情况,使用时应考虑设置防渗帷幕和排水孔时对降低渗透压力的作用和效果。

2. 计算方法

当岩基上水闸闸基设有水泥灌浆帷幕和排水孔时，闸底板底面上游端的渗透压力为 $H-h_s$，排水孔中心线处为 $\alpha(H-h_s)$，下游端为零，其间各段依次以直线连接，如附图 2.8(a)所示。作用于闸底板底面上的渗透压力 U 可按式(2-41)计算。

$$U = \frac{1}{2}\gamma(H-h_s)(L_1+\alpha L) \tag{2-41}$$

式中：L_1 为排水孔中心线与闸底板底面上游端的水平距离，m；α 为渗透压力强度系数，可采用 0.25；L 为闸底板底面的水平投影长度，m。

当岩基上水闸闸基未设水泥灌浆帷幕和排水孔时，闸底板底面上游端的渗透作用水头为 $H-h_s$，下游端为零，其间以直线连接，如附图 2.8(b)所示。作用于闸底板底面上的渗透压力可按式(2-42)计算。

$$U = \frac{1}{2}\gamma(H-h_s)L \tag{2-42}$$

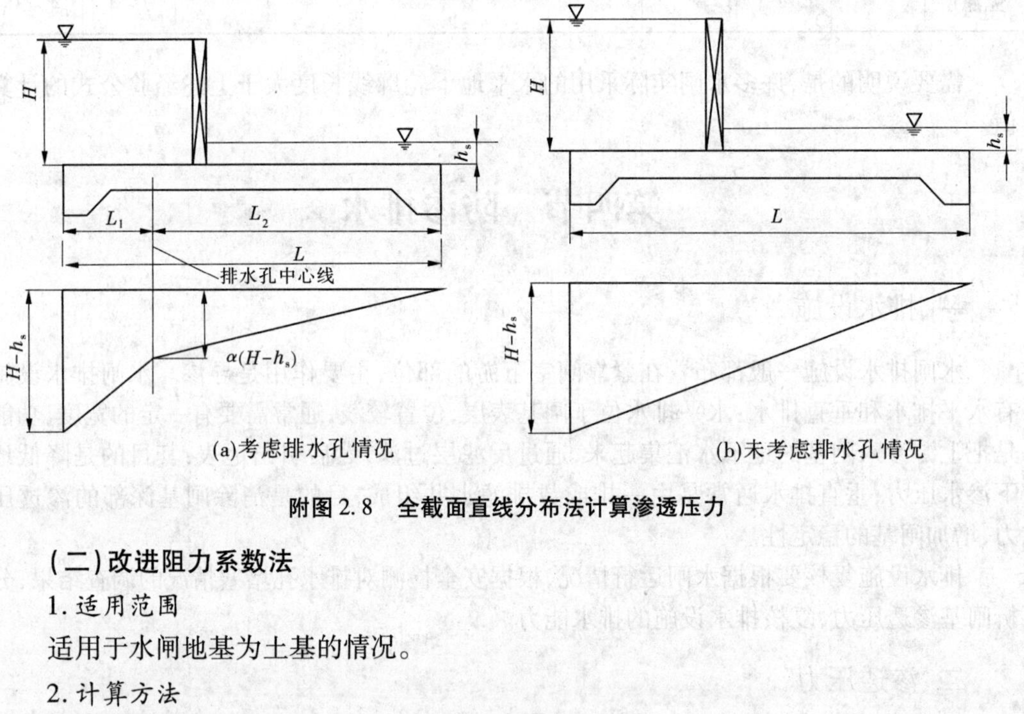

附图 2.8　全截面直线分布法计算渗透压力

(二)改进阻力系数法

1. 适用范围

适用于水闸地基为土基的情况。

2. 计算方法

地基有效深度可按式(2-43)或式(2-44)计算。

当 $\frac{L_0}{S_0} \geqslant 5$ 时 $$T_e = 0.5L_0 \tag{2-43}$$

当 $\frac{L_0}{S_0} < 5$ 时 $$T_e = \frac{5L_0}{1.6\frac{L_0}{S_0}+2} \tag{2-44}$$

式中：T_e 为土基上水闸的地基有效深度，m；L_0 为地下轮廓的水平投影长度，m；S_0 为地下轮廓的垂直投影长度,m。

当计算的 T_e 值大于地基实际深度时,T_e 应取地基实际深度。

分段阻力系数 ζ 的计算公式如下:

(1)进、出口段。计算简图见附图 2.9(a),计算公式如下:

$$\xi_0 = 1.5\left(\frac{S}{T}\right)^{\frac{3}{2}} + 0.441 \tag{2-45}$$

式中:ξ_0 为进、出口段的阻力系数;S 为板桩或齿墙的入土深度,m;T 为地基透水层深度,m。

(2)内部垂直段。计算简图见附图 2.9(b),计算公式如下:

$$\xi_y = \frac{2}{\pi}\ln\cot\left[\frac{\pi}{4}\left(1 - \frac{S}{T}\right)\right] \tag{2-46}$$

式中:ξ_y 为内部垂直段的阻力系数。

(3)水平段。计算简图见图 2-9(c),计算公式如下:

$$\xi_x = \frac{L_x - 0.7(S_1 + S_2)}{T} \tag{2-47}$$

式中:ξ_x 为水平段的阻力系数;L_x 为水平段长度,m;S_1、S_2 分别为进、出口段板桩或齿墙的入土深度,m。

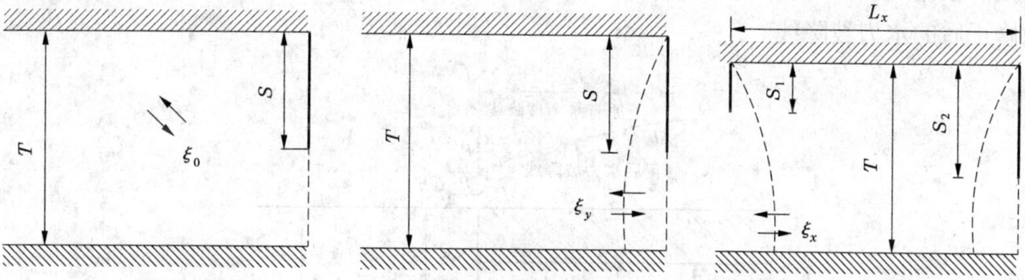

附图 2.9 渗透压力分段阻力系数的计算

(4)各分段水头损失值。按式(2-48)计算。以直线连接各分段计算点的水头值,即得渗透压力的分布图形。

$$h_i = \xi_i \frac{\Delta H}{\sum_{i=1}^{n} \xi_i} \tag{2-48}$$

式中:h_i 为各分段水头损失值,m;ξ_i 为各分段的阻力系数;n 为总分段数。

3. 进、出口段水头损失值和渗透压力分布图的局部修正方法

(1)进、出口段修正后的水头损失值按式(2-49)~式(2-51)计算,修正示意图见附图 2.10。

$$h'_0 = \beta' h_0 \tag{2-49}$$

$$h_0 = \sum_{i=1}^{n} h_i \tag{2-50}$$

$$\beta' = 1.21 - \frac{1}{\left[12\left(\frac{T'}{T}\right)^2 + 2\right]\left(\frac{S'}{T} + 0.059\right)} \tag{2-51}$$

式中：h'_0 为进、出口段修正后的水头损失值，m；h_0 为进、出口段水头损失值，m；β'为阻力修正系数，当计算的 $\beta' \geq 1.0$ 时，取 $\beta' = 1.0$；S'为底板埋深与板桩入土深度之和，m；T'为板桩另一侧的地基透水层深度，m。

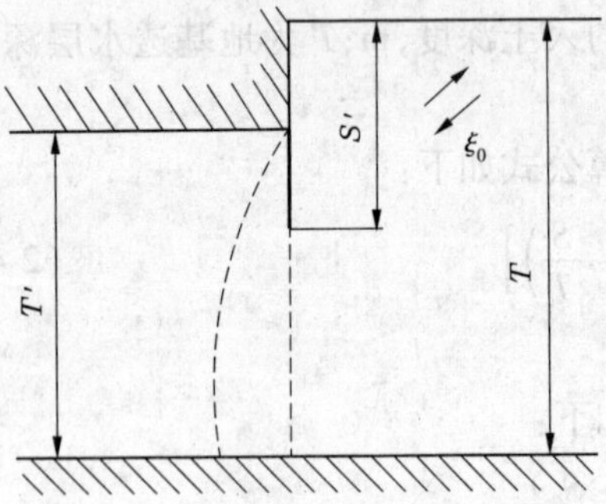

附图 2.10　进、出口段水头损失修正

(2)修正后水头损失的减小值按式(2-52)计算：

$$\Delta h = (1 - \beta')h_0 \tag{2-52}$$

式中：Δh 为修正后水头损失的减小值，m。

(3)水力坡降呈急变形式的长度 L'_x 按式(2-53)计算：

$$L'_x = \frac{\frac{\Delta h}{\Delta H}}{\sum_{i=1}^{n} \xi_i} T \tag{2-53}$$

(4)出口段渗透压力分布图形修正方法，如附图 2.11 所示。图中虚线为原有水力坡降线。根据式(2-52)和式(2-53)计算的 Δh 和 L'_x 值，分别定出 P 点和 O 点，连接 QOP 即为修正后的水力坡降线。

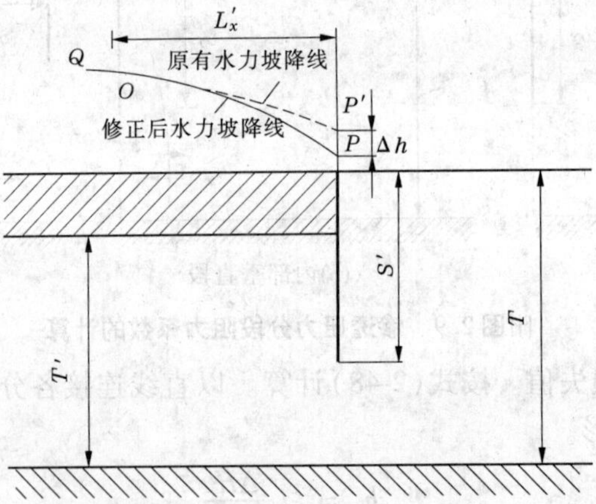

附图 2.11　出口段渗透压力分布修正

4. 进、出口段齿墙不规则部位水头损失值的修正

进、出口段齿墙不规则部位的水头损失值修正示意图见附图 2.12。

(1)当 $h_x \geq \Delta h$ 时，按式(2-54)进行修正：

$$h'_x = h_x + \Delta h \tag{2-54}$$

式中：h_x 为水平段的水头损失值，m；h'_x 为修正后的水平段水头损失值，m。

(2)当 $h_x < \Delta h$ 时，分两种情况进行修正：

当 $h_x + h_y \geq \Delta h$ 时，按式(2-55)和式(2-56)进行修正：

$$h'_x = 2h_x \tag{2-55}$$

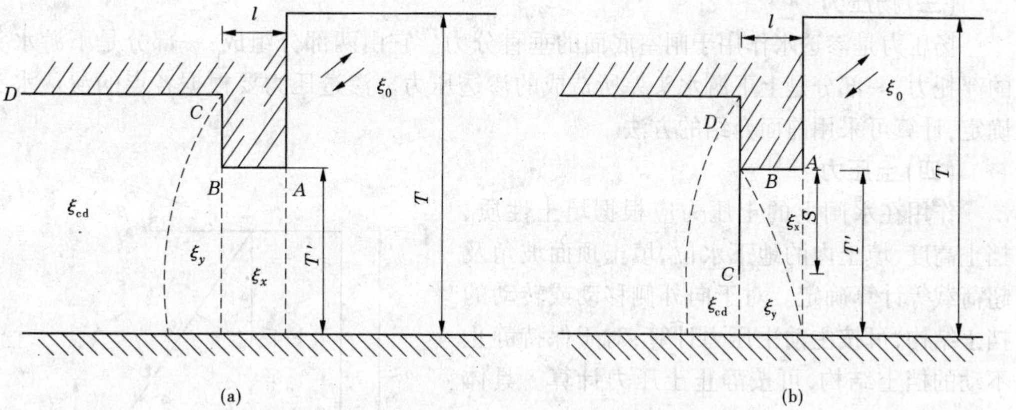

附图 2.12　进出口处水头损失及扬压力线的修正

$$h'_y = h_y + \Delta h - h_x \tag{2-56}$$

式中：h_y 为内部垂直段的水头损失，m；h'_y 为修正后的内部垂直段的水头损失，m。

当 $h_x + h_y < \Delta h$ 时，按式(2-57)和式(2-58)进行修正：

$$h'_y = 2h_y \tag{2-57}$$

$$h'_{CD} = h_{CD} + \Delta h - (h_x + h_y) \tag{2-58}$$

式中：h_{CD}为附图 2.12(a)、(b)中 CD 段的水头损失值，m；h'_{CD}为修正后 CD 段的水头损失值，m。

以直线连接修正后的各分段计算点的水头值，即得修正后的渗透压力分布图形。

三、出口段渗流坡降

水闸出口段渗流坡降值按式(2-59)计算。

$$J = \frac{h'_0}{S'} \tag{2-59}$$

第五节　结构稳定

一、荷载计算

(一)水闸结构及其上部填料的自重

水闸结构及其上部填料的自重按其几何尺寸及材料容重计算确定。大体积混凝土结构的材料容重可采用 23.5 ~24.0 kN/m³；上部填料容重采用新测定的填料土的容重；闸门尽量采用实际重量；启闭机设备重量在出厂时均有铭牌重量，若没有，可参考类似启闭机确定或查询相关资料进行估算。

(二)水荷载及静水压力

作用在水闸底板上的水荷载应按其实际体积及水的容重计算确定。水的容重一般采用 9.81 kN/m³；多泥沙河流上的水闸，应进行测定，若无可采用 11.0 kN/m³。

(三)扬压力

扬压力是渗透水作用于闸室底面的垂直分力。它由两部分组成:一部分是下游水头的浮托力,一部分是上下游水头差所造成的渗透压力。渗透压力要根据各点的渗透水头确定,计算可采用前面介绍的方法。

(四)土压力

作用在水闸上的土压力应根据填土性质、挡土高度、填土内的地下水位、填土顶面坡角及超荷载等计算确定。对于向外侧移动或转动的挡土结构,可按主动土压力计算;对于保持静止不动的挡土结构,可按静止土压力计算。具体计算方法如下。

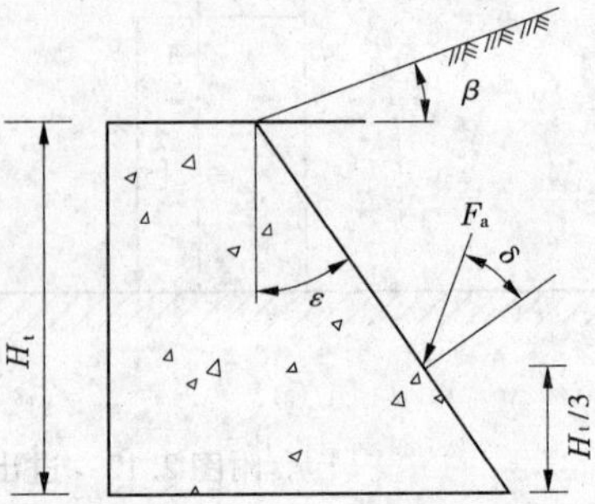

附图 2.13 主动土压力计算

1. 主动土压力的计算

(1)对于重力式挡土结构,当墙后填土为均质无黏性土时,主动土压力宜按库仑公式,即式(2-60)和式(2-61)计算,计算示意图见附图 2.13。

$$F_a = \frac{1}{2}\gamma_t H_t^2 K_a \tag{2-60}$$

$$K_a = \frac{\cos^2(\phi_t - \varepsilon)}{\cos^2\varepsilon\cos(\varepsilon+\delta)\left[1+\sqrt{\dfrac{\sin(\phi_t+\delta)\sin(\phi_t-\beta)}{\cos(\varepsilon+\delta)\cos(\varepsilon-\beta)}}\right]^2} \tag{2-61}$$

式中:F_a 为作用在水闸挡土结构上的主动土压力,kN/m,其作用点为距墙底 1/3 墙高处,作用方向与水平面呈$(\varepsilon+\delta)$夹角;γ_t 为挡土结构墙后填土容重,kN/m³,地下水位以下取浮容重;H_t 为挡土结构高度,m;K_a 为主动土压力系数;ϕ_t 为挡土结构墙后填土的内摩擦角(°);ε 为挡土结构墙背面与铅直面的夹角(°);δ 为挡土结构墙后填土对墙背的外摩擦角(°),按附表 2.10 查取;β 为挡土结构墙后填土表面坡角(°)。

附表 2.10 δ值

挡土结构墙背面排水状况	δ值	挡土结构墙背面排水状况	δ值
墙背光滑,排水不良	$(0\sim0.33)\phi_t$	墙背很粗糙,排水良好	$(0.5\sim0.67)\phi_t$
墙背粗糙,排水良好	$(0.33\sim0.50)\phi_t$	墙背与填土之间不可能滑动	$(0.67\sim1.00)\phi_t$

(2)对于扶壁式或空箱式挡土结构,当墙后填土为砂性土时,主动土压力按朗肯公式,即式(2-60)和式(2-62)计算,计算示意图见附图 2.14。其中主动土压力 F_a 的作用方向与水平面呈 β 夹角,即与填土表面平行。

$$K_a = \cos\beta\frac{\cos\beta - \sqrt{\cos^2\beta - \cos^2\phi_t}}{\cos\beta + \sqrt{\cos^2\beta - \cos^2\phi_t}} \tag{2-62}$$

(3)对于扶壁式或空箱式挡土结构,当墙后填土为砂性土且填土为水平时,主动土压力按式(2-60)和式(2-63)计算。

$$K_a = \tan^2\left(45° - \frac{\phi_t}{2}\right) \qquad (2\text{-}63)$$

(4) 当挡土结构墙后填土为黏性土时，可采用等值内摩擦角法计算作用于墙背或 *AB* 面上(见附图 2.14)的主动土压力。等值内摩擦角可根据挡土结构的高度、墙后所填黏性土性质及其浸水情况等因素，参照已建工程实践经验确定:挡土结构高度在 6 m 以下者，墙后所填黏性土水上部分等值内摩擦角可采用 28°~30°，水下部分等值内摩擦角可采用 25°~28°；挡土结构高度在 6 m 以上者，墙后所填黏性土采用的等值内摩擦角随挡土结构高度的增大而相应降低。

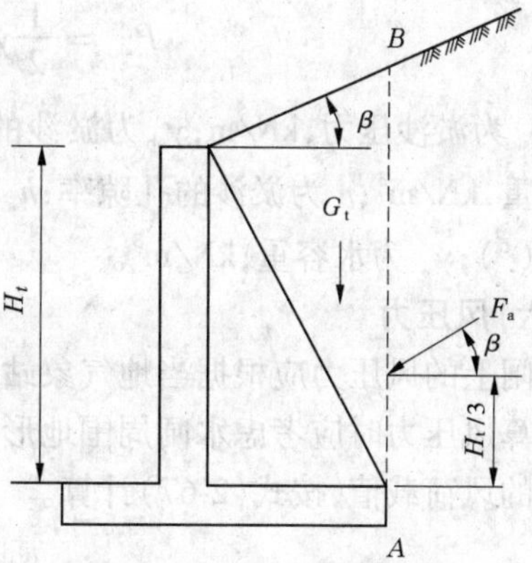

附图 2.14　重力式挡土墙结构

(5) 当挡土结构后填土表面有均布荷载作用时，可将均布荷载换算成等效填土高度，计算作用在墙背或 *AB* 面上的主动土压力。此种情况下，作用于墙背或 *AB* 面上的主动土压力应按梯形分布计算。

(6) 当挡土结构墙后填土表面有车辆荷载作用时，可将车辆荷载近似地按均布荷载换算成等效的填土高度，计算作用于墙背或 *AB* 面上的主动土压力。

2. 静止土压力计算

对于墙背铅直、墙后填土表面水平的水闸挡土结构，静止土压力可按式(2-64)和式(2-65)计算，计算示意图见附图 2-15。

$$F_0 = \frac{1}{2}\gamma_t H_t^2 K_0 \qquad (2\text{-}64)$$

$$K_0 = 1 - \sin\phi'_t \qquad (2\text{-}65)$$

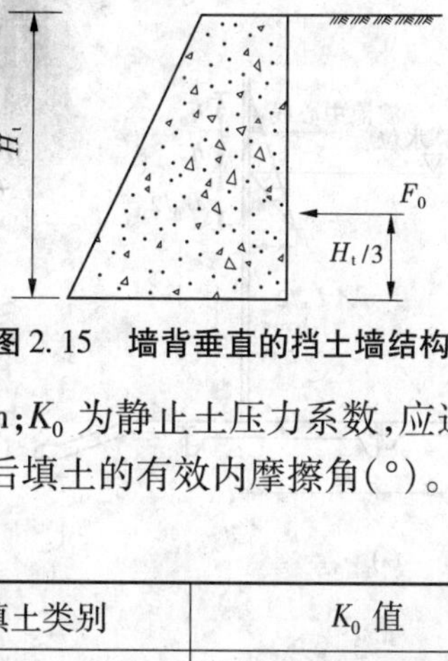

附图 2.15　墙背垂直的挡土墙结构

式中：F_0 为作用在水闸挡土结构上的静止土压力，kN/m；K_0 为静止土压力系数，应通过试验确定，没有试验资料时通过附表 2.11 查取；ϕ'_t 为墙后填土的有效内摩擦角(°)。

附表 2.11　K_0 值

墙后填土类别	K_0 值	墙后填土类别	K_0 值
碎石土	0.22~0.40	壤土	*O*.60~0.62
砂土	0.36~0.42	黏土	0.70~0.75

(五)淤沙压力

作用在水闸上的淤沙压力应根据上、下游可能淤积的厚度及泥沙容重等要素计算确定。泥沙淤积厚度应根据河流水文泥沙特性和枢纽布置情况经计算确定；对于多泥沙河流上的工程宜通过物理模型试验或数学模型计算并结合已建类似工程的实测资料综合分析确定。淤沙的浮容重和内摩擦角一般可参照类似工程的实测资料分析确定，对于淤沙严重的工程宜通过试验确定。作用在水闸上的水平淤沙压力按式(2-66)计算确定。

$$P_{sk} = \frac{1}{2}\gamma_{sb}h_s^2\tan^2\left(45^\circ - \frac{\varphi_s}{2}\right) \tag{2-66}$$

式中：P_{sk}为淤沙压力，kN/m；γ_{sb}为淤沙的浮容重，kN/m^3，$\gamma_{sb}=\gamma_{sd}-(1-n)\gamma_w$；$\gamma_{sd}$为淤沙的干容重，kN/m^3；$n$ 为淤沙的孔隙率；h_s 为挡水建筑物前泥沙淤积厚度，m；φ_s 为淤沙的内摩擦角（°）；γ_w 为水容重，kN/m^3。

（六）风压力

水闸上的风压力应根据当地气象站提供的风向、风速和水闸受风面积等要素计算确定。计算风压力时应考虑水闸周围地形、地貌及附近建筑物的影响。垂直作用于建筑物表面上的风荷载值，按式(2-67)计算。

$$w_k = \beta_z\mu_z\mu_s w_0 \tag{2-67}$$

式中：w_k 为风荷载，kN/m^2；β_z 为 z 高度处的风振系数，可参考 GB50009—2001《建筑结构荷载规范》或进行专门研究后确定；μ_z 为风压高度变化系数，依照规范查表确定；μ_s 为风荷载体形系数，可参考 GB50009—2001《建筑结构荷载规范》确定；w_0 为基本风压，kN/m^2，可通过查询 GB50009—2001《建筑结构荷载规范》中全国基本风压图获得。

（七）浪压力

水闸上的浪压力应根据波浪要素（波高、波长等）分不同情况的波态按照下列方法计算而得。作用于铅直迎水面建筑物上的浪压力，根据建筑物迎水面前的水深，常呈现三种波态，如附图 2.16 所示。

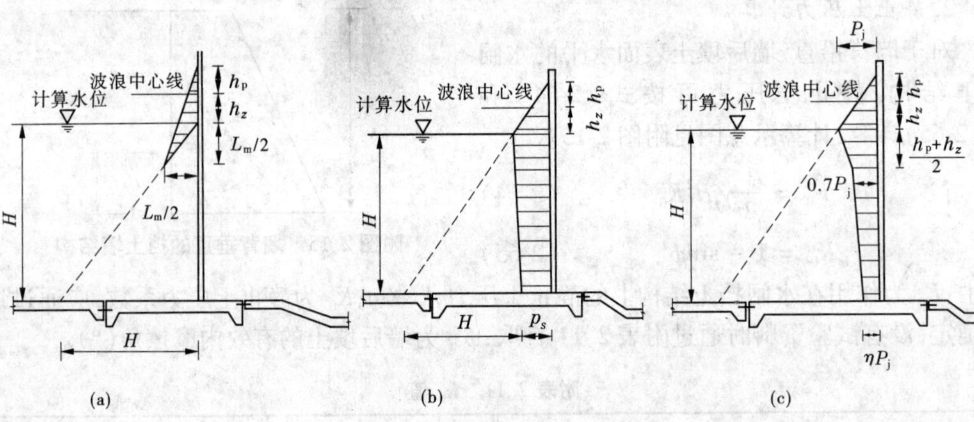

附图 2.16　浪压力计算

(1) 当 $H \geqslant H_{cr}$ 和 $H \geqslant \frac{L_m}{2}$ 时，浪压力分布如附图 2.16(a) 所示，单位长度上浪压力标准值按式(2-68)计算：

$$P_{wk} = \frac{1}{4}\gamma_w L_m(h_p + h_z) \tag{2-68}$$

式中：P_{wk}为单位长度迎水面上的浪压力标准值，kN/m；γ_w 为水的容重，kN/m^3；L_m 为平均波长，m；h_p 为累积频率为 1% 的波高，m；H 为挡水建筑物迎水面前的水深，m；h_z 为波浪中心线至计算水位的高度，m，按式(2-69)计算：

$$h_z = \frac{\pi h_p^2}{L_m} \text{cth} \frac{2\pi H}{L_m} \tag{2-69}$$

H_{cr}为使波浪破碎的临界水深,按式(2-70)计算:

$$H_{cr} = \frac{L_m}{4\pi} \ln \frac{L_m + 2\pi h_p}{L_m - 2\pi h_p} \tag{2-70}$$

(2)当 $H \geqslant H_{cr}$ 和 $H < \frac{L_m}{2}$ 时,浪压力分布图如附图 2.16(b),单位长度上浪压力标准值按式(2-71)计算:

$$P_{wk} = \frac{1}{2}[(h_p + h_z)(\gamma_w H + p_s) + Hp_s] \tag{2-71}$$

式中:p_s 为建筑物底面处的剩余浪压力强度,kN/m^2,按式(2-72)计算:

$$p_s = \gamma_w h_p \text{sech} \frac{2\pi H}{L_m} \tag{2-72}$$

(3)当 $H < H_{cr}$ 时,浪压力分布图如附图 2.16(c),单位长度上浪压力标准值按式(2-73)计算:

$$P_{wk} = \frac{1}{2} p_j [(1.5 - 0.5\eta)(h_p + h_z) + (0.7 + \eta)H] \tag{2-73}$$

$$p_0 = K_i \gamma_w (h_p + h_z) \tag{2-74}$$

式中:η 为底面处(闸墩或闸门等)的浪压力强度折减系数,当 $H \leqslant 1.7(h_p + h_z)$ 时,取 0.6,当 $H > 1.7(h_p + h_z)$ 时,取 0.5;p_j 为计算水位处的浪压力强度,kN/m^2;K_i 为底坡(闸前河底处)影响系数,通过附表 2.12 查得。

附表 2.12　底坡影响系数

底坡 i	1/10	1/20	1/30	1/40	1/50	1/60	1/80	≤1/100
K_i	1.89	1.61	1.48	1.41	1.36	1.33	1.29	1.25

注:底坡 i 一般取闸前河底护底的平均坡度。

(八)地震惯性力

地震惯性力仅适用于拟静力法计算地震作用效应中。设计烈度为 8、9 度的 1、2 级水闸,或地基为可液化土的 1、2 级水闸,应采用动力法进行专门的抗震复核。

拟静力法计算地震作用效应时,沿建筑物高度作用于质点的水平向地震惯性力 F_i 和竖直向地震惯性力 Q_i 应分别按式(2-75)和式(2-76)计算。

$$F_i = \alpha_h \xi G_{Ei} \alpha_i / g \tag{2-75}$$

式中:F_i 为作用在质点 i 的水平地震惯性力,kN;ξ 为地震作用的效应折减系数,除另有规定外,一般取 0.25;G_{Ei} 为集中在质点 i 的重力作用标准值,kN;α_h 为水平向地震加速度代表值;α_i 为质点 i 的动态分布系数,按附表 2.13 取值。

$$Q_i = \alpha_v \xi G_{Ei} \alpha_i / g \tag{2-76}$$

式中:α_v 为地震竖向加速度,一般取 $\alpha_v = \frac{2}{3}\alpha_h$。

附表 2.13　水闸动态分布系数 α_i

<table>
<tr><th colspan="2">水闸闸墩</th><th colspan="2">闸顶机架桥</th><th colspan="2">岸墙、翼墙</th></tr>
<tr><td>竖直及顺河流方向地震</td><td>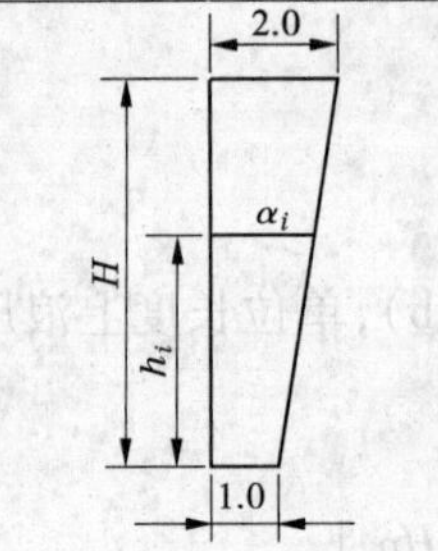</td><td>顺河流方向地震</td><td>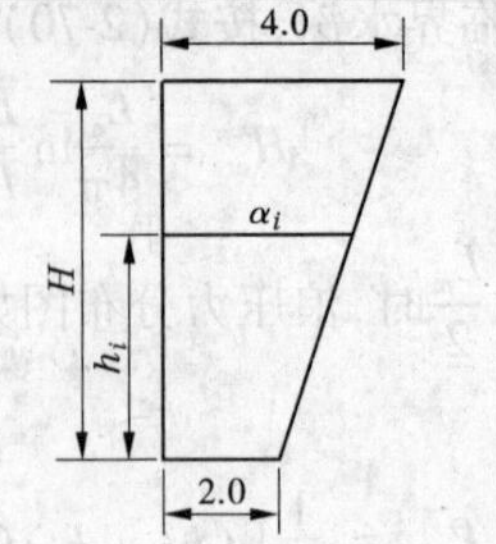</td><td>顺河流方向地震</td><td>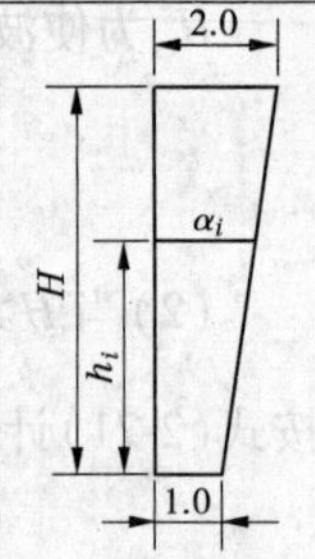</td></tr>
<tr><td>垂直河流方向地震</td><td>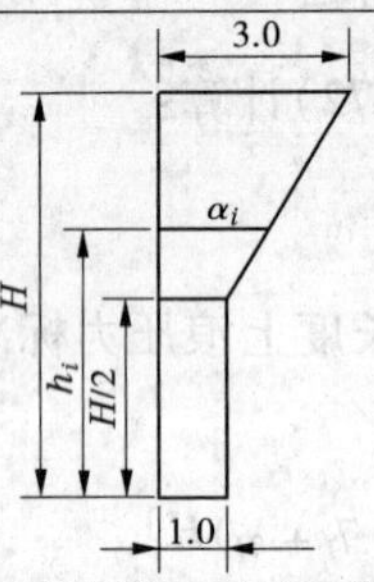</td><td>垂直河流方向地震</td><td>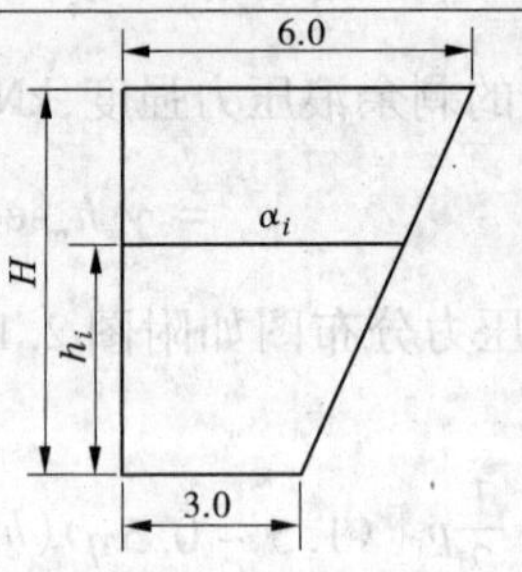</td><td>垂直河流方向地震</td><td>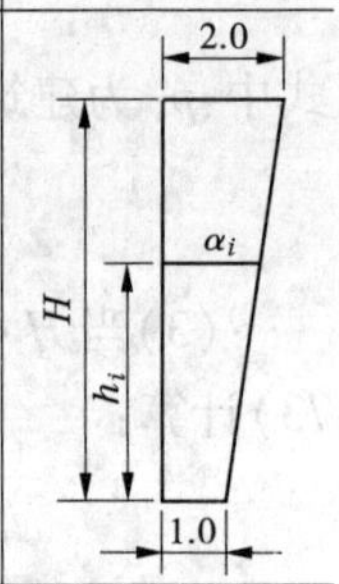</td></tr>
</table>

注：水闸闸墩以下 α_i 取 1.0，H 为建筑物高度。

需要说明的是，当同时计算互相正交方向地震的作用效应时，总的地震作用效应可取各方向地震作用效应平方和的方根值；当同时计算水平向和竖向地震作用效应时，总地震作用效应也可将竖向地震作用效应乘以 0.5 的耦合系数后与水平向地震作用效应直接相加。

（九）地震动水压力

单位宽度水闸面的总地震动水压力作用在水面以下 $0.54H_0$ 处，代表值 F_0 按式(2-77)计算：

$$F_0 = 0.65\alpha_h \xi \rho_w H_0^2 \tag{2-77}$$

式中：F_0 为单位宽度水闸面的总地震动水压力代表值，kN/m；ρ_w 为水的密度代表值，kg/m^3；H_0 为单位宽度水闸面的总地震动水压力代表值作用的水深，m。

二、基底应力计算

闸室、岸墙和翼墙基底应力应根据结构布置及受力情况，分结构对称和结构不对称两种情况分别进行复核。

当结构布置及受力对称时，基底应力按式(2-78)计算：

$$P_{\substack{max\\min}} = \frac{\sum G}{A} \pm \frac{\sum M}{W} \tag{2-78}$$

式中：$P_{\substack{max\\min}}$ 为闸室基底应力的最大值或最小值，kN/m^2；$\sum G$ 为作用在闸室上的全部竖向荷载，包括基础底面扬压力，kN；$\sum M$ 为作用在闸室上的全部竖向和水平向荷载对于基础底面垂直水流方向的形心轴的力矩，kN · m；A 为闸室基底面面积，m^2，若为闸墩上分缝的闸室,或者采用接搭式分缝的闸室取一个分段或一个闸室底板的总面积,若为分离式底板,则取墩基底面积;W 为闸室基底面对于该底面垂直水流方向的形心轴的截面矩,m^3。

当结构布置及受力不对称时,基底应力按式(2-79) 计算:

$$P_{\substack{max\\min}} = \frac{\sum G}{A} \pm \frac{\sum M_x}{W_x} \pm \frac{\sum M_y}{W_y} \tag{2-79}$$

式中:$\sum M_x$、$\sum M_y$ 分别为作用在闸室上的全部竖向和水平向荷载对于基础底面形心 x、y 的力矩,kN · m;W_x、W_y 分别为闸室基底面对于该底面形心轴 x、y 的截面矩,m^3。

三、稳定性计算

水闸稳定性计算主要分为抗滑稳定性、抗倾覆稳定性和抗浮稳定性三个主要内容。根据国内水闸的建设情况,还应划分地基和基础的不同情况进行复核。地基和基础的划分一般分为:土基(包括土基上采用钻孔灌注桩、木板桩等型式基础的水闸)、黏性土地基和岩基。

(一)抗滑稳定性

(1)土基上未设钻孔灌注桩、木板桩等型式基础的水闸闸室、岸墙和翼墙基底面的抗滑稳定安全系数分别按式(2-80)或式(2-81)计算:

$$K_c = \frac{f\sum G}{\sum H} \tag{2-80}$$

$$K_c = \frac{\tan\phi_0 \sum G + C_0 A}{\sum H} \tag{2-81}$$

式中:K_c 为沿基底面的抗滑稳定安全系数;f 为基底面与地基之间的摩擦系数,按附表 2.14 查取;$\sum H$ 为作用在闸室上的全部水平向荷载,kN;φ_0 为基础底面与土质地基之间的摩擦角(°),按附表 2.15 查取;C_0 为基底面与土质地基之间的黏结力,kPa,按附表 2.15 查取。

附表 2.14 不同土质的 f 值

地基类别		f
黏土	软弱	0.20~0.25
	中等坚硬	0.25~0.35
	坚硬	0.35~0.45
壤土、粉质壤土		0.25~0.40
砂壤土、粉砂土		0.35~0.40
细砂、极细砂		0.40~0.45
中砂、粗砂		0.45~0.50
砂砾石		0.40~0.50
砾石、卵石		0.50~0.55
碎石土		0.40~0.50
软质岩石	极软	0.40~0.45
	软	0.45~0.55
	较软	0.55~0.60
硬质岩石	较坚硬	0.60~0.65
	坚硬	0.65~0.70

附表 2.15　ϕ_0、C_0 值(土质地基)

土质地基类别	ϕ_0	C_0
黏性土	0.9ϕ	$(0.2\sim0.3)C$
砂性土	$(0.85\sim0.9)\phi$	0

注:表中 ϕ_0 为室内饱和固结快剪(黏性土)或饱和快剪(砂性土)试验测得的内摩擦角(°);C 为室内饱和固结快剪试验测得的黏结力,kPa。

(2)岩基上水闸闸室、岸墙和翼墙基底面的抗滑稳定安全系数按式(2-82)计算:

$$K_c = \frac{f'\sum G + C'A}{\sum H} \tag{2-82}$$

式中:f'为基底面与岩石地基之间的抗剪断摩擦系数;C'为基底面与岩石地基之间的抗剪断黏结力,kPa;f'、C'分别为闸室基底面与岩石地基之间的抗剪断摩擦系数值、抗剪断黏结力,二者均可根据室内岩石抗剪断试验成果,并参照类似工程实践经验及附表2.16所列数值选用,但选用的值不应超过闸室基础混凝土本身的抗剪断参数值。

附表 2.16　f'、C'值(岩石地基)

岩石地基类别		f'	C'
硬质岩石	坚硬	1.5 ~ 1.3	1.5 ~ 1.3
	较坚硬	1.3 ~ 1.1	1.3 ~ 1.1
软质岩石	较软	1.1 ~ 0.9	1.1 ~ 0.7
	软	0.9 ~ 0.7	0.7 ~ 0.3
	极软	0.7 ~ 0.4	0.3 ~ 0.05

当闸室、岸墙和翼墙承受双向水平向荷载作用时,应验算其合力方向的抗滑稳定性。

水闸闸室是否会发生沿地基表面的水平滑动,取决于阻止闸室滑动的力(阻滑力)是否大于促使闸室滑动的力(滑动力),因此式(2-80)和式(2-81)的本质是相同的。

对于不同情况的地基和基础,闸室滑动破坏形式是不同的。一般情况下滑动破坏形式是沿闸室与地基的接触面水平滑动,此时按式(2-80)计算是合理的,但对于设有钻孔灌注桩、木板桩等型式基础,显然阻滑力忽略桩的抗剪断能力是不正确的,因此这种情况下应在阻滑力部分将桩的抗阻力计算进去;对于黏性土基、岩基上的闸室,试验表明,其滑动破坏形式并不是严格在闸室与地基接触的界面处发生滑动,而是沿着混凝土板底面附近带动一薄层土壤一起滑动,这时阻滑力不仅与闸室与地基的摩阻力有关,而且还与底面与地基土之间的黏结力有关,因此滑阻力按照式(2-81)或式(2-82)计算显然更加合理。涵洞式水闸闸室段,阻滑力的计算除根据地基和基础形式选择合适的计算公式外,还需要将涵洞段滑动时的阻滑力考虑进去,涵洞段阻滑力可按照涵洞底板、侧墙和顶板等不同部分,参照闸室段阻滑力的计算方法并充分考虑其滑动破坏形式,分别计算出之后进行求和,而实际上由于涵洞式水闸涵洞段的阻滑力远远大于闸室段的滑动力,故一般情况下,闸室段是满足抗滑稳定性要求的。

(二)闸室抗浮稳定性

当闸室设有两道检修闸门或只设一道检修闸门利用工作闸门与检修闸门进行检修时,应按式(2-83)进行抗浮稳定计算:

$$K_f = \frac{\sum V}{\sum U} \tag{2-83}$$

式中:K_f 为闸室抗浮稳定安全系数;$\sum V$ 为作用在闸室上全部向下的铅直力之和,kN;$\sum U$ 为作用在闸室基底面上的扬压力,kN,计算该值应该充分考虑到止水破坏和排水堵塞所造成的影响。

闸室的抗浮稳定性通常是控制在闸室检修情况下,式(2-83)是计算闸室抗浮稳定安全系数的唯一计算公式。

(三)翼墙抗倾稳定性

岩基上翼墙的抗倾覆稳定安全系数,按式(2-84)计算:

$$K_0 = \frac{\sum M_V}{\sum M_H} \tag{2-84}$$

式中:K_0 为翼墙抗倾覆稳定安全系数;$\sum M_V$ 为对翼墙前趾的抗倾覆力矩,kN·m;$\sum M_H$ 为对翼墙前趾的倾覆力矩,kN·m。

岩基上翼墙抗倾覆稳定安全系数允许值的确定以在各种荷载作用下不倾倒为原则,但应有一定的安全储备。

第六节　结构计算

一、内力计算

水闸工程包含结构构件种类较多,各类构件的计算方法可参照 SL265—2001《水闸设计规范》及相关规程规范进行复核计算;闸底板内力计算较为复杂,要考虑地基的不同情况分别采用不同的地基反力假设进行计算分析,本部分重点对闸底板内力的计算方法进行说明。

(一)反力直线分布法

假设底板下的地基反力沿顺水流方向呈梯形分布,在垂直水流方向呈均匀分布。该方法的优点是计算简单,对于小型水闸方便易调;缺点是未考虑底板与地基的变形协调,不计边荷载对底板内力的影响,不适宜于大中型水闸。

反力直线分布法的计算步骤如下。

1. 确定荷载组合

一般情况下将检修情况、设计洪水位情况和校核洪水位情况作为复核计算的荷载组合情况。

2. 计算闸基的地基反力

地基反力可按照结构稳定计算中的公式进行计算。

3. 计算不平衡剪力并分配

不平衡剪力的产生是由于截取单宽后，基底上的荷载与地基反力之间存在着差值所致。不平衡剪力的平衡是由脱离体两侧闸墩和底板截面上的剪力差来平衡，剪应力之和的差值即为不平衡剪力，见附图 2.17。

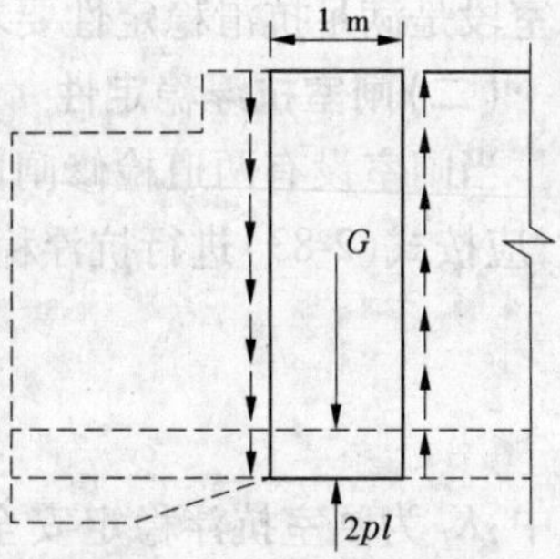

附图 2.17　不平衡剪力

不平衡剪力的分配可以按照附图 2.18 的 S—y 剪力曲线的方法进行分配，但这种方法比较麻烦。一般的情况下，按照水闸闸室底板分配的不平衡剪力为 10% ~15%、闸墩分配的不平衡剪力为 85% ~90% 的比例关系对不平衡剪力进行直接分配。在具体计算时，一般以闸门门槛作为上、下游分界比较实用且基本不影响底板的抗力计算。

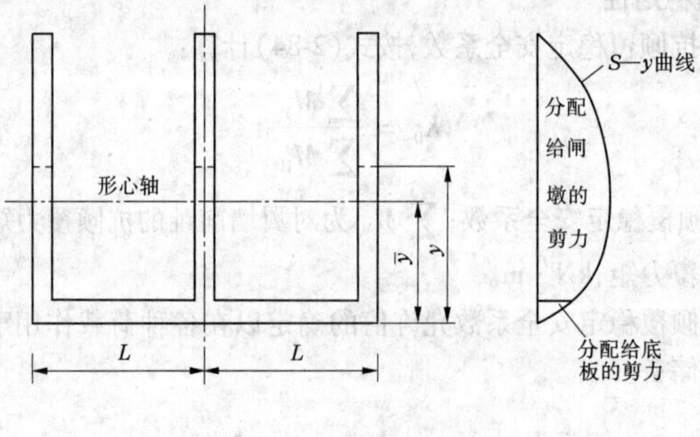

附图 2.18　不平衡剪力的分配

4. 确定作用于板条上的荷载

如附图 2.19，沿门槛上、下截取的单宽板条上的作用荷载有地基反力、扬压力、底板重力、水重等，分为均布荷载 q 和集中荷载 P 及弯矩 M 等。单宽板条上的均布荷载按式 (2-85) 进行：

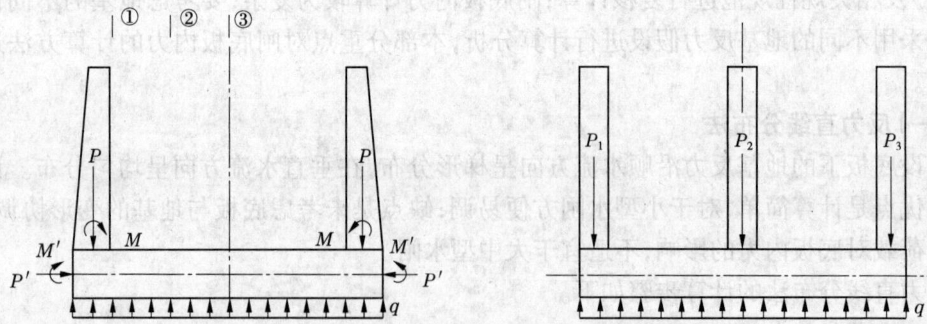

附图 2.19　单宽板条上的荷载

$$q = q_{地} + q_{扬} - q_{底} - q_{水} + \frac{\Delta Q_{底}}{2l} \tag{2-85}$$

$$P = P_{墩、墙} + \Delta Q_{墩} \tag{2-86}$$

式中：$q_{地}$、$q_{扬}$、$q_{底}$、$q_{水}$ 分别为单宽板条上的地基反力、扬压力、底板自身重力及水重；$P_{墩、墙}$为墩、墙重力和上部结构传给墩、墙的重力，边墩直接挡土时，应包括土的重力。

附图 2.19 中的 M 为作用于边墙上的荷载（主要是土压力和水压力）对底板水平中心线的力矩之和。

5. 计算内力

按照上述荷载图，考虑荷载作用分项系数及设计状况系数，按照材料力学的办法对特定截面求解内力。在求解内力前，宜按照力的叠加原理绘出弯矩、剪力、轴力图，并确定控制截面。内力计算时，宜根据具体情况分别计算承载能力极限状态和正常使用极限状态两种效力函数。

（二）弹性地基梁法

有限深的弹性地基梁法和半无限深的弹性地基梁法对同一闸底板计算所得到的弯矩结果相差可能达 30% 甚至更多，因此在使用弹性地基梁法计算时，应首先确定地基土至压缩厚度与地基梁半长之比值，并对应选择合适的计算模型。

弹性地基梁法的优点是基于土体和结构变形协调的原则，可考虑边荷载对底板内力的影响，适用范围较广；缺点是该方法的基本假定未必完全符合真实情况，仍需进一步改进。

弹性地基梁法有两种基本假定：

（1）文克尔（E. Winkler）假定：地基单位面积上所受的压力与该面积上的地基沉降成正比（比例系数称基床系数或称垫层系数），基底应力值的计算不考虑基础范围以外的地基变形的影响。

（2）半无限大理想弹性地基假定：地基为半无限大理想弹性体，土体应力和变形关系为线性，基础挠度和地基变形协调一致。

（3）有限深弹性地基假定：地基的性质按照弹性体假设，影响范围按照有限深度考虑。

弹性地基梁法的前 3 步与反力直线分布法是相同的，即：

（1）确定荷载组合；

（2）计算闸底的地基反力；

（3）计算板条上的不平衡剪力分配值。

第（4）步为确定板条上的计算荷载。作用在板条上的荷载有两种：一种为均布荷载，包括底板自重、水重、扬压力及分配给底板的不平衡剪力；另一种为闸墩传给底板的集中荷载 G，见附图 2.20。

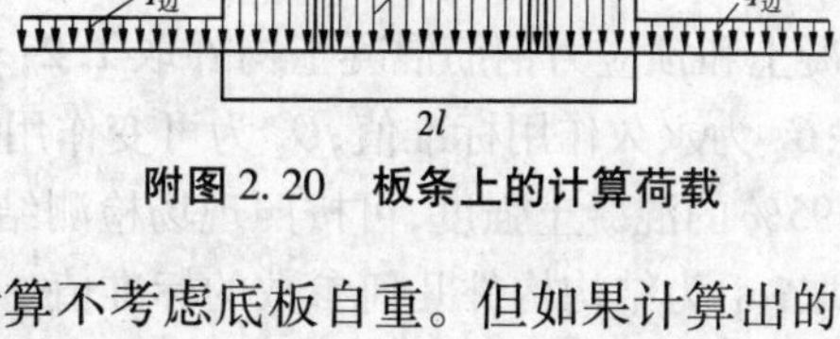

附图 2.20 板条上的计算荷载

与设计不同的是，水闸经过长期的运用后地基沉降和变形已基本稳定，底板自重与地基之间已形成平衡，因此一般情况下板条荷载的计算不考虑底板自重。但如果计算出的均布荷载为负值时，则仍应计及底板自重的影响，考虑底板自重比例的大小以基底面上的均布荷载等于零为限度。

边荷载是指计算闸段的底板两侧的闸室或边闸墩（岸墙）以及墩（墙）后回填土作用于地基上的荷载，实际上是对水闸施工程序的一种反映，在复核计算中可不考虑。

第(5)步为计算内力。弹性地基梁常用的计算方法有链杆法和郭尔布诺夫－波萨多夫法：①链杆法是运用结构力学方法的一种概念明确、方法灵活的计算方法，其核心思路是将地基土的弹性特点等效替代为弹簧单元（或单向受压杆），然后采用矩阵位移法进行求解，适用面较广。但当要求的精度较高时，计算比较麻烦。②郭尔布诺夫－波萨多夫法是针对弹性半无限体地基，利用梁的静力平衡条件和梁与地基之间的变形协调关系求出梁内力的解析解，从而求得梁的内力。由于求解比较繁琐，华东水利学院等编制了相对的计算表格供查，限于篇幅此处不再详述。

二、极限承载力的计算

（一）基本假定

关于带缺陷结构的承载力计算，国内外开展了大量的相关研究，但目前为止并没有得到普遍认可和列入规范的计算方法及假定。本指南结合 SL/T191—96 的基本假定，根据《水闸安全鉴定规定》中的指导思想和原则，设立如下基本假定：

（1）平截面假定：截面应变保持平面。

（2）不考虑混凝土的抗拉强度。

（3）混凝土轴心受压的应力应变关系曲线为抛物线，其极限应变值取 0.002，相应的压应力取混凝土轴心抗压强度设计值 f_c。对非均匀受压构件，当压应变 $\varepsilon_c \leqslant 0.002$ 时，应力应变关系曲线为抛物线；当压应变 $\varepsilon_c > 0.002$ 时，应力应变关系呈水平线，其极限压应变取 $\varepsilon_{cu} = 0.0033$，相应的最大压应力取混凝土轴心抗压强度设计值 f_c。

（4）钢筋应力值等于钢筋应变与其弹性模量的乘积，但不大于设计强度值，受拉钢筋的允许极限拉应变为 0.01。

（5）锈蚀钢筋与未锈蚀前相比，钢筋首先在锈蚀最严重处发生屈服，钢筋应力应变仍为理想弹塑性关系，即：钢筋屈服前应力和应变成正比；屈服后，钢筋应力保持不变。

（二）判定公式

极限承载力的判定公式如下：

$$\gamma_0 \psi S(\gamma_G G_k, \gamma_Q Q_k, a_k) \leqslant \frac{1}{\gamma_d} R(f_d, a_k) \tag{2-87}$$

式中：γ_0 为结构重要性系数，对结构安全级别分别为Ⅰ、Ⅱ、Ⅲ级的结构及构件，可分别取 1.1，1.0，0.9；ψ 为设计状况系数，对应于持久状况、短暂状况、偶然状况，可分别取 1.0，0.95，0.85；$S(\cdot)$ 为作用效应函数；$R(\cdot)$ 为结构构件抗力函数；γ_d 为结构系数，对钢筋混凝土和预应力钢筋混凝土构件取 1.2；γ_G 为永久作用分项系数；γ_Q 为可变作用分项系数；G_k 为永久作用标准值；Q_k 为可变作用标准值；f_d 为材料强度设计值，强度保证率不低于 95% 的混凝土强度，可按照现场检测结果确定出混凝土强度等级后通过 SL/T191—96 查取；a_k 为结构构件几何参数的标准值。

(三)抗力 R 的计算

根据规范规定,依据现有混凝土结构设计规范,钢筋锈蚀后不同型式构件的承载能力的计算方法如下:

(1)轴心受拉构件:

$$N_u = \frac{A'_s f_y}{\gamma_d} \tag{2-88}$$

式中:N_u 为构件抗拉承载力,N;A'_s为各构件钢筋锈蚀后横断面面积最小处的钢筋面积,mm^2;f_y 为钢筋的屈服强度,如截取钢筋做试验,则以钢筋的级别为准按照规范规定取值,MPa。

(2)轴心受压构件:

$$N_{u,2} = f_c A'_c + f_y A'_s \tag{2-89}$$

式中:$N_{u,2}$为构件受压承载力,N;A'_c 为混凝土构件由于钢筋锈蚀导致的剥落之后剩余的横截面面积最小处的构件断面面积,mm^2;f_c 为混凝土的抗压强度,依据检测时给出的混凝土强度推定值并按照规范取值,MPa。

(3)受弯构件:

$$M_u = f_y A'_s (h_0 - x/2) \tag{2-90}$$

式中:M_u 为构件抗弯极限承载力,N·m;h_0 为截面有效高度,mm;x 为截面受压区等效高度,mm。

(4)偏心受压构件:可参考上述计算公式,考虑钢筋截面的减小与混凝土强度的变化即可。

三、结构变形

(一)基本假定

结构变形的基本假定与构件极限承载能力计算的基本假定相同。

(二)基本公式

$$\omega_{max} = a_1 a_2 a_3 \frac{\sigma_{ss}}{E_s}\left(3c + 0.10\frac{d}{\rho_{te}}\right) \tag{2-91}$$

式中:a_1 为对受弯构件,取 $a_1 = 1.0$;a_2 为对本工程钢筋,取 $a_2 = 1.0$;a_3 为对荷载短期组合,取 $a_3 = 1.5$,对长期荷载组合,取 $a_3 = 1.6$;c 为最外层纵向受拉筋外边缘到受拉区底边的距离,mm;d 为钢筋锈蚀后的平均直径,mm;ρ_{te}为纵向受拉钢筋有效配筋率,$\rho_{te} = A'_s/A_{te}$;A_{te}为有效受拉混凝土截面面积,mm^2;σ_{ss}为纵向受拉钢筋应力,MPa。

第七节 闸门强度和变形

一、基本假定

钢材为理想弹塑性材料,即钢材屈服前应力和应变成正比关系,屈服后钢材应力保持不变。

二、闸门强度

(一)平面闸门

平面闸门一般由可以上下移动的门叶结构、埋固构件和启闭闸门的机械设备三大部分组成。门叶部分包括面板、水平主梁、边梁、水平次梁、竖直次梁、竖向联结系、门背联结系、行走支承、吊耳和止水等部件,见附图 2.21。闸门门叶本为空间结构,应按空间理论进行计算,但由于理论的尚待完善和计算的简便,因此仍按平面体系进行分析。为描述各部分构件的相对位置关系,可建立以顶梁为 x 轴,以一侧边梁为 y 轴,方向向下的直角坐标系。

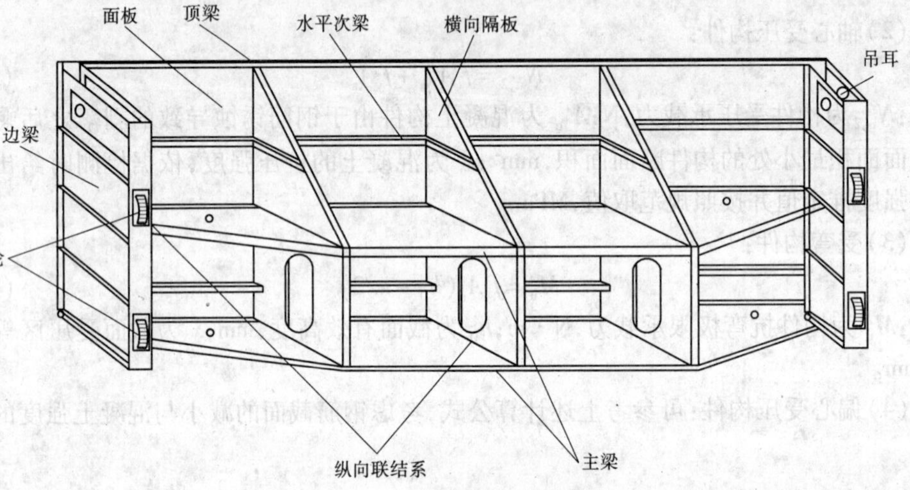

附图 2.21　平面钢闸门门叶结构

1. 面板

面板是闸门结构的重要构件,一方面直接承受水压力并把它传给梁格,另一方面又参与了承重结构的整体工作。作用在面板上的水压力呈梯形分布,计算时可近似地取面板曲格中心处的水压强度作为该面板曲格的均布荷载。面板的局部弯曲应力,可视支承边界情况,分四边固定、三边固定一边简支或两相邻边固定另两相邻边简支的弹性薄板,按式(2-92)计算:

$$\sigma_{\max} = kpa^2/\alpha\delta^2 \tag{2-92}$$

式中:$\sigma_{\max}$ 为弹塑性薄板最大应力,Pa;k 为弹塑性薄板支承长边中点的弯应力系数,可通过附表 2.17～附表 2.19 查得;p 为面板计算曲格中心的水压强度,Pa;a 为面板计算曲格的长边,m;δ 为面板厚度,mm;α 为弹塑性调整系数($b/a>3$ 时,$\alpha=1.4$;$b/a\leqslant3$ 时,$\alpha=1.5$)。

附表 2.17　四边固定矩形弹性薄板受均载的弯应力系数 $k(\mu=0.3)$

b/a	1.0	1.1	1.2	1.3	1.4	1.5	1.6	1.7	1.8	1.9	2.0	2.5	∞
支承长边中点 k_y (A 点)	0.308	0.349	0.383	0.412	0.436	0.454	0.468	0.479	0.487	0.493	0.497	0.500	0.500
支承短边中点 k_x (B 点)	0.308	0.323	0.332	0.338	0.341	0.342	0.343	0.343	0.343	0.343	0.343	0.343	0.343

附表 2.18　三边固定一边简支矩形弹性薄板受均载的弯应力系数 $k(\mu=0.3)$

b/a	情况一		情况二	
	支承长边中点 k_y（A 点）	支承短边中点 k_x（B 点）	支承长边中点 k_y（A 点）	支承短边中点 k_x（B 点）
1.00	0.360	0.328	0.328	0.360
1.25	0.448	0.341	0.472	0.425
1.50	0.473	0.341	0.565	0.455
1.75	0.489	0.341	0.632	0.465
2.00	0.500	0.342	0.683	0.470
2.50	0.500	0.342	0.732	0.470
3.00	0.500	0.342	0.740	0.471
∞	0.500	0.342	0.750	0.472

附表 2.19　两边固定两边简支矩形弹性薄板受均载的弯应力系数 $k(\mu=0.3)$

b/a	1.0	1.1	1.2	1.3	1.4	1.5	1.6	1.7	1.8	1.9	2.0
支承长边中点 k_y（A 点）	0.407	0.459	0.506	0.549	0.585	0.616	0.640	0.662	0.680	0.695	0.708
支承短边中点 k_x（B 点）	0.407	0.425	0.441	0.452	0.459	0.463	0.467	0.468	0.470	0.471	0.472

面板的安全系数按式(2-93)计算：

$$n=\frac{[\sigma]}{\sigma_{\max}} \tag{2-93}$$

n 最小值对应的位置即为最危险点。

查表求 k 之前，需根据不同的支承边界情况，计算曲格的长边和短边。a 为短边长度，b 为长边长度，见附图 2.22。

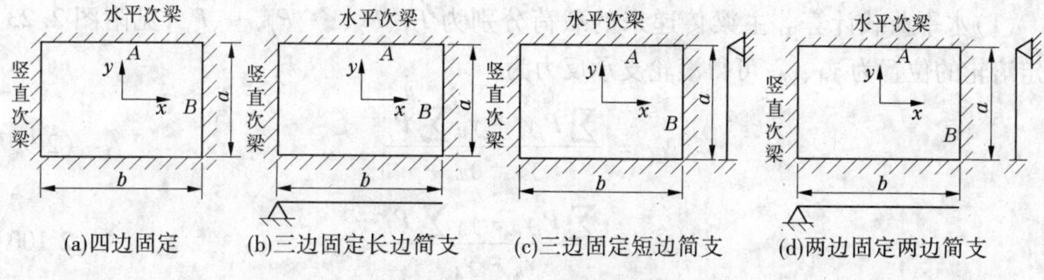

附图 2.22　曲格示意图

当面板与主(次)梁相连接时,应考虑面板作为主(次)梁翼缘的一部分,计算其有效宽度。

验算面板强度时,应考虑面板的局部弯曲应力与面板兼作主(次)梁翼缘的整体弯曲应力相叠加,并计算叠加后的折算应力。

折算应力 σ_{zh}应满足:

$$\sigma_{zh} \leqslant 1.1\alpha[\sigma] \tag{2-94}$$

2. 主梁

主梁是平面钢闸门中的主要受力构件,可分为轧成梁、组合梁、桁架梁。我国绝大多数闸门采用组合梁。闸门每根主梁的荷载计算是超静定问题,其值大小不仅与其在高度方向上布置的几何位置有关,而且在很大程度上还取决于主梁与竖向隔板的相对刚度。通常采用近似的计算方法。

(1)荷载计算。公式如下:

$$p = \frac{\gamma}{6}(l_j + l_{j-1})(H_{j-1} + H_j + H_{j+1}) \tag{2-95}$$

$$P = pL_1 \tag{2-96}$$

式中:L_1 为侧止水之间的距离,即荷载跨度,近似等于闸门宽度;l_j、l_{j-1}分别为相邻主梁之间的距离,$l_j = y_{j+1} - y_j$,$l_{j-1} = y_j - y_{j-1}$;H_{j-1}、H_j、H_{j+1}分别为主梁及两相邻主梁的水头,$H_j = y_j + (H_s - H)$;H_s 为闸门的设计水头;H 为闸门高度。

(2)弯矩和剪力。公式如下:

$$M(x) = \frac{1}{2}pLx - \frac{1}{2}px^2 \tag{2-97}$$

$$Q(x) = \frac{1}{2}pL - px \tag{2-98}$$

3. 边梁

边梁的主要作用是支承主梁、水平次梁、顶底梁,在竖直方向还受到闸门自重、下吸力、启闭力等作用。边梁是平面钢闸门中最重要的受力构件。

边梁上安置有行走支承(滚轮和滑块)和吊耳,行走支承一般为 4 个简支式定轮或滑块,也有多轮式闸门,多轮式边梁可按多跨连续梁来计算。当闸门的滑道支承沿边梁全长布置时,边梁一般可不计算。

(1)水平荷载计算。主梁传递来的载荷分别为 P_1、P_2、…、P_j、…、P_m,见附图 2. 23。假定滚轮的位置为 y_A、y_B,可得滚轮支承反力为:

$$N_A = \frac{\sum P_j y_j - y_B \sum P_j}{y_A - y_B} \tag{2-99}$$

$$N_B = \frac{\sum P_j y_j - y_A \sum P_j}{y_B - y_A} \tag{2-100}$$

式中:P_j 为主梁上承受的载荷,N;y_j 为各主梁的坐标,m。

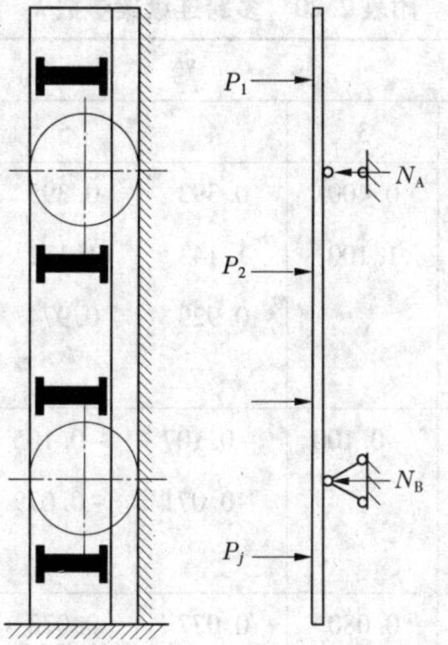

附图 2.23　边梁受力情况

(2)弯矩和剪力。根据支承反力可以求出边梁各段上的弯矩和剪力：

$$M(y) = \sum P_j y_j - \sum N_i(y - y_i) \quad (y_j \leqslant y, y_i \leqslant y) \tag{2-101}$$

$$Q(y) = \sum P_j - \sum N_i \tag{2-102}$$

式中：P_j 为 $P_1 \sim P_j$ 中 $y_i \leqslant y$ 的载荷；N_i 为 N_A、N_B 中 $y_i \leqslant y$ 的支承力。

4. 水平次梁

(1)荷载计算。闸门中间的水平次梁所负担的水压力为梯形分布。为方便起见，常用水平次梁轴线处水压强度 p_j 作为整个面积上的平均水压强度，水平次梁上的荷载为：

$$P_j = \frac{p_j(l_1 + l_2)}{2} \tag{2-103}$$

式中：p_j 为水平次梁处水压强度，$p_j = y_j + (H_s - H)$；l_1、l_2 分别为水平次梁到相邻水平主(次)梁的距离，$l_1 = y_{j+1} - y_j$；$l_2 = y_j - y_{j-1}$。

(2)弯矩与剪力。水平次梁的受力情况见附图 2.24。通常可将水平次梁近似看做支承在刚性支座上的连续梁来考虑，而隔板(竖直次梁)间距相等时，可按附表2.20进行计算。

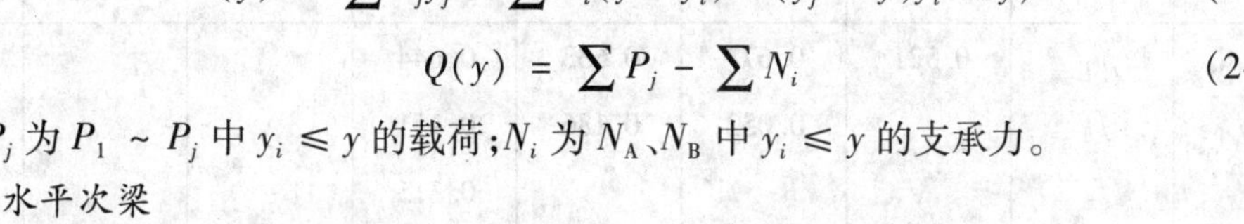

附图 2.24　水平次梁受力情况

支座与跨中的最大弯矩为：

$$M = kql^2 \tag{2-104}$$

式中：k 为系数，其值按相应截面由附表 2.20 查取；l 为两相邻支座的跨度。

附表 2.20　多跨连续梁参数 k

名　称		跨数 2	跨数 3	跨数 4	跨数 5	跨数 6	跨数 7	乘数
支点反力	A_0	0.375	0.400	0.393	0.395	0.394	0.394	ql
	A_1	1.250	1.100	1.143	1.132	1.135	1.134	
	A_2			0.929	0.974	0.962	0.965	
	A_3					1.019	1.007	
支点弯矩	M_1	-0.125	-0.100	-0.107	-0.105	-0.106	-0.106	ql^2
	M_2			-0.071	-0.079	-0.077	-0.077	
	M_3					-0.087	-0.085	
跨中弯矩	M_{I}	0.070	0.080	0.077	0.078	0.078	0.078	ql^2
	M_{II}		0.025	0.036	0.033	0.034	0.034	
	M_{III}				0.046	0.034	0.044	
	M_{IV}						0.040	
跨中挠度	f_{I}	0.521	0.677	0.633	0.644			$\frac{ql^4}{100EI}$
	f_{II}		0.052	0.186	0.151			
	f_{III}				0.315			
	f_{IV}							

先对垂直次梁的数目计数，然后求出两跨间的间距 l，由附表 2.21 查出各支座反力，最后求出弯矩和剪力。

$x \leqslant L/2$ 时

$$M(x) = \sum A_i ql(x - il) - \frac{1}{2}qx^2 \tag{2-105}$$

$x > L/2$ 时

$$Q(x) = \sum A_i ql - qx \tag{2-106}$$

$$M(x) = \sum A_i ql(L - x - il) - \frac{1}{2}q(L - x)^2 \tag{2-107}$$

$$Q(x) = \sum A_i ql - q(B - x) \tag{2-108}$$

5. 垂直次梁

垂直次梁为支承在主梁以及顶、底梁上的简支梁。它们除承受由水平次梁传来的集中荷载外，还承受由面板直接传来的水压力。计算时可用三角形或梯形分布的水压载荷来代替作用在其上的集中载荷。

（1）荷载计算。公式如下：

$$p(y) = b(H_s - H + y) \tag{2-109}$$

(2)弯矩与剪力。大跨度表孔闸门顶梁、底梁截面尺寸较小，垂直次梁的受力情况见附图 2. 25，按悬臂梁计算。假定主梁的支承反力是 N_A、N_B，根据平衡方程可求出 N_A、N_B。则次梁弯矩和剪力为：

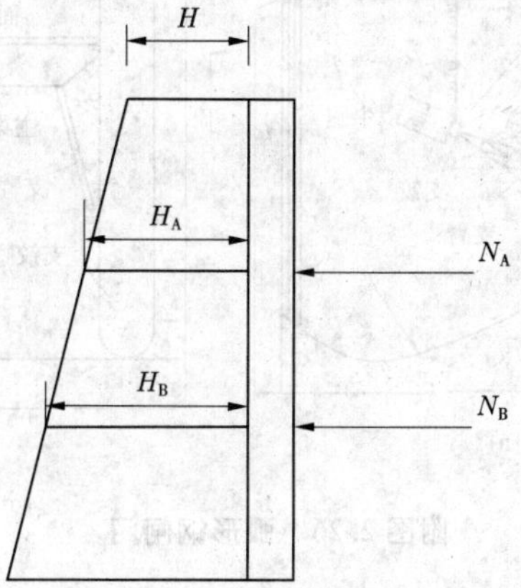

附图 2. 25　垂直次梁受力情况

$$M(y) = \frac{1}{3}by^2(H_s - H + \frac{1}{2}y) - \sum N_i(y - y_i) \tag{2-110}$$

$$Q(y) = yb(H_s - H + \frac{1}{2}y) - \sum N_i \tag{2-111}$$

式中：N_i 为 N_A、N_B 中 $y_i \leqslant y$ 的支承力；b 为垂直次梁间距。

深孔闸门常采用多主梁式闸门。顶梁与底梁截面尺寸较大，也按主梁计算。竖直次梁与面板相连时，可逐段按支承在主梁上的简支梁进行计算，分别计算弯矩和剪力。

6. 梁体安全系数的计算

抗弯强度校核按下式计算：

$$\sigma(x) = \frac{M(x)}{W(x)} \leqslant k[\sigma] \tag{2-112}$$

$$n_\sigma(x) = \frac{k[\sigma]}{\sigma(x)} \tag{2-113}$$

抗剪强度校核按下式计算：

$$\tau(x) = \frac{Q(x)}{S(x)} \leqslant k[\tau] \tag{2-114}$$

$$n_\tau(x) = \frac{k[\tau]}{\tau(x)} \tag{2-115}$$

(二)弧形闸门

所谓弧形闸门，是与平面闸门相比较而言的。弧形闸门具有圆弧形的挡水门叶，当启闭闸门时，闸门绕一固定支铰的水平轴转动。由于铰轴中心一般布置在弧形面板的圆心处，故作用在面板上的全部水压力通过形心，启门时只需克服闸门自重以及止水和铰轴的摩阻力对轴心的阻力矩。弧形闸门具有启闭省力，运转可靠，泄流条件好，并且能满足各种类型泄水孔道需要的优点。因此，弧形闸门在方案选择中为优先考虑的门型之一。弧形钢闸门结构见附图 2. 26。

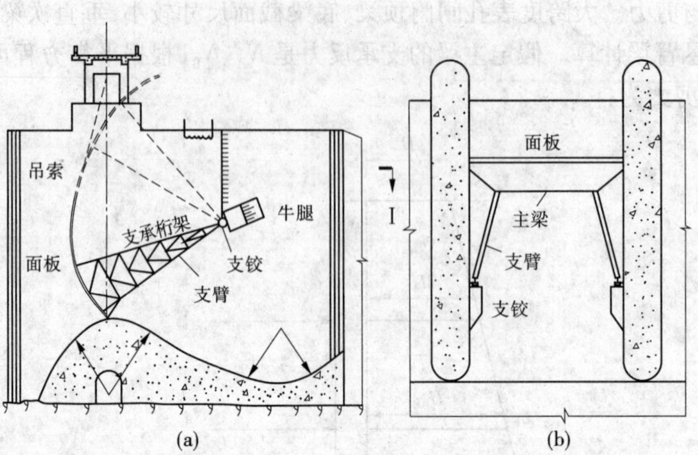

(a)　　　　(b)

附图 2.26　弧形钢闸门

弧形闸门的形式有主横梁式和主纵梁式之分：一般宽扁形的孔口采用主横梁式结构，高而窄的孔口采用主纵梁式结构。主横梁式弧形闸门的门叶部分由主梁、支臂、面板、水平次梁、竖向次梁与竖向联结系、门背联结系、支承桁架、支铰、止水、吊耳等组成。主横梁与左右两个支臂构成主框架，其主框架形式包括直支臂主框架（见附图 2.27（a））、斜支臂主框架（见附图 2.27（b））、带悬臂的直支臂框架（见附图 2.27（c））。

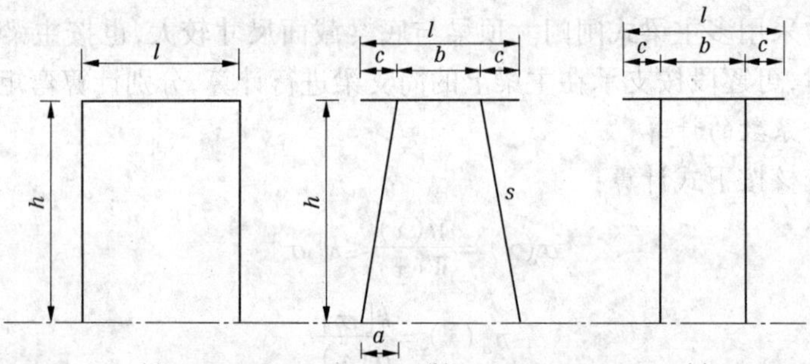

(a)　　　　(b)　　　　(c)

附图 2.27　弧形闸门的框架形式

a—支臂在水平方向的投影长度；b—中间跨度；c—悬臂长度；s—支臂长度；l—主梁长度

带悬臂的直支臂框架可以看成 $a=0$ 的特例，直支臂主框架可看成 $a=0$、$c=0$ 的特例。

作用于弧形闸门上的荷载主要有静水压力、闸门自重和启闭力等。为方便计算，需建立有关闸门的极坐标系，以铰轴为极坐标的原点。闸门其余各参数见附图 2.28。

在平面直角坐标系中，假设原点在水面，垂直方向为 y 轴，与主梁平行方向为 x 轴。弧形闸门上任何一点的静水头可以用其 y 坐标来计算。

计算弧形闸门上承受的静水压力。求得水平方向分力 P_x 和竖直方向分力 P_y 后，确定总压力 P，并将其分配到两个主框架上，分别为 P_1 和 P_2。

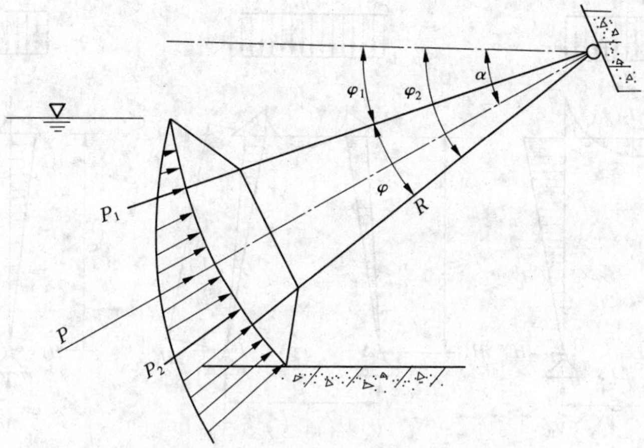

附图 2.28　弧形闸门的受力情况

φ_1—弧形闸门的上支臂与水平面之间的夹角(°);φ_2—弧形闸门的下支臂与水平面之间的夹角(°);

R—弧形闸门半径,m;$\varphi=\varphi_2-\varphi_1$

$$\frac{P_1}{\sin(\varphi_2-\alpha)}=\frac{P_2}{\sin(\alpha-\varphi_1)}=\frac{P}{\sin\varphi} \tag{2-116}$$

$$\alpha=\arctan\frac{P_y}{P_x} \tag{2-117}$$

式中:α 为合力作用线与水平面夹角;P_1 为作用在上主框架上的作用力,N;P_2 为作用在下主框架上的作用力,N。

1. 主框架强度计算

(1)荷载计算。主框架横梁上的荷载主要是由弧形竖直次梁传来的集中力和有部分面板传来的水压力。计算时可近似地将每个框架承受的静水压力换算成沿主梁跨长作用的均布荷载 $q=\frac{P_{1(2)}}{l}$。作用在支铰处的反力分别为:

$$H=\frac{qb[b+2a(2K_0+3)]}{4h(2K_0+3)}+\frac{qac}{h}-\frac{3qc^2}{2h(2K_0+3)} \tag{2-118}$$

$$K_0=\frac{I_1/b}{I_2/s}=\frac{I_1s}{I_2b} \tag{2-119}$$

$$V=\frac{1}{2}ql \tag{2-120}$$

式中:H 为作用在支铰上的侧向力,N;K_0 为主梁与支臂的线刚度比;I_1、I_2 分别为主梁截面及支臂截面惯性矩,mm^4;V 为作用在支铰上的支臂轴向力,N。

(2)弯矩和剪力。主横梁上弯矩示意图见附图 2.29,计算公式如下:

$$M(x)=\frac{1}{2}x^2q\qquad(x<c) \tag{2-121}$$

$$M(x)=\frac{1}{2}x^2q+Hh_0-V(x-c+a)\qquad(x\geqslant c) \tag{2-122}$$

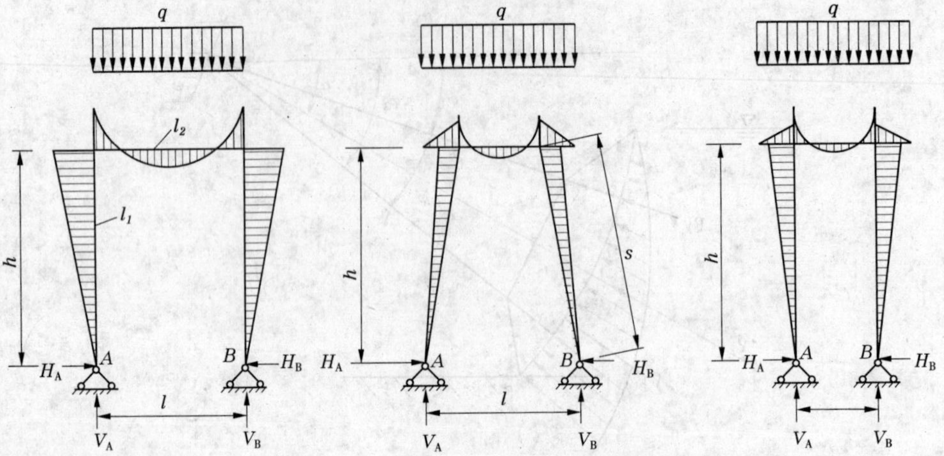

附图 2.29　弧形闸门主框架弯矩分布图

支臂上弯矩：

$$M(x_1)=V\frac{ax}{\sqrt{a^2+h_0^2}}-H\frac{h_0x}{\sqrt{a^2+h_0^2}} \tag{2-123}$$

横梁上剪力：

$$Q(x)=qx\quad(x<c) \tag{2-124}$$

$$Q(x)=qx-V\quad(x\geqslant c) \tag{2-125}$$

支臂上剪力：

$$Q=V\frac{a}{\sqrt{a^2+h_0^2}}-H\frac{h_0}{\sqrt{a^2+h_0^2}} \tag{2-126}$$

2. 面板与梁的强度计算

通常，弧形闸门面板及水平次梁、竖直次梁的校核与平面闸门类似，可忽略其曲率影响，近似按照平面体系进行校核。

三、闸门变形

（一）平面闸门

（1）主梁的最大挠度

$$f=\frac{5}{384}\frac{PL^4}{EI} \tag{2-127}$$

式中：f 为挠度，mm；E 为钢材弹性模量，MPa；I 为钢梁截面惯性矩，mm^4。

（2）边梁的最大挠度按简支梁和悬臂梁的情况分别计算，取其最大值。

（3）水平次梁的最大挠度：

$$f=k\frac{PL^4}{EI} \tag{2-128}$$

式中：k 为系数，见附表 2.20。

（4）垂直次梁的最大挠度按多支点双悬臂梁计算。

(二)弧形闸门

(1)主横梁挠度的计算公式如下：

$x=0$ 处 $$f=\frac{qc^3}{8EI}$$

$x=\frac{b}{2}$处 $$f=\frac{5qb^3}{384EI}-\frac{(Hh_0-Va)b^3}{16EI}$$

(2)支臂挠度很小,忽略不计;次梁挠度的计算参照平面闸门。

四、闸门附属构件强度

(一)轨道

1. 轨道与滚轮的接触应力

(1)圆柱形滚轮与平面轨道的接触情况是线性接触,其接触应力为：

$$\sigma_{\max}=0.418\sqrt{\frac{PE}{bR}}\leqslant 3.0\sigma_s \tag{2-129}$$

式中:P 为作用在滚轮上的荷载,N;E 为材料弹性模量,MPa,若两种弹性模量不同的材料接触时,应采用合成弹性模量 E',$E'=\frac{2E_1E_2}{E_1+E_2}$;$b$ 为轮缘宽度,mm;R 为滚轮半径,mm;σ_s 为两种接触材料中较小的屈服点,MPa,选用时应注意与材料表面的热处理硬度有关。

(2)圆柱形或圆锥形滚轮与弧形轨头的轨道、双曲率的滚轮与平面轨头的轨道,其接触情况均是点接触,其接触应力可按下式计算：

$$\sigma=\xi\sqrt[3]{PE^2/R_2^2}\leqslant 1.15\sigma_s \tag{2-130}$$

当 R_1 与 R_2 之比在 0.3~0.8 之间时,也可按下列近似公式验算：

$$\sigma_{\max}=0.24\sqrt[3]{PE^2(1/R_1+1/R_2)^2}\leqslant 4.5\sigma_s \tag{2-131}$$

式中:R_1、R_2 为两接触面半径,mm,R_1 为较小值、R_2 为较大值;ξ 由 $\frac{R_1}{R_2}$ 比值决定,通过附表2.21查得。

附表 2.21 ξ 系数值

$\frac{R_1}{R_2}$	1.00	0.90	0.80	0.70	0.60	0.50	0.40	0.30	0.20	0.15	0.10
ξ_1	0.078	0.084	0.092	0.101	0.112	0.122	0.139	0.162	0.215	0.256	0.330
ξ_2	0.089	0.096	0.101	0.110	0.117	0.122	0.128	0.144	0.164	0.184	0.194

注:ξ_1 为接触面中心处的应力系数;ξ_2 为接触面的椭圆长径末端处的应力系数。

2. 平面闸门主轨强度

平面闸门主轨强度可按下述方法计算,也可将轨道作为弹性地基梁进行验算。

(1)在滚轮作用下轨道应验算下列各项(见附图 2.30)。

轨道底板混凝土承压应力的计算公式如下：

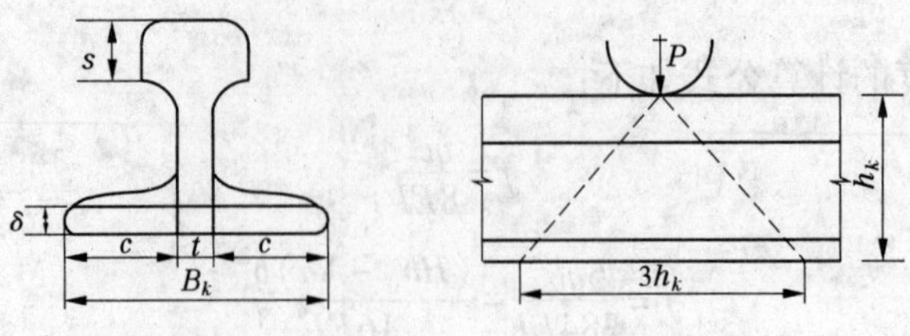

附图 2.30　滚轮作用下的轨道受力图

$$\sigma_{\mathrm{h}}=\frac{P}{3h_{\mathrm{k}}B_{\mathrm{k}}}\leqslant[\sigma_{\mathrm{h}}] \tag{2-132}$$

式中：P 为滚轮的荷载，N；h_{k} 为轨道高度，mm；B_{k} 为轨道底板宽度，mm；$[\sigma_{\mathrm{h}}]$为混凝土的容许承压应力，MPa。

当相邻两滚轮中心距小于 $3h_{\mathrm{k}}$ 时，可按下列近似公式计算：

$$\sigma_{\mathrm{h}}=\frac{P}{B_{\mathrm{k}}L}\leqslant[\sigma_{\mathrm{h}}] \tag{2-133}$$

式中：L 为相邻两滚轮中心距，mm。

轨道横断面弯曲应力的计算公式如下：

$$\sigma=\frac{3Ph_{\mathrm{k}}}{8W_{\mathrm{k}}}\leqslant[\sigma] \tag{2-134}$$

式中：W_{k} 为轨道截面抵抗矩，mm^3；$[\sigma]$为抗弯容许应力，MPa。

轨道颈部的局部承压应力的计算公式如下：

$$\sigma_{\mathrm{cd}}=\frac{P}{3st}\leqslant[\sigma_{\mathrm{cd}}] \tag{2-135}$$

式中：s 为颈部至轨面的距离，mm；t 为颈部厚度，mm；$[\sigma_{\mathrm{cd}}]$为局部承压容许应力，MPa。

轨道底板弯曲应力的计算公式如下：

$$\sigma=3\sigma_{\mathrm{h}}\frac{c^2}{\delta^2}\leqslant[\sigma] \tag{2-136}$$

式中：c 为底板悬臂段长度，mm；δ 为底板厚度，mm。

(2)胶木滑道支承轨道的验算(见附图 2.31)：

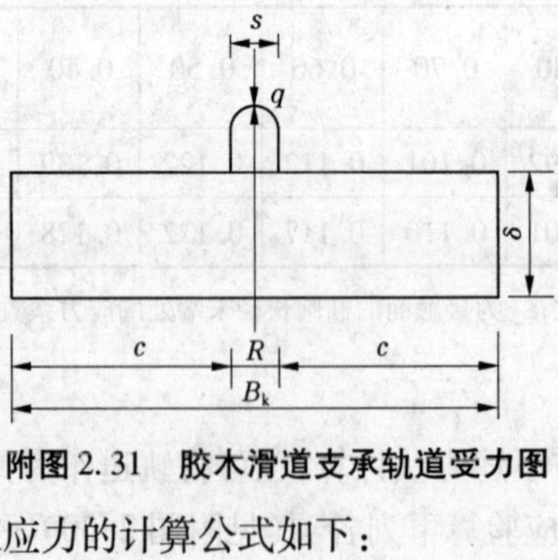

附图 2.31　胶木滑道支承轨道受力图

轨道底板的混凝土承压应力的计算公式如下：

$$\sigma_h = \frac{q}{B_k} \leqslant [\sigma_h] \tag{2-137}$$

式中：q 为胶木滑道单位长度荷载，N/mm。

轨道底板弯曲应力的计算公式如下：

$$\sigma = 3\sigma_h \frac{c^2}{\delta^2} \leqslant [\sigma] \tag{2-138}$$

(二)吊耳与吊耳杆

1. 吊耳

(1)吊耳的宽度、厚度与吊耳孔直径的关系，可按式选用(见附图 2.32)：

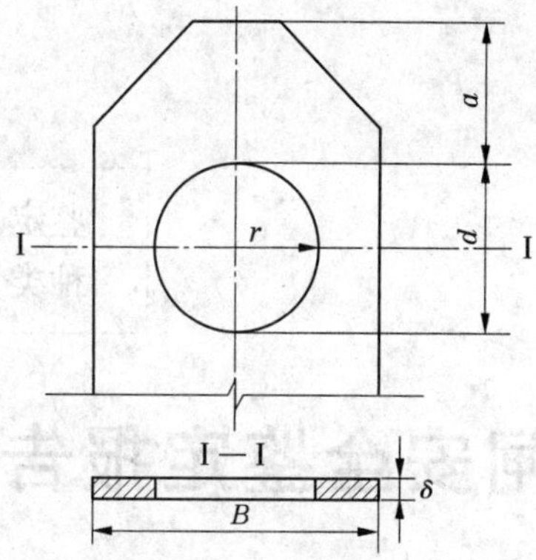

附图 2.32　吊耳构造图

$$\left.\begin{aligned} B &= (2.4 \sim 2.6)d \\ \delta &\geqslant \frac{1}{20}B \\ a &= (0.9 \sim 1.05)d \end{aligned}\right\} \tag{2-139}$$

式中：δ 为吊耳板的厚度，mm；d 为吊耳孔直径，mm。

(2)吊耳孔壁应力按下式计算：

承压应力：
$$\sigma_{cj} = \frac{P}{d\delta} \leqslant [\sigma_{cj}] \tag{2-140}$$

承拉应力：
$$\sigma_k = \sigma_{cj}\frac{R^2 + r^2}{R^2 - r^2} \leqslant [\sigma_k] \tag{2-141}$$

式中：P 为一个吊耳孔所承受的荷载，N；R 取 $B/2$ 与 $(r + a)$ 中的较小值；$[\sigma_{cj}]$、$[\sigma_k]$分别为容许局部紧接承压应力和孔壁抗拉应力。

当采用轴承板时，两块轴承板的总厚度应不小于 1.2δ。

2. 吊耳杆

对吊耳杆最弱断面可按下式进行拉应力验算：

$$\sigma = \frac{P}{A} \leqslant 0.9[\sigma] \tag{2-142}$$

式中：P 为闸门吊杆所承受的拉力，N；A 为吊杆最弱断面面积，mm^2；$[\sigma]$为容许拉应力，MPa。

附录三　水闸安全鉴定报告书

鉴定种类	全面	
	单项	

水闸安全鉴定报告书

水闸名称：

年　　月　　日

填表说明：

(1)水闸名称：除闸名外，填明水闸类型，如节制闸、分洪闸、排水闸、挡潮闸等。

(2)水闸级别：按 SL252—2000《水利水电工程等级划分及洪水标准》的有关规定划分。

(3)工程概况：填明建筑物结构和闸门、启闭机形式，闸孔数及孔口尺寸，主要部位高程，地基情况及处理措施，设计的工程特征值和工程效益等。

(4)工程施工和验收情况：填明工程施工的基本情况和施工中曾发生的主要质量问题及处理措施，工程验收文件中有关对工程管理运用的技术要求等。

(5)水闸运行情况：填明水闸运行期间遭遇洪水、风暴潮、强烈地震和重大工程事故造成的工程损坏情况及处理措施等。

(6)水闸安全分析评价：应根据对现状调查、现场安全检测和复核计算三项成果的审查结果，按规定内容逐项编写。

(7)水闸安全类别评定：按水闸安全类别评定标准评定的结果填列。单项工程的安全鉴定，可不填列。

(8)报告书中栏目填不下时，可适当调整或扩大。

<table>
<tr><td>水闸名称</td><td></td><td>水闸级别</td><td></td><td>建成年月</td><td></td></tr>
<tr><td>所在河流</td><td></td><td>所在地点</td><td colspan="3"></td></tr>
<tr><td>设计地震烈度</td><td></td><td>鉴定时间</td><td colspan="3"></td></tr>
<tr><td>水闸主管部门</td><td></td><td>管理单位</td><td colspan="3"></td></tr>
<tr><td>鉴定组织单位</td><td colspan="5"></td></tr>
<tr><td>鉴定承担单位</td><td colspan="5"></td></tr>
<tr><td>鉴定审定部门</td><td colspan="5"></td></tr>
<tr><td colspan="6">鉴定项目：</td></tr>
<tr><td colspan="6">工程概况：</td></tr>
</table>

工程施工和验收情况：

水闸运行情况：

本次安全鉴定安全检测、复核计算基本情况			
现场安全检测 单位名称		工程复核计算 单位名称	
现场安全 检测项目	安全检测 成果名称	工程复核 计算项目	复核计算 成果名称

水闸安全分析评价	防洪能力	
	水闸稳定性和抗渗稳定性	
	抗震能力	
	消能防冲	
	水闸过水能力	
	混凝土结构	
	闸门、启闭机	
	电气设备	
	观测设施	
	其他	

水闸安全类别评定：
水闸安全鉴定结论：   专家组组长：(签字) 年　月　日

____________闸安全鉴定专家组成员表

年　　月　　日

姓名	专家组职务	工作单位	职务	职称	从事专业	签名

鉴定组织单位意见：   负责人：(签名)　　　　　　　　　单位(公章)：　　　年　　月　　日
鉴定审定部门意见：   负责人：(签名)　　　　　　　　　单位(公章)：　　　年　　月　　日

第二部分　工程实例

第一章　××闸工程现状调查分析报告

一、基本情况

(一)工程概况

××闸始建于1955年,属一级水工建筑物。相应大堤桩号10+990,为钢筋混凝土箱式涵闸,共3孔,孔口高1.8 m、宽1.6 m,设钢木平板闸门,7 t手摇电动两用螺杆启闭机。闸底板长25.0 m,闸前防冲槽长6.4 m,下游消力池长11.5 m。该闸设计引水流量20 m^3/s,加大引水流量35 m^3/s,设计放淤面积0.276 hm^2,灌溉面积2万 hm^2。

水闸的纵剖面图及平面图分别见图1.1、图1.2。

由于河床变化,防洪水位不断升高,××闸已不能满足防洪要求,因此于1980年10月进行改建。改建的设计规模不变,其标准按××文件规定执行。改建内容:按原涵洞断面沿旧洞出口向下游接长洞身52.5 m,旧洞不做加固处理;竣工堤顶高程为原堤顶高程,不再覆土;原闸门为平板钢闸门;启闭机为20 t手摇电动两用螺杆启闭机。新、旧洞接头:沿旧洞出口接长1 m洞身与新洞首节相接,相接处设沉陷缝和止水。为适应新、旧洞间基础沉陷,工程运用一段时间后,再做洞内、表止水。

(二)设计与施工情况

1.设计情况

××闸由××设计院负责设计,该闸设计为一级水工建筑物。

地质情况:闸基土为砂壤土和粉砂混合土,地质构造主要为第四纪以来的沉积松散岩层,地震基本烈度为7度。

各部位高程:闸底高程89.48 m(大沽高程系,下同),闸顶高程95.1 m,堤顶高程99.8 m,胸墙底高程91.28 m,胸墙顶高程95.1 m。

设计水位:闸前92.28 m,闸后91.30 m,防洪水位97.60 m,校核水位98.60 m。

2.施工情况

××闸始建于1955年,由××施工总队负责施工。

始建完成主要工程量:土方2.136万 m^3,石方0.086万 m^3,混凝土0.057万 m^3。完成工程投资36万元。

由于黄河河床逐年淤积,防洪水位不断升高,花园口已不能满足防洪要求,因此于1980年10月对××水闸进行改建。按原涵洞断面沿旧洞出口向下游接长洞身52.5 m;启闭机改为20 t手摇电动两用螺杆启闭机;沿旧洞出口接长1.0 m洞身与新洞首节相接,相接处设沉陷缝和止水。

改建完成主要工程量:土方2.079万 m^3,石方0.034万 m^3,混凝土0.078万 m^3。完成工程投资49.28万元。

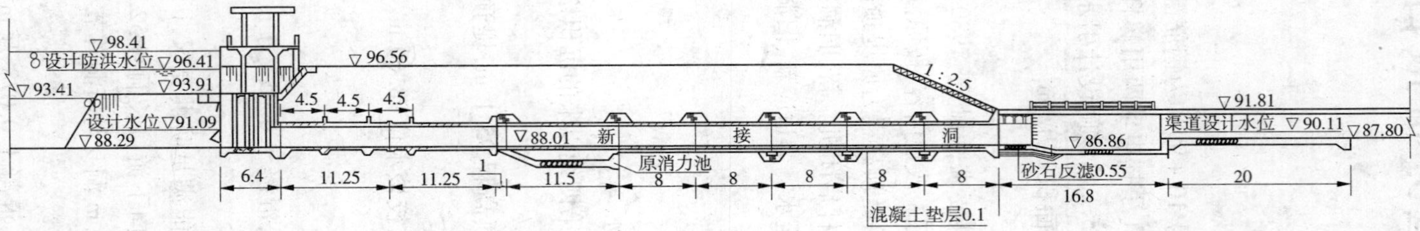

图1.1　××闸纵剖面图　（单位：m）

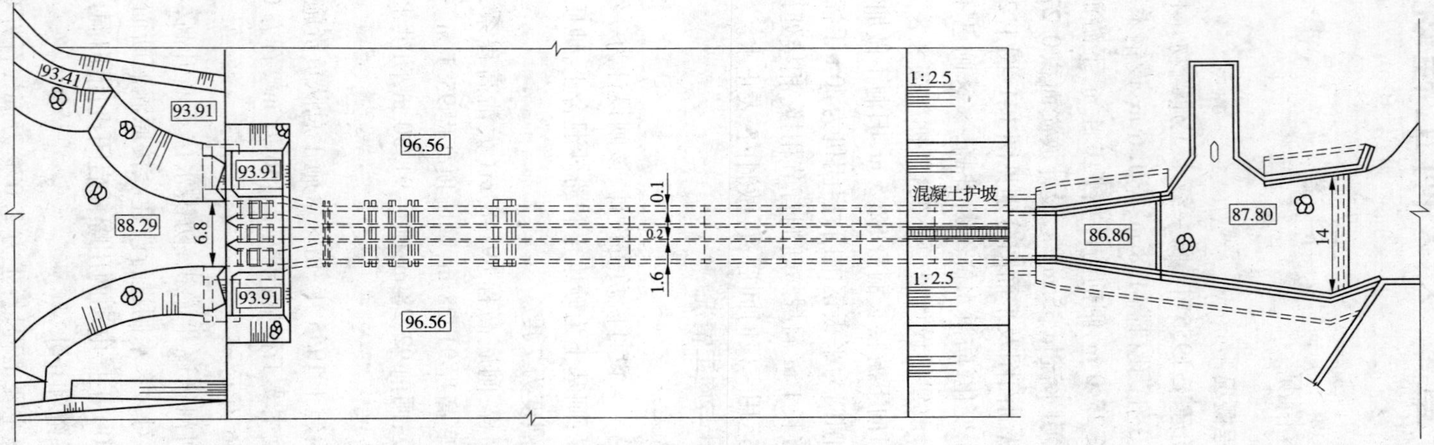

图1.2　××闸平面布置图　（单位：m）

3. 技术管理情况

该闸竣工后由××河务局管理运用。××闸管所对技术管理工作非常重视，对闸管人员定期进行必要的业务培训，使闸管人员的业务素质得到提升，工程技术管理工作水平逐年提高。为了更好地做好技术管理工作，涵闸管理处根据本单位的实际，依照上级的有关规定要求先后制定了《资料整编制度》、《操作运行登记制度》、《安全操作制度》和《启闭机检修、操作规程》、《闸门检修、操作规程》等制度。闸管人员按照各项规章制度认真做好各项技术管理工作。

为了确保各项制度的落实，闸门启闭机械、发电机组及供电线路等机电设备都配有专人实行规范化管理，按照各项操作规程和值班检修记录，对闸门启闭机定期养护，确保闸门启闭机运转正常、万无一失。对工程的各部位我们都精心管理，每一名职工根据自己的责任分工，自觉做好各自的日常管理工作，不论是涵闸工程管理检查观测、维修养护，还是水文测报都能按要求完成。我们采取周检查、月总结、季评比的方法检查各项制度的执行情况，并制定有奖惩制度。

二、工程安全状态初步分析

（一）砌体结构

闸前两岸护坡、两端翼墙为浆砌粗料石护坡，目前较为完整。

（二）混凝土结构

工作桥梁位于两边孔正上方的悬臂梁底部（临大堤侧）混凝土脱落、钢筋外露且严重锈蚀，其余各梁外观质量良好。

工作桥桥面板混凝土剥落、露筋且严重锈蚀，部分桥面板底部蜂窝、麻面较多。

（三）钢闸门

（1）导轨锈蚀严重，导轨下部比上部锈蚀严重；

（2）吊杆局部锈蚀；

（3）面板存在坑蚀现象。

（四）启闭机

该闸使用的是1980年改建时安装的20 t手摇电动两用螺杆式启闭机，闸门在开启过程中运行正常，运转良好。

（五）电气设备

该闸的电气设备在使用中得到较好维护，无明显损坏，可以正常使用。

（六）观测设施

该闸建成后无测流设施，直到2003年才修建测流桥一座，目前测流采用流速仪人工测流。由于闸后30 m为××提灌站，涵闸流量受开泵数量影响较大，因此人工测流一般不准确。

三、结论与建议

（一）结论

××闸工程存在的许多问题将直接影响着该闸的正常运行，约束了涵闸工程效益的充分发挥，对该闸今后的防汛也产生一定的威胁。因此，查清××闸运行多年以后的工程隐患，为其改建或加固提供依据。

（二）建议

1. 建议鉴定项目

（1）土石方工程。块石大小、勾缝情况、缝宽。

（2）混凝土工程。混凝土抗压强度、混凝土碳化情况、钢筋锈蚀情况。

（3）金属部分。锈蚀状况及其锈蚀程度。

（4）复核计算。对水闸进行防洪标准复核、过流能力复核、消能防冲复核、渗流稳定复核、闸室抗滑稳定复核、涵闸的结构复核。

2. 工程大修或加固建议

建议针对《安全鉴定报告书》提出的问题采取加固或大修处理。

第二章　××闸现场安全检测报告

一、引言

根据水利部《水闸安全鉴定管理办法》(水建管(2008)214号)文件要求,水闸首次安全鉴定应在竣工验收后5年内进行,以后应每隔10年进行一次全面安全鉴定。安全鉴定是对水闸结构安全检查并进行安全类别评价,是水闸工程进行维修、加固、改建或重建的决策依据。××闸建成至2008年已53年,一直没有进行过一次全面的安全鉴定,为保证该闸能够安全运行,继续发挥工程效益。为此,有必要对××闸进行安全鉴定工作。

水闸现场检测是安全鉴定中一项重要工作,现场检测结果不但是评价水闸的重要依据,也是复核计算的基础,因此检测结果的正确与否在一定程度上影响水闸的最后评定等级。受××的委托,××(水闸现场检测承担单位)于××××年××月××日~××××年××月××日对××水闸进行了现场安全检测。

二、基本情况

××闸位于(地方、桩号等),始建于××××年(建成日期),为一级水工建筑物。该闸为3孔箱式涵洞式水闸,闸室长6.4 m,后接两节涵洞,每节长11.25 m,每孔宽1.6 m、高1.8 m;设钢木平板闸门;7 t手摇电动两用螺杆启闭机;地基为砂壤土和粉砂混合土。由××单位设计,××单位施工,××单位管理运用。设计引水流量20 m^3/s,加大流量为35 m^3/s,设计放淤面积为0.276万hm^2,灌溉面积2万hm^2,并担负××城市工业和生活用水的供应。

××闸自建成以来,对改变××地区的农业生产面貌起了很大作用,同时对改善××市的工、农业生产用水状况发挥了重要作用。由于地处险工地段及河床逐年淤积,洪水位相应升高,水闸的渗径不足,闸上堤身单薄,涵洞结构强度偏低,因此于1980年10月进行改建。改建内容为:按原涵洞断面沿旧洞出口向下游接长洞身52.5 m,老洞末节接长1.0 m,其余分6节,其中一节长11.5 m,另5节每节长8.0 m;竣工堤顶高程为原高程,不再覆土;原闸门改为平板钢闸门,启闭机更换为20 t手摇电动两用螺杆启闭机。设计防洪水位96.4 m(黄海高程,以下同),校核防洪水位97.4 m,改建后建筑物总长118.2 m,其中闸室和洞身段共长81.4 m。

初步调查发现,洞身段上部土的高度及其顺水流方向分布的宽度发生了较大变化,以闸墩顶部为基准点,并以原来高程为基准高程,测得引水涵洞段上部土的现状剖面见图2.1。

根据《××闸工程现状调查分析报告》,该闸各部位存在的主要问题有:

(1)混凝土结构:工作桥有混凝土脱落、钢筋外露现象,部分桥面板底部蜂窝、麻面较

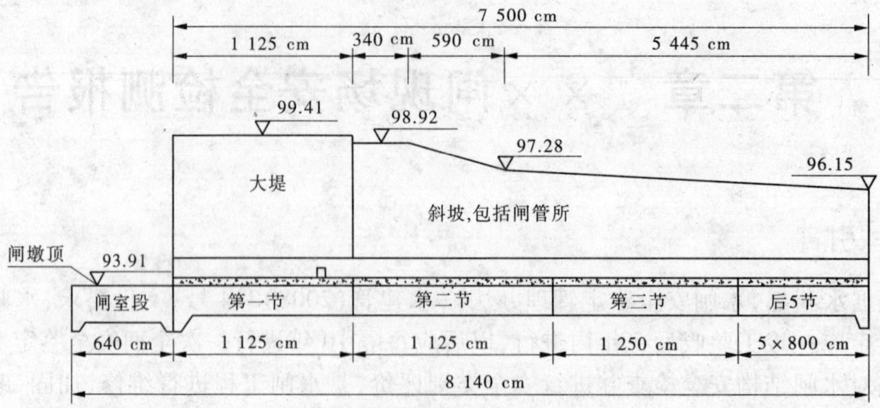

图 2.1　××闸引水涵洞段上部覆盖土的相对高程　(单位:m)

多;

(2)砌体结构:闸前两端翼墙为浆砌粗料石护坡,目前较为完整;

(3)钢闸门:钢闸门铁制埋件及面板存在锈蚀现象;

(4)启闭机及电气控制系统:该闸使用的是 1980 年改建时安装的 20 t 手摇电动两用螺杆式启闭机,闸门在开启过程中运行正常,运转良好。

针对以上问题,建议对该闸的砌体结构、混凝土结构、金属结构及电气控制系统进行现场安全检测。

三、检测目的和检测内容

(一)检测目的

水闸的现场安全检测,是安全鉴定工作的重要环节。检测的目的:一是可以了解水闸各设施的有效性及损毁情况;二是通过现场检测可获得水闸各结构部位及构件的主要技术指标的变化情况,为工程复核计算提供依据。最终根据现场检测及复核计算结果,为整个水闸的安全评价提供必要的参数和依据。

针对《××闸工程现状调查分析报告》提出的问题和建议,××(水闸现场检测承担单位)对该闸的砌体结构、混凝土结构、金属结构及电气控制系统等进行现场安全检测。

(二)检测内容

根据 SL214—98《水闸安全鉴定规定》中的规定,水闸现场安全检测项目,应根据工程情况、管理运行中存在的具体问题和具体条件等因素综合确定。结合《××闸工程现状调查分析报告》提出的问题和建议,综合确定检测内容如下:

(1)闸室段及洞身段的检测,主要包括外观质量检测、混凝土抗压强度检测、混凝土碳化深度和钢筋保护层厚度检测、钢筋锈蚀度检测;

(2)上、下游连接段的检测,主要包括外观质量与缺陷检测;

(3)启闭机、闸门、电气控制系统的检测;

(4)观测设施有效性的检测。

四、检测方法和检测依据

(一)检测方法

用于本工程的检测方法见表2.1。

表2.1　检测方法汇总

序号	检测内容	检测方法
1	外观质量检测	钢尺量取,配以图形和照片进行描述;对于裂缝宽度,可采用裂缝宽度测试仪或读数显微镜进行测量
2	混凝土抗压强度检测	钻芯修正回弹法、钻芯修正超声回弹综合法
3	混凝土碳化深度检测	酚酞试剂测定法
4	钢筋配置检测	探地雷达法、磁感应法
5	钢筋锈蚀度检测	电化学测定方法,综合判定方法,局部采用剔凿检测方法进行验证
6	启闭机、闸门及电气控制系统检测	依据SL101—94《水工钢闸门和启闭机安全检测技术规程》中的相关规定进行
7	观测设施有效性检测	查看记录或注水试验

(二)检测依据

(1)SL239—1999《堤防工程施工质量评定与验收规范》;

(2)CECS03:2007《钻芯法检测混凝土强度技术规程》;

(3)JGJ/T23—2001《回弹法检测混凝土抗压强度技术规程》;

(4)CECS02:2005《超声回弹综合法检测混凝土强度技术规程》;

(5)CECS21:2000《超声法检测混凝土缺陷技术规程》;

(6)SL101—94《水工钢闸门和启闭机安全检测技术规程》;

(7)SL214—98《水闸安全鉴定规定》;

(8)SL226—98《水利水电工程金属结构报废标准》;

(9)DL/T5018—94《水利水电工程钢闸门制造安装及验收规范》,SL74—95《水利水电工程钢闸门设计规范》;

(10)SL381—2007《水利水电工程启闭机制造安装及验收规范》,SL41—93《水利水电工程启闭机设计规范》;

(11)SL326—2005《水利水电工程物探规程》;

(12)GB50150—2006《电气装置安装工程电气设备交接试验标准》。

五、抽样方案及数量

××闸抽样方案及具体检测数量见表2.2。

表 2.2　××闸抽样方案及检测数量汇总表(1)

检测部位		样本总量	检测项目	抽样方案	检测数量
混凝土结构(闸室段及洞身段)	闸墩	共 4 个	外观质量	普测	—
			混凝土抗压强度	抽测 2 个闸墩	钻取芯样共 6 组
			混凝土老化和钢筋锈蚀	抽测 2 个闸墩	碳化测区 20 个、保护层测区 20 个;钢筋半电池电位法测点共布置 50 个
	侧墙	共 32 个	外观质量	普测	—
			混凝土抗压强度	抽测 2×8 节侧墙	每节侧墙各布置 20 个测区,钻取芯样 12 组
			混凝土老化和钢筋锈蚀	抽测 5 节侧墙	每节布置碳化测区 5 个、保护层测区 5 个
	闸底板	共 27 块	外观质量	普测	—
			混凝土抗压强度	抽测 9 节闸底板	钻取芯样闸室底板 3 组,洞身底板 24 组
			混凝土老化和钢筋锈蚀	抽测 9 节闸底板	碳化测区共 60 个、保护层测区共 60 个
	顶板	共 27 块	外观质量	普测	—
			混凝土抗压强度	抽测 9 节顶板	每节布置 10 个超声回弹测区
			混凝土老化和钢筋锈蚀	抽测 9 节顶板	碳化测区共 50 个、保护层测区共 50 个
	胸墙	共 3 孔	外观质量	普测	—
			混凝土抗压强度	抽测 1 孔	布置回弹测区 10 个
			混凝土老化和钢筋锈蚀	抽测 1 孔	碳化测区共 20 个、保护层测区共 20 个
	机架桥排架及启闭机房	机架桥共 4 排	外观质量	普测	—
			混凝土抗压强度	抽测 3 排、启闭机房抽测 4 根柱子	布置回弹测区共 80 个
			砂浆抗压强度	抽测 3 面墙	—
			混凝土老化和钢筋锈蚀	抽测 3 排	碳化测区 5 个、保护层测区 5 个

表 2.2　××闸抽样方案及检测数量汇总表(2)

检测部位		检测项目	抽样方案	检测数量
上、下游砌石翼墙及护坡		外观质量	普测	—
消力池、海漫		外观质量	普测	—
护栏		外观质量	普测	—
启闭机及电气设备		外观形态检测	普测	—
		安全性能检测	普测	—
钢闸门及附属结构		外观形态检测	普测	—
		腐蚀状况检测	抽测 2 孔	
		材料检测	抽测 2 孔	
		无损探伤	抽测 3 孔	
观测设施	沉降观测点	外观质量	普测	—
	测压管	外观质量	普测	—
		有效性检测	普测	—

六、闸室段检测与结果分析

××闸闸室段主要包括闸墩、底板、顶板、胸墙、工作桥及启闭机房等部分。检测内容包括外观质量检测、混凝土抗压强度检测、混凝土碳化深度和钢筋保护层厚度检测、钢筋锈蚀度检测。

(一)闸墩

1.外观质量检测

外观质量检测以目测为主,配合必要的量具进行,检测内容主要为3孔闸墩的外观缺陷。检测结果如下:

(1)闸墩与洞身段第一节的伸缩缝处表面沥青玛琋脂脱落,钢板压橡皮毁坏,部分钢板弯曲变形、固定螺丝脱落,金属埋件锈蚀严重(见图2.2);

(2)闸墩因水流冲刷导致混凝土表面磨损,东边墩局部麻面,面积约3.0 m×0.5 m(长×宽)。

图2.2　闸墩与侧墙间伸缩缝情况

2.混凝土抗压强度检测

(1)检测方法。采用取芯法对左孔闸墩混凝土抗压强度进行检测。

(2)检测结果。取芯位置见表2.3,芯样强度测试结果见表2.4。

表2.3　闸墩混凝土取芯位置

芯样编号	芯样位置	位置详述
1	左边墩	距闸前1.5 m,距底板0.90 m
2		距闸前2.0 m,距底板1.20 m
3		距闸前2.6 m,距底板0.90 m
4	中墩	距闸前4.0 m,距底板1.25 m
5		距闸前1.0 m,距底板1.50 m
6		距闸前3.0 m,距底板0.80 m

表 2.4　闸墩混凝土抗压强度检测结果

取芯部位	芯样编号	芯样直径（mm）	芯样长度（mm）	混凝土设计等级	表面明显老化层厚度（mm）	芯样抗压强度（MPa）	现龄期混凝土强度推定值（MPa）
东边墩	1	100.0	110.0	140#	0.5	21.2	21.2
	2	100.0	115.0	140#	1.5	27.5	
	3	100.0	120.0	140#	0.5	22.5	
东孔西墩	4	100.0	125.0	140#	1.0	31.4	28.7
	5	100.0	110.0	140#	1.5	28.7	
	6	100.0	135.0	140#	2.0	33.0	

（3）结果分析。闸室段闸墩混凝土抗压强度共抽测 2 个构件，共钻取芯样 6 个，闸墩混凝土强度推定值 21.2 ~ 28.7 MPa，闸墩混凝土设计标号为 140#，相当于现行规范的 C12，满足设计要求。

3. 混凝土碳化深度检测和钢筋保护层厚度检测

（1）混凝土碳化深度检测。①测区的选择。混凝土碳化深度测量应选择检测构件有代表性的位置。②成孔。用冲击钻在测区表面形成直径 10 mm 的孔洞，其深度大于混凝土碳化深度，孔洞中的粉末和碎屑用气囊吹净。③检测碳化深度。在碳化测孔清理完毕后立即用浓度为 1% 的酚酞酒精滴在孔洞内壁的边缘处。当已碳化与未碳化界线清楚时，再用游标卡尺测量已碳化与未碳化混凝土交界面到混凝土表面的垂直距离，测量次数不少于 3 次，取其平均值。

（2）钢筋保护层厚度检测。利用钢筋位置测定仪对碳化测区范围内钢筋的保护层厚度进行测试。

（3）检测结果。各闸墩的混凝土碳化深度及相应的钢筋保护层厚度检测结果见表 2.5。

表 2.5　闸墩混凝土碳化深度 d_i 及钢筋保护层厚度 a_i 检测结果　（单位：mm）

	测区号	1	2	3	4	5	6	7	8	9	10
东边墩	a_i	38	50	60	44	46	54	56	56	43	39
	d_i	1.0	0.5	1.0	0.5	0.5	1.0	1.0	0.5	1.5	0.5
	测区号	1	2	3	4	5	6	7	8	9	10
东孔西墩	a_i	36	40	42	38	41	45	38	46	44	50
	d_i	2.0	1.0	0.5	0.5	0.5	0.5	1.0	0.5	0.5	0.5

（4）结果分析。闸室段闸墩钢筋保护层厚度检测布置 20 个测区，钢筋保护层厚度平均值为 45.3 mm，标准差为 6.95 mm；混凝土碳化深度检测布置 20 个测区，混凝土碳化深度平均值为 0.8 mm，标准差为 0.41 mm。

检测结果表明,碳化深度均小于钢筋保护层厚度,表明钢筋目前仍处于混凝土的碱性保护之中,不易锈蚀。

4. 钢筋锈蚀度检测

(1)检测方法。采用钢筋半电池电位法对闸墩的钢筋锈蚀情况进行检测,混凝土中钢筋半电池电位是测点处钢筋表面微阳极和微阴极的混合电位。当构件中钢筋表面阴极极化性能变化不大时,钢筋半电池电位主要决定于阳极性能:阳极钝化,电位偏正;阳极活化,电位偏负。现场检测以及室内数据处理依据 GB/T50344—2004《建筑结构检测技术标准》进行。根据测点电位,可以定性判别腐蚀情况:① -350 ~ -500 mV,有锈蚀活动性,发生锈蚀概率 95%;② -200 ~ -350 mV,有锈蚀活动性,发生锈蚀概率 50%,可能有坑蚀;③ -200 mV 及以上,无锈蚀活动性或锈蚀活动性不确定,锈蚀概率 5%。

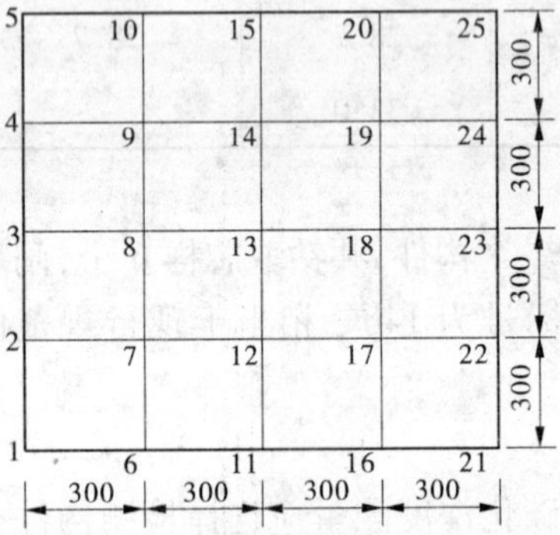

图 2.3 钢筋锈蚀度检测测点布置图(单位:mm)

(2)测点布置。测试前用砂纸或钢丝刷清理测区表面的浮浆、污渍及锈迹等污物。在构件表面以网格形式布置测点,测点纵横向间距均为 300 mm,测点布置及测点编号见图 2.3。

(3)检测结果。闸室段闸墩钢筋锈蚀度检测布置了 2 个测区,每个测区 25 个测点。各闸墩钢筋锈蚀度检测结果见表 2.6。

表 2.6 各闸墩钢筋锈蚀度检测结果

东边墩				东孔西墩			
测点编号	测点电位(mV)	测点编号	测点电位(mV)	测点编号	测点电位(mV)	测点编号	测点电位(mV)
1	-152	14	-148	1	-126	14	-155
2	-168	15	-163	2	-118	15	-127
3	-124	16	-152	3	-144	16	-136
4	-111	17	-134	4	-137	17	-150
5	-136	18	-156	5	-159	18	-132
6	-168	19	-148	6	-116	19	-128
7	-125	20	-123	7	-127	20	-166
8	-112	21	-165	8	-163	21	-157
9	-106	22	-106	9	-154	22	-147
10	-167	23	-135	10	-142	23	-137
11	-126	24	-140	11	-109	24	-153
12	-137	25	-146	12	-116	25	-140
13	-118			13	-134		

(4)结果分析。闸室段闸墩布置2个测区,测试50个测点。检测结果表明,测点电位均大于 -200 mV,钢筋无锈蚀活动性或锈蚀活动性不确定,锈蚀概率5%。

(二)闸底板

1. 外观质量检测

外观质量检测以目测为主,配合必要的量具进行。检测内容包括3孔闸底板的外观缺陷。检测结果如下:

(1)闸底板与洞身段第一节的伸缩缝处表面沥青玛琋脂脱落,钢板压橡皮毁坏,部分钢板弯曲变形、固定螺丝脱落,金属埋件锈蚀严重。

(2)闸底板因水流冲刷导致混凝土表面严重磨损(见图2.4)。

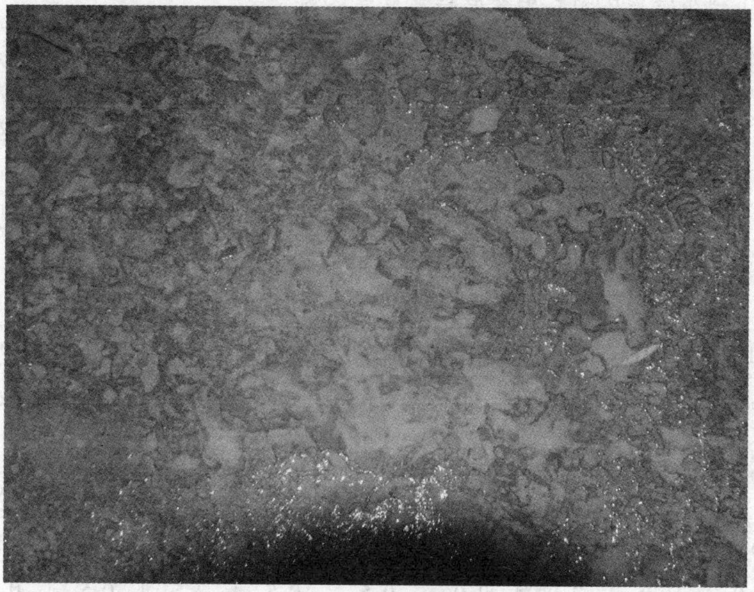

图2.4 底板冲刷情况

2. 混凝土抗压强度检测

(1)检测方法。采用钻芯法对闸底板进行混凝土抗压强度的评定,钻取3组芯样,芯样的具体位置见表2.7。

表2.7 闸室段底板取芯位置

芯样编号	芯样位置	位置详述
1	西孔底板	距闸前1.1 m,距西边墩0.60 m
2	西孔底板	距闸前3.4 m,距西边墩1.35 m
3	西孔底板	距闸前5.5 m,距西边墩2.10 m

(2)检测结果。将现场钻取 $\phi100$ mm 芯样,切割成高径比为1:1的标准试件,将两端磨平进行混凝土抗压强度试验。测试结果见表2.8。

表 2.8 闸室段底板混凝土抗压强度(取芯法)

取芯部位	芯样编号	芯样长度(mm)	混凝土设计等级	表面明显老化层厚度(mm)	芯样抗压强度(MPa)
西孔底板	1#	200.0	140#	0.5	24.1
	2#	125.0	140#	0.5	33.7
	3#	110.0	140#	0.5	22.5

(3)结果分析。西孔底板混凝土芯样共钻取 3 组,该底板混凝土强度推定值为 22.5 MPa,设计标号为 140#,相当于现行规范的 C12,满足原设计要求。

3. *混凝土碳化深度检测和钢筋保护层厚度检测*

西孔底板的混凝土碳化深度及相应的钢筋保护层厚度检测结果见表 2.9。

西孔底板钢筋保护层厚度检测布置 20 个测区,钢筋保护层厚度平均值为 54.8 mm,标准差为 9.37 mm。混凝土碳化深度检测布置 20 个测区,混凝土碳化深度平均值为 1.7 mm,标准差为 0.75 mm。

检测结果表明,碳化深度均小于钢筋保护层厚度,表明钢筋目前仍处于混凝土的碱性保护之中,不易锈蚀。

表 2.9 闸墩西孔底板混凝土碳化深度 d_i 及钢筋保护层厚度 a_i 检测结果(单位:mm)

测区号	1	2	3	4	5	6	7	8	9	10
a_i	68	55	56	34	45	70	60	68	66	54
d_i	2.1	1.8	1.8	3.0	2.4	2.6	2.1	2.0	1.8	2.0
测区号	11	12	13	14	15	16	17	18	19	20
a_i	53	47	59	44	52	42	59	55	51	57
d_i	2.0	1.0	2.0	2.0	0.5	0.5	2.5	0.5	0.5	1.5

(三)顶板

1. *外观质量检测*

外观质量检测发现与洞身段连接处表面沥青玛琋脂脱落,钢板压橡皮毁坏。

2. *混凝土强度检测*

采用超声回弹综合法(平测)对东孔顶板混凝土抗压强度进行检测,布置回弹测区 10 个,检测结果见表 2.10。

表 2.10 闸室段顶板混凝土抗压强度检测结果

部位	混凝土抗压强度换算值(MPa)			现龄期混凝土强度推定值(MPa)
	平均值	最小值	标准差	
东孔顶板	14.9	13.1	1.17	12.9

检测结果表明,东孔顶板混凝土强度推定值为 12.9 MPa,设计标号为 140#,相当于现行规范的 C12,满足原设计要求。

3. 混凝土碳化深度检测和钢筋保护层厚度检测

东孔顶板的混凝土碳化深度及相应的钢筋保护层厚度检测结果见表2.11。

表2.11　闸室段东孔顶板混凝土碳化深度 d_i 及钢筋保护层厚度 a_i 检测结果（单位:mm）

测区号	1	2	3	4	5
a_i	38	36	40	31	32
d_i	3.5	4.0	3.0	2.5	3.0
测区号	6	7	8	9	10
a_i	38	32	34	40	31
d_i	2.0	1.5	2.0	2.5	1.0

东孔顶板钢筋保护层厚度检测共布置10个测区,钢筋保护层厚度平均值为35.2 mm,标准差为3.65 mm。混凝土碳化深度检测共布置10个测区,混凝土碳化深度平均值为2.5 mm,标准差为0.91 mm。

检测结果表明,碳化深度均小于钢筋保护层厚度,表明钢筋目前仍处于混凝土的碱性保护之中,不易锈蚀。

(四)胸墙

1. 外观质量检测

胸墙外观质量较好。

2. 混凝土抗压强度检测

采用回弹法对中孔胸墙混凝土抗压强度进行检测,布置回弹测区10个,检测结果见表2.12。

表2.12　胸墙混凝土抗压强度

部位	混凝土抗压强度换算值(MPa)			现龄期混凝土强度推定值(MPa)
	平均值	最小值	标准差	
中孔胸墙	15.0	12.4	2.03	11.7

检测结果表明,胸墙混凝土强度推定值为11.7 MPa,设计标号为140#,相当于现行规范的C12,故中孔胸墙混凝土抗压强度不满足原设计要求。

3. 混凝土碳化深度检测和钢筋保护层厚度检测

胸墙碳化深度和钢筋保护层厚度检测结果见表2.13。

表2.13　胸墙混凝土碳化深度 d_i 和钢筋保护层厚度 a_i 检测结果　（单位:mm）

西孔	测区号	1	2	3	4	5	6	7	8	9	10
	a_i	38	36	40	34	40	33	34	34	32	28
	d_i	21	19	24	31	26	31	25	28	32	30
中孔	测区号	1	2	3	4	5	6	7	8	9	10
	a_i	36	32	26	22	37	33	34	36	38	31
	d_i	20	40	30	35	32	34	40	35	36	34

胸墙钢筋保护层厚度检测布置20个测区，钢筋保护层厚度平均值为33.7 mm，标准差为4.5 mm；混凝土碳化深度检测布置20个测区，混凝土碳化深度平均值为30.2 mm，标准差为6.1 mm。

检测结果表明，在20个测点中，碳化深度检测值大于钢筋保护层厚度检测值的测点占总测点的35%，表明部分钢筋已失去钝化膜的保护，容易锈蚀。

4. 钢筋锈蚀度检测

钢筋锈蚀度检测2个测区，布置50个测点，检测结果见表2.14。检测结果表明，胸墙钢筋有锈蚀活动性，发生锈蚀概率50%，可能有坑蚀。

表2.14　胸墙钢筋锈蚀度检测结果

西孔胸墙				中孔胸墙			
测点编号	测点电位（mV）	测点编号	测点电位（mV）	测点编号	测点电位（mV）	测点编号	测点电位（mV）
1	-242	14	-291	1	-263	14	-257
2	-288	15	-307	2	-281	15	-261
3	-254	16	-311	3	-244	16	-263
4	-287	17	-287	4	-273	17	-255
5	-294	18	-263	5	-264	18	-223
6	-305	19	-266	6	-264	19	-282
7	-256	20	-231	7	-231	20	-236
8	-289	21	-251	8	-234	21	-284
9	-243	22	-216	9	-256	22	-274
10	-315	23	-335	10	-308	23	-271
11	-367	24	-222	11	-294	24	-235
12	-237	25	-261	12	-263	25	-231
13	-249			13	-257		

（五）工作桥及启闭机房

1. 外观质量检测

工作桥梁位于两边孔正上方的悬臂梁底部（临大堤侧）混凝土脱落、钢筋外露且严重锈蚀（见图2.5），其余各梁外观质量良好。

排架柱及盖梁外观质量良好。

工作桥桥面板混凝土剥落、露筋且严重锈蚀，部分桥面板底部蜂窝、麻面较多（见图2.6）。

启闭机房为砖混结构，从检测结果看，混凝土构件未发现混凝土剥落、露筋现象；墙体外观质量总体较好，没发现墙体裂缝、风化和变形等现象。

图 2.5　工作桥混凝土脱落、露筋、钢筋锈蚀

图 2.6　工作桥桥面板混凝土脱落、露筋、钢筋锈蚀

2. 混凝土抗压强度检测

(1)检测方法。采用取芯修正回弹法对工作桥排架和启闭机房立柱的混凝土抗压强度进行检测,每排排架布置 20 个测区,每根启闭机房立柱布置 5 个测区。为方便检测和记录,对启闭机房立柱进行编号,如图 2.7。现场试验及室内数据处理依据 JGJ/T23—2001《回弹法检测混凝土抗压强度技术规程》及 CECS03:2007《钻芯法检测混凝土强度技术规程》进行。

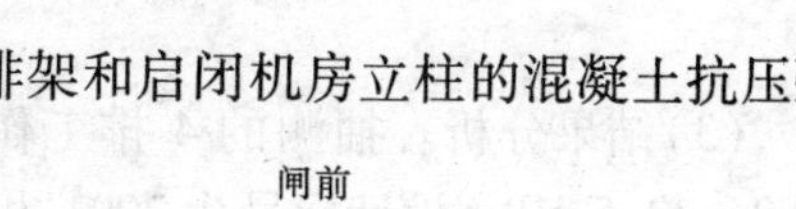

图 2.7　启闭机房平面示意图

(2)检测结果。混凝土取芯修正量见表2.15,工作桥排架混凝土抗压强度修正后检测结果见表2.16,启闭机房立柱混凝土抗压强度修正后检测结果见表2.17。

表2.15　超声回弹测区强度修正量

取芯部位	芯样编号	$f_{cu,cor}$(MPa)	$f^c_{cu,mj}$(MPa)	$\Delta_f = f_{cu,cor,m} - f^c_{cu,mj}$
西一排架	1	32.5	30.1	2.2 MPa
西二排架	2	29.0	26.4	
西三排架	3	35.4	30.1	
1/*A*柱	4	28.6	29.4	
1/*B*柱	5	32.2	29.5	
3/*B*柱	6	36.8	35.6	

注:$f_{cu,cor}$为芯样测试强度;$f^c_{cu,mj}$为取芯处回弹测区的换算强度。

表2.16　工作桥排架混凝土抗压强度修正后检测结果

部位	混凝土抗压强度换算值(MPa)			现龄期混凝土强度推定值(MPa)
	平均值	最小值	标准差	
西一排架	39.8	31.7	5.79	30.3
西二排架	39.0	32.2	5.53	29.9
西三排架	40.7	32.9	5.02	32.5
西四排架	39.1	32.2	4.92	31.0

表2.17　启闭机房立柱混凝土强度修正后检测结果

部位	混凝土抗压强度换算值(MPa)			现龄期混凝土强度推定值(MPa)
	平均值	最小值	标准差	
1/*A*	34.0	30.4	2.1	30.4
2/*A*	31.1	28.5	1.4	28.5
1/*B*	32.3	28.8	3.1	28.8
3/*B*	31.0	28.2	1.8	28.2

(3)结果分析。抽测的4排工作桥排架,布置回弹测区80个,混凝土强度推定值29.9~32.5 MPa,设计标号为200#,相当于现行规范的C18,满足原设计要求。

抽测的4根启闭机房立柱,布置回弹测区20个,混凝土强度推定值为28.2~30.4 MPa,设计标号为200#,相当于现行规范的C18,满足原设计要求。

3.混凝土碳化深度检测和钢筋保护层厚度检测

工作桥排架及启闭机房立柱的碳化深度及相应的钢筋保护层厚度检测结果见表2.18、表2.19。

表 2.18　工作桥排架碳化深度 d_i 及钢筋保护层厚度 a_i 检测结果　（单位:mm）

西三排架	测区号	1	2	3	4	5	6	7	8	9	10
	a_i	32	28	35	30	33	35	36	29	31	37
	d_i	8.0	6.5	9.0	6.0	5.5	7.0	8.0	10.0	9.5	7.5
西四排架	测区号	1	2	3	4	5	6	7	8	9	10
	a_i	35	38	32	29	37	33	36	31	28	34
	d_i	6.0	5.5	7.5	8.0	6.0	8.5	11.0	9.5	10.5	6.5

表 2.19　启闭机房立柱碳化深度 d_i 及钢筋保护层厚度 a_i 检测结果　（单位:mm）

1/*A*	测区号	1	2	3	4	5
	a_i	34	41	30	28	48
	d_i	22	18	23	25	18
2/*A*	测区号	1	2	3	4	5
	a_i	35	39	36	32	21
	d_i	23	18	13	20	14
1/*B*	测区号	1	2	3	4	5
	a_i	36	24	33	26	39
	d_i	14	22	21	18	23
3/*B*	测区号	1	2	3	4	5
	a_i	24	25	37	24	28
	d_i	12	22	21	18	20

工作桥排架钢筋保护层厚度检测共布置 20 个测区,钢筋保护层厚度平均值为 33.0 mm,标准差为 3.15 mm;混凝土碳化深度检测共布置 20 个测区,混凝土碳化深度平均值为 7.8 mm,标准差为 1.70 mm。检测结果表明,碳化深度均小于钢筋保护层厚度,表明钢筋目前仍处于混凝土的碱性保护之中,不易锈蚀。

启闭机房立柱钢筋保护层厚度检测共布置 20 个测区,钢筋保护层厚度平均值为 32.0 mm,标准差为 7.03 mm;混凝土碳化深度检测共布置 20 个测区,混凝土碳化深度平均值为 19.3 mm,标准差为 3.70 mm。检测结果表明,碳化深度均小于钢筋保护层厚度,表明钢筋目前仍处于混凝土的碱性保护之中,不易锈蚀。

4. 砌体砂浆抗压强度检测结果

墙体砌筑砂浆抗压强度采用贯入法进行检测,检测结果见表 2.20。从检测结果看,抽测构件砂浆抗压强度满足设计要求(设计标号为 50#,相当于现行规范的 M5.0)。

表 2.20　砌筑砂浆抗压强度检测结果

构件部位	贯入深度平均值(mm)	抗压强度换算值(MPa)
(1-2)/*A* 墙	3.65	9.5
(2-3)/*A* 墙	2.80	15.6
(2-3)/*B* 墙	3.03	14.2

七、洞身段检测与结果分析

××闸洞身段每孔分8节:第一节、第二节为1955年所建,每节长11.25 m,1980年改建时将第二节洞尾接长1.0 m,第三节长11.5 m,其余5节长度均为8.0 m。洞身段主要包括:侧墙、洞身底板、洞身顶板。

检测内容包括外观质量检测、混凝土抗压强度检测、混凝土碳化深度和钢筋保护层厚度检测、钢筋锈蚀度检测、混凝土内部质量检测。

(一)侧墙

1.外观质量检测

外观质量检测以目测为主,配合必要的量具进行,检测内容包括3孔侧墙的外观缺陷。检测结果如下:

(1)侧墙间伸缩缝处表面沥青玛琋脂脱落,钢板压橡皮毁坏,部分钢板弯曲变形、固定螺丝脱落,金属埋件锈蚀严重。

(2)洞身第一节、第二节侧墙均有数条裂缝,裂缝走向基本为竖向,上宽下窄,裂缝的分布见图2.8~图2.11。典型裂缝见图2.12。

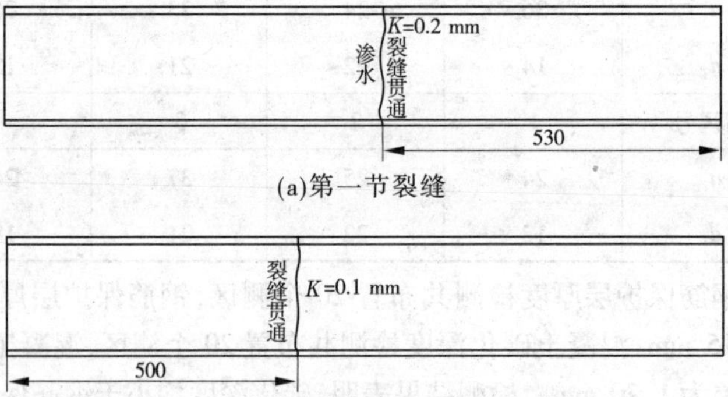

(a)第一节裂缝

(b)第二节裂缝

图2.8　东边墙裂缝分布　(单位:cm)

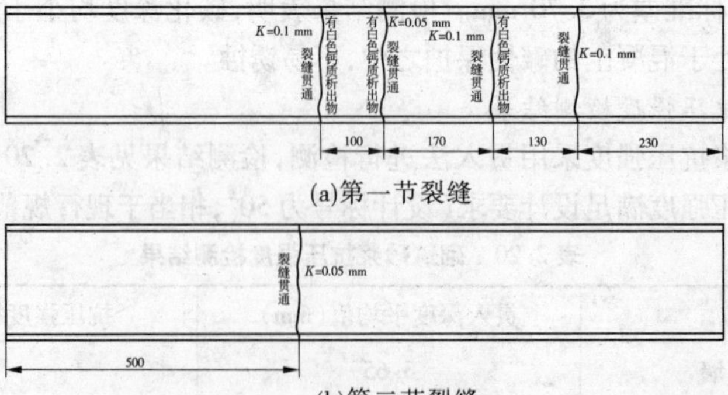

(a)第一节裂缝

(b)第二节裂缝

图2.9　东孔西墙裂缝分布　(单位:cm)

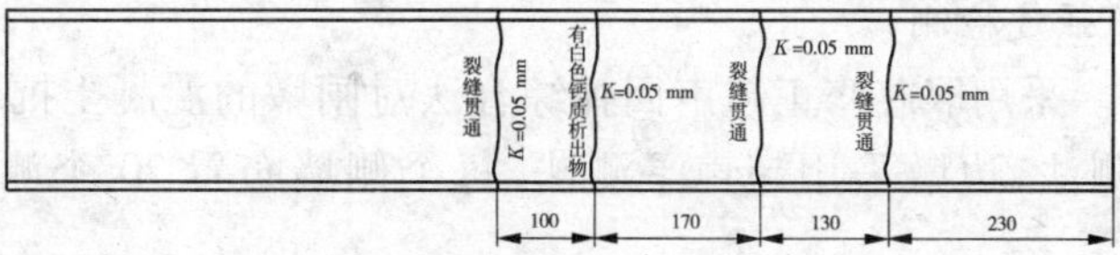

(a)第一节裂缝

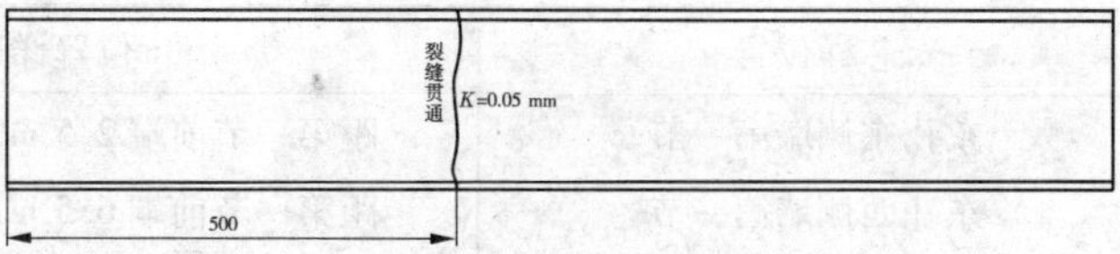

(b)第二节裂缝

图 2.10　中孔西墙裂缝分布　（单位:cm）

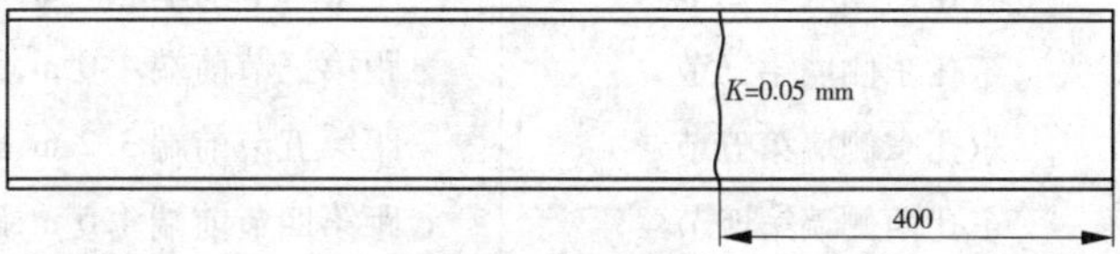

(a)第一节裂缝

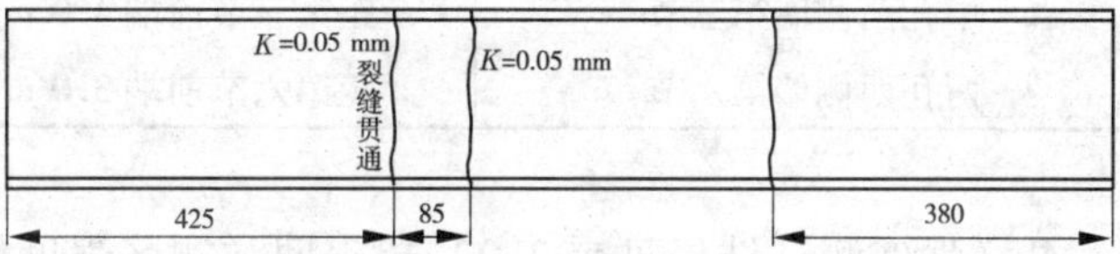

(b)第二节裂缝

图 2.11　西边墙裂缝分布　（单位:cm）

图 2.12　侧墙典型裂缝

2. 混凝土抗压强度检测

(1)检测方法。采用取芯修正超声回弹综合法对闸墩的混凝土抗压强度进行检测。中墩采用超声对测法,边墩采用超声平测法,每个侧墙布置 20 个测区。取芯位置见表2.21。

表 2.21　××闸涵洞段侧墙取芯位置

芯样编号	芯样位置	位置详述
1	东孔东侧墙第一节	距第一节前端 2.5 m,距底板 0.70 m
2	东孔西侧墙第一节	距第一节前端 6.5 m,距底板 0.80 m
3	东孔西侧墙第二节	距第二节前端 5.0 m,距底板 0.50 m
4	中孔东侧墙第一节	距第一节前端 1.0 m,距底板 0.90 m
5	中孔西侧墙第二节	距第二节前端 10.0 m,距底板 0.70 m
6	西孔西侧墙第二节	距第二节前端 4.5 m,距底板 0.80 m
7	东孔东侧墙第三节	距第三节前端 4.0 m,距底板 0.80 m
8	东孔东侧墙第五节	距第五节前端 3.2 m,距底板 1.20 m
9	东孔西侧墙第四节	距第四节前端 4.0 m,距底板 0.80 m
10	东孔西侧墙第八节	距第八节前端 2.0 m,距底板 0.80 m
11	中孔西侧墙第三节	距第三节前端 4.0 m,距底板 0.60 m
12	西孔西侧墙第六节	距第六节前端 3.0 m,距底板 1.10 m

(2)检测结果。芯样强度测试结果见表 2.22,超声回弹测区强度修正量见表 2.23、表 2.24。各侧墙混凝土抗压强度检测结果见表 2.23 ~ 表 2.26。

表 2.22　混凝土芯样强度测试结果

取芯部位	芯样编号	芯样直径(mm)	芯样长度(mm)	混凝土设计等级	表面明显老化层厚度(mm)	芯样抗压强度(MPa)
东孔东侧墙第一节	1	100.0	110	140#	0.5	11.3
东孔西侧墙第一节	2	100.0	123	140#	1.0	10.8
东孔西侧墙第二节	3	100.0	140	140#	0.5	14.8
中孔东侧墙第一节	4	100.0	125	140#	0.5	11.0
中孔西侧墙第二节	5	100.0	110	140#	2.5	11.7
西孔西侧墙第二节	6	100.0	130	140#	1.5	12.6
东孔东侧墙第三节	7	100.0	120	140#	1.5	33.1
东孔东侧墙第五节	8	100.0	120	140#	1.0	37.3
东孔西侧墙第四节	9	100.0	210	140#	1.5	44.7
东孔西侧墙第八节	10	100.0	130	140#	1.5	43.5
中孔西侧墙第三节	11	100.0	110	140#	1.5	35.6
西孔西侧墙第六节	12	100.0	140	140#	1.5	44.0

表 2.23　超声回弹测区强度修正量(前两节)

取芯部位	芯样编号	$f_{cu,cor}$(MPa)	$f^c_{cu,mj}$(MPa)	$\Delta_f = f_{cu,cor,m} - f^c_{cu,mj}$
东孔东侧墙第一节	1	11.3	10.0	0.5 MPa
东孔西侧墙第一节	2	10.8	8.5	
东孔西侧墙第二节	3	14.8	12.3	
中孔东侧墙第一节	4	11.0	13.0	
中孔西侧墙第二节	5	11.7	15.0	
西孔西侧墙第二节	6	12.6	10.2	

表 2.24　超声回弹测区强度修正量(后六节)

取芯部位	芯样编号	$f_{cu,cor}$(MPa)	$f^c_{cu,mj}$(MPa)	$\Delta_f = f_{cu,cor,m} - f^c_{cu,mj}$
东孔东侧墙第三节	7	33.1	28.6	2.3 MPa
东孔东侧墙第五节	8	37.3	36.7	
东孔西侧墙第四节	9	44.7	47.6	
东孔西侧墙第八节	10	43.5	40.2	
中孔西侧墙第三节	11	35.6	30.1	
西孔西侧墙第六节	12	44.0	41.2	

表 2.25　洞身段东边墙混凝土抗压强度

部　位	混凝土抗压强度换算值(MPa)			现龄期混凝土强度推定值(MPa)
	平均值	最小值	标准差	
第一节斜坡段	—	<10.0	—	10.0
第一节	13.8	11.6	1.40	11.5
第二节	16.9	10.9	2.99	12.0
第三节	47.5	40.3	4.00	40.9
第四节	48.0	33.1	7.24	36.1
第五节	47.9	35.9	5.52	38.8
第六节	49.2	37.7	5.96	39.4
第七节	34.6	29.1	2.69	30.2
第八节	20.7	18.9	1.46	18.3

表 2.26　洞身段东孔西墙混凝土抗压强度

部　位	混凝土抗压强度换算值(MPa)			现龄期混凝土强度推定值(MPa)
	平均值	最小值	标准差	
第一节斜坡段	15.4	11.8	2.21	11.8
第一节	—	< 10.0	—	10.0
第二节	—	< 10.0	—	10.0
第三节	35.6	30.1	3.48	29.9
第四节	49.8	44.0	5.26	41.1
第五节	45.0	39.9	2.47	40.9
第六节	43.7	33.9	4.05	37.1
第七节	43.1	35.9	4.65	35.5
第八节	46.6	35.6	4.50	39.2

检测结果表明,第一节和第二节侧墙(1955 年所建)混凝土设计标号为 $140^{\#}$,相当于现行规范的 C12,第一节和第二节侧墙混凝土推定强度均不满足设计要求;第三节至第八节侧墙(1980 年所建)混凝土设计标号为 $200^{\#}$,相当于现行规范的 C18,第三节至第八节侧墙混凝土推定强度均满足原设计要求。

3. 混凝土碳化深度检测和钢筋保护层厚度检测

利用钢筋位置测定仪检测侧墙的钢筋保护层厚度结果见表 2.27、表 2.28。检测结果表明,碳化深度均小于钢筋保护层厚度,表明钢筋目前仍处于混凝土的碱性保护之中,不易锈蚀。

表 2.27　洞身段东孔东墙混凝土碳化深度 d_i 和钢筋保护层厚度 a_i　(单位:mm)

部位	项目	测区号					平均值
		1	2	3	4	5	
第一节	a_i	68	68	68	70	68	68
	d_i	1.5	1.5	4.0	4.5	2.0	2.5
部位	项目	测区号					平均值
		1	2	3	4	5	
第二节	a_i	70	70	60	68	70	67
	d_i	0.5	0.5	0.5	1.0	0.5	0.5
部位	项目	测区号					平均值
		1	2	3	4	5	
第三节	a_i	66	70	59	68	62	65
	d_i	0.5	0.5	0.5	0.5	0.5	0.5
部位	项目	测区号					平均值
		1	2	3	4	5	
第四节	a_i	70	70	75	68	80	72
	d_i	0.5	1.0	0.5	0.5	1.0	0.5
部位	项目	测区号					平均值
		1	2	3	4	5	
第六节	a_i	64	56	68	68	60	63
	d_i	0.5	1.0	0.5	0.5	1.0	0.5

表 2.28 洞身段东孔西墙混凝土碳化深度 d_i 和钢筋保护层厚度 a_i （单位:mm）

部位	项目	测区号					平均值
		1	2	3	4	5	
第一节	a_i	47	55	70	66	64	60
	d_i	5.5	3.0	4.5	5.0	2.5	4.1
部位	项目	测区号					平均值
		1	2	3	4	5	
第二节	a_i	34	23	31	44	50	36
	d_i	4.0	3.5	4.0	5.0	3.5	4.0
部位	项目	测区号					平均值
		1	2	3	4	5	
第三节	a_i	53	70	58	64	68	63
	d_i	3.5	5.0	3.5	6.5	6.0	5.0
部位	项目	测区号					平均值
		1	2	3	4	5	
第四节	a_i	69	66	64	49	60	62
	d_i	0.5	0.5	0.5	1.0	1.0	0.5
部位	项目	测区号					平均值
		1	2	3	4	5	
第六节	a_i	30	30	30	34	46	34
	d_i	0.5	0.5	0.5	0.5	1.0	0.5

4. 钢筋锈蚀度检测

抽测了洞身段 4 个测区的钢筋锈蚀度，布置了 100 个测点，检测结果见表 2.29。

检测结果表明，各测点电位均大于 -200 mV，钢筋无锈蚀活动性或锈蚀活动性不确定，锈蚀概率为 5%。

（二）洞身段底板

1. 外观质量检测

外观质量检测以目测为主，配合必要的量具进行，检测内容包括 3 孔闸底板的外观缺陷。检测结果如下：

（1）各节间的伸缩缝处表面沥青玛琋脂脱落，钢板压橡皮毁坏，部分钢板弯曲变形、固定螺丝脱落，金属埋件锈蚀严重。

（2）闸底板因水流冲刷导致混凝土表面严重磨损，第一节、第二节磨损比较严重。

2. 混凝土抗压强度检测

（1）检测方法。采用钻芯法对底板进行混凝土抗压强度的评定，洞身段共钻取 15 组芯样，芯样的具体位置见表2.30、表2.31。

表2.29 洞身段钢筋锈蚀检测结果

东边墙第二节		东边墙第六节		中孔西墙第一节		中孔西墙第四节	
测点编号	测点电位（mV）	测点编号	测点电位（mV）	测点编号	测点电位（mV）	测点编号	测点电位（mV）
1	-163	1	-146	1	-136	1	-128
2	-121	2	-152	2	-147	2	-129
3	-186	3	-149	3	-124	3	-137
4	-157	4	-152	4	-164	4	-184
5	-163	5	-163	5	-134	5	-166
6	-144	6	-147	6	-136	6	-154
7	-127	7	-137	7	-145	7	-134
8	-164	8	-148	8	-148	8	-148
9	-192	9	-132	9	-159	9	-168
10	-134	10	-120	10	-167	10	-159
11	-154	11	-142	11	-155	11	-167
12	-162	12	-137	12	-167	12	-177
13	-148	13	-148	13	-142	13	-169
14	-129	14	-162	14	-125	14	-158
15	-135	15	-157	15	-153	15	-169
16	-131	16	-135	16	-148	16	-147
17	-167	17	-144	17	-159	17	-148
18	-157	18	-162	18	-143	18	-163
19	-164	19	-159	19	-135	19	-172
20	-171	20	-127	20	-143	20	-164
21	-168	21	-162	21	-187	21	-174
22	-153	22	-137	22	-187	22	-182
23	-137	23	-126	23	-197	23	-163
24	-142	24	-148	24	-164	24	-147
25	-178	25	-155	25	-169	25	-165

表 2.30　××闸洞身段底板取芯位置(前两节)

芯样编号	芯样位置	位置详述
1	中孔底板(第一节)	距第一节涵洞端部 1.4 m,距西墙 0.50 m
2		距第一节涵洞尾部 2.9 m,距西墙 0.90 m
3		距第一节涵洞端部 8.5 m,距西墙 0.60 m
4	东孔底板(第二节)	距第二节涵洞端部 2.5 m,距西墙 0.40 m
5		距第二节涵洞尾部 3.7 m,距西墙 0.90 m
6		距第二节涵洞尾部 6.1 m,距西墙 0.40 m

表 2.31　××闸洞身段底板取芯位置(后六节)

芯样编号	芯样位置	位置详述
7	西孔底板(第三节)	距第三节涵洞端部 2.9 m,距西墙 0.40 m
8		距第三节涵洞尾部 2.1 m,距西墙 1.20 m
9		距第三节涵洞尾部 5.4 m,距西墙 1.50 m
10	中孔底板(第四节)	距第四节涵洞端部 1.9 m,距西墙 0.60 m
11		距第四节涵洞尾部 2.3 m,距西墙 1.00 m
12		距第四节涵洞尾部 4.9 m,距西墙 0.90 m
13	西孔底板(第五节)	距第五节涵洞端部 0.9 m,距西墙 1.60 m
14		距第五节涵洞尾部 3.1 m,距西墙 0.80 m
15		距第五节涵洞尾部 4.0 m,距西墙 0.90 m
16	东孔底板(第六节)	距第六节涵洞端部 3.2 m,距西墙 0.90 m
17		距第六节涵洞端部 1.4 m,距西墙 0.80 m
18		距第六节涵洞端部 5.0 m,距西墙 0.60 m
19	西孔底板(第七节)	距第七节涵洞尾部 1.1 m,距西墙 0.70 m
20		距第七节涵洞尾部 2.9 m,距西墙 0.80 m
21		距第七节涵洞尾部 6.1 m,距西墙 1.30 m
22	中孔底板(第八节)	距第八节涵洞尾部 1.6 m,距西墙 0.75 m
23		距第八节涵洞尾部 4.0 m,距西墙 0.50 m
24		距第八节涵洞尾部 6.0 m,距西墙 1.50 m

(2)检测结果。将现场钻取 $\phi75$ mm 的芯样,切割成高径比为 1∶1的标准试件,将两端磨平进行混凝土抗压强度试验。测试结果见表 2.32。

表 2.32　洞身段底板混凝土抗压强度(取芯法)

取芯部位	芯样编号	芯样长度(mm)	混凝土设计等级	表面明显老化层厚度(mm)	芯样抗压强度(MPa)	混凝土强度推定值(MPa)
中孔底板(第一节)	1	220	140#	0.5	13.9	13.9
	2	170	140#	0.5	16.8	
	3	300	140#	0.5	17.7	
东孔底板(第二节)	4	140	140#	0.5	13.1	13.1
	5	260	140#	0.5	14.9	
	6	216	140#	0.5	19.7	
西孔底板(第三节)	7	140	140#	0.5	29.1	22.6
	8	260	140#	0.5	22.6	
	9	216	140#	0.5	25.8	
中孔底板(第四节)	10	140	200#	0.5	24.5	22.7
	11	140	140#	0.5	23.3	
	12	220	200#	0.5	22.7	
西孔底板(第五节)	13	140	200#	0.5	30.7	28.4
	14	140	140#	0.5	28.4	
	15	220	200#	0.5	35.1	
东孔底板(第六节)	16	155	200#	0.5	26.4	24.0
	17	350	140#	0.5	25.4	
	18	195	200#	0.5	24.0	
西孔底板(第七节)	19	200	200#	0.5	28.5	27.3
	20	250	200#	0.5	27.3	
	21	250	200#	0.5	29.7	
中孔底板(第八节)	22	206	200#	0.5	28.7	24.3
	23	206	200#	0.5	36.4	
	24	206	200#	0.5	24.3	

(3)结果分析。第一节和第二节混凝土(1955 年所建)设计标号为 140#,相当于现行规范的 C12;第三节至第八节混凝土(1980 年所建)设计标号为 200#,相当于现行规范 C18。检测结果表明:底板混凝土强度前两节为 13.1 ~ 13.9 MPa,满足设计要求;底板混凝土强度第三节至第八节为 22.6 ~ 28.4 MPa,满足原设计要求。

3. 混凝土碳化深度检测和钢筋保护层厚度检测

底板混凝土碳化深度和钢筋保护层厚度检测结果见表 2.33。检测结果显示,碳化深度均小于钢筋保护层厚度,表明钢筋目前仍处于混凝土的碱性保护之中,不易锈蚀。

表 2.33　洞身段混凝土碳化深度 d_i 和钢筋保护层厚度 a_i 检测结果　（单位:mm）

部位	项目	测区号					平均值
		1	2	3	4	5	
东孔底板第一节	a_i	22	22	24	27	28	25
	d_i	1.5	1.5	2.0	1.5	1.0	1.5
部位	项目	测区号					平均值
		1	2	3	4	5	
东孔底板第二节	a_i	66	66	71	72	71	69
	d_i	1.0	1.0	0.5	1.0	2.0	1.0
部位	项目	测区号					平均值
		1	2	3	4	5	
东孔底板第三节	a_i	92	93	105	100	100	98
	d_i	0.5	0.5	0.5	1.0	1.5	0.8
部位	项目	测区号					平均值
		1	2	3	4	5	
东孔底板第四节	a_i	97	94	95	97	95	96
	d_i	1.0	1.5	1.5	1.5	1.0	1.5
部位	项目	测区号					平均值
		1	2	3	4	5	
西孔底板第五节	a_i	102	99	104	104	112	104
	d_i	1.5	1.5	2.0	0.5	1.5	1.5
部位	项目	测区号					平均值
		1	2	3	4	5	
西孔底板第六节	a_i	86	90	98	101	101	95
	d_i	2.0	2.0	1.5	1.5	1.5	1.7
部位	项目	测区号					平均值
		1	2	3	4	5	
西孔底板第七节	a_i	66	66	72	71	66	68
	d_i	1.5	1.0	1.0	2.0	2.0	1.5
部位	项目	测区号					平均值
		1	2	3	4	5	
西孔底板第八节	a_i	69	68	74	66	69	69
	d_i	2.5	2.0	1.5	1.5	2.0	2.0

4. 钢筋锈蚀度检测

对底板的钢筋锈蚀度抽测 2 个测区，布置 50 个测点，检测结果见表 2.34。

检测结果表明，测点电位均大于 -200 mV，钢筋无锈蚀活动性或锈蚀活动性不确定，锈蚀概率为 5%。

表 2.34 洞身段底板钢筋锈蚀度检测结果

东孔第 1 节				西孔第 6 节			
测点编号	测点电位(mV)	测点编号	测点电位(mV)	测点编号	测点电位(mV)	测点编号	测点电位(mV)
1	-132	14	-103	1	-157	14	-158
2	-150	15	-157	2	-139	15	-142
3	-133	16	-136	3	-142	16	-162
4	-147	17	-155	4	-134	17	-137
5	-162	18	-163	5	-152	18	-152
6	-170	19	-147	6	-162	19	-163
7	-143	20	-160	7	-158	20	-180
8	-167	21	-148	8	-160	21	-143
9	-145	22	-133	9	-152	22	-124
10	-188	23	-142	10	-143	23	-163
11	-169	24	-166	11	-144	24	-158
12	-124	25	-131	12	-164	25	-146
13	-166			13	-123		

5. 底板内部质量检测

采用探地雷达法对底板的内部质量进行检测，检测断面情况见表 2.35。

表 2.35 底板内部质量检测结果

断面名称	天线频率(MHz)	断面描述
CCC—002. DZT	400	东孔底板第一节，向下游，零位为 NO.1 伸缩缝向下游 1.0 m 处
CCC—003. DZT	400	东孔底板第二节，向下游，零位为 NO.2 伸缩缝向下游 1.0 m 处
CCC—004. DZT	400	东孔底板第三节，向下游，零位为 NO.3 伸缩缝向下游 1.0 m 处
CCC—005. DZT	400	东孔底板第四节，向下游，零位为 NO.4 伸缩缝向下游 1.0 m 处
DDD—001. DZT	400	西孔底板第一节，向下游，零位为 NO.1 伸缩缝向下游 1.0 m 处

使用 400 MHz 天线检测 6 个断面，其中 2 个断面发现 3 处异常：CCC—003. DZT 断面 2.0 ~4.0 m 处约 0.3 m 深下方、同断面 5.0 ~6.0 m 处约 0.27 m 下方、CCC—004. DZT 断面 2.5 ~3.4 m 处约 0.3 m 下方。检测结果见图 2.13、图 2.14。经钻探取芯验证，3 处异常均为混凝土缺陷：其中 2 处为混凝土强度薄弱区，芯样含条状孔隙，1 处为混凝土底部浇筑缺陷，

芯样底部有大量孔隙孔洞(见图2.15)。未发现闸底板下部存在明显的脱空区信号。

图2.13 断面CCC—003.DZT探地雷达检测信号图

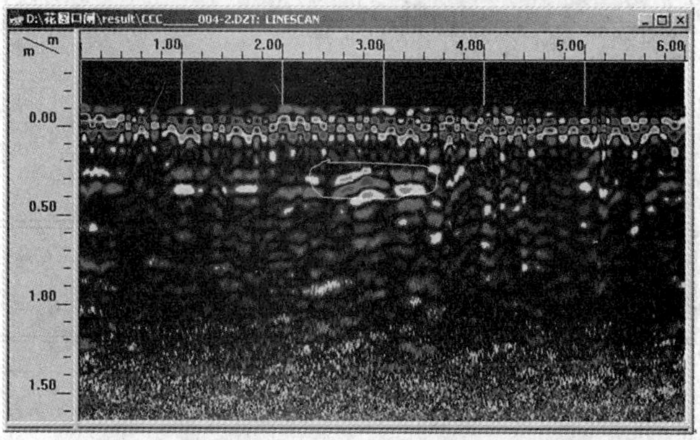

图2.14 断面CCC—004.DZT探地雷达检测信号图

图2.15 底板底部缺陷

(三)洞身段顶板

1. 外观质量检测

外观质量检测以目测为主,配合必要的量具进行,检测内容包括3孔顶板的外观质量。检测结果如下：

(1)顶板间伸缩缝处表面沥青玛琋脂脱落，钢板压橡皮毁坏，部分钢板弯曲变形、固定螺丝脱落，金属埋件锈蚀严重。

(2)洞身第一节、第二节顶板均有数条裂缝，裂缝的分布见图 2.16～图 2.18。

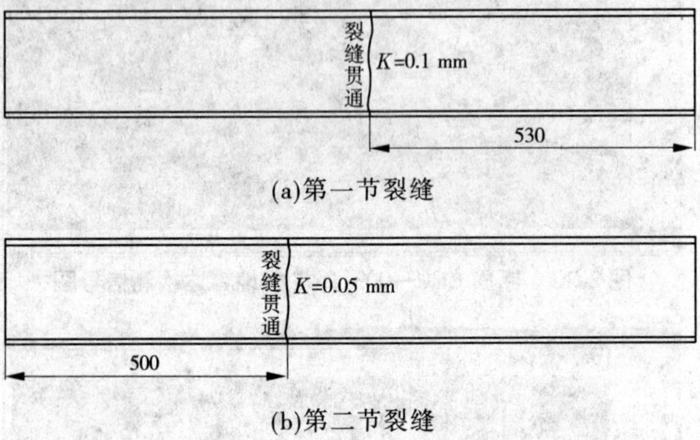

图 2.16　东边孔顶板裂缝分布　(单位:cm)

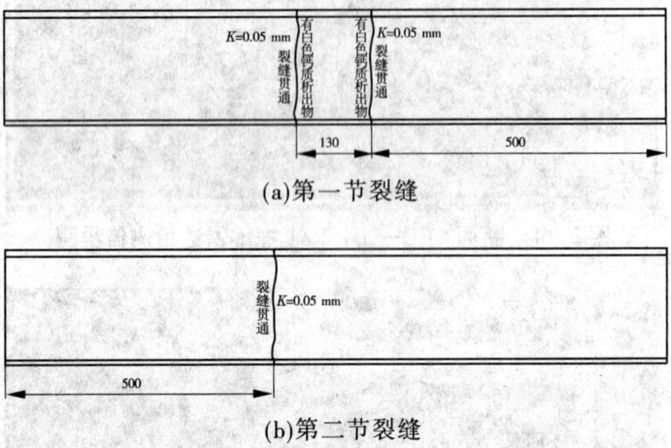

图 2.17　中孔顶板裂缝分布　(单位:cm)

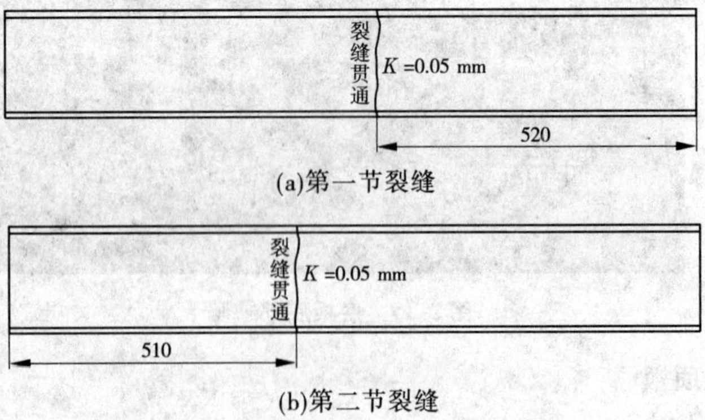

图 2.18　西边孔顶板裂缝分布　(单位:cm)

2. 混凝土强度检测

采用超声回弹综合法(平测)对东孔顶板混凝土抗压强度进行检测,每节布置回弹测区10个,检测结果见表2.36。

检测结果表明,第一节和第二节顶板混凝土(1955年所建)设计标号为140#,相当于现行规范的C12,第一节和第二节顶板混凝土推定强度均不满足设计要求;第三节至第八节顶板混凝土(1980年所建)设计标号为200#,相当于现行规范的C18,第三节至第八节顶板混凝土推定强度均满足原设计要求。

表2.36　洞身段东孔顶板混凝土抗压强度

部位	混凝土抗压强度换算值(MPa)			现龄期混凝土强度推定值(MPa)
	平均值	最小值	标准差	
第一节	13.7	11.3	1.37	11.5
第二节	15.2	11.1	2.52	11.0
第三节	49.2	46.3	1.76	46.3
第四节	54.1	45.6	4.89	46.1
第五节	51.4	46.6	2.06	48.1
第六节	46.7	41.7	3.21	41.4
第七节	44.4	41.7	1.81	41.4
第八节	45.3	36.0	5.78	35.8

3. 混凝土碳化深度检测和钢筋保护层厚度检测

顶板混凝土碳化深度和钢筋保护层厚度检测结果见表2.37。检测结果表明,碳化深度均小于钢筋保护层厚度,表明钢筋目前仍处于混凝土的碱性保护之中,不易锈蚀。

表2.37　洞身段顶板混凝土碳化深度 d_i 和钢筋保护层厚度 a_i 检测结果（单位:mm）

部位	项目	测区号					平均值
		1	2	3	4	5	
东孔顶板第一节	a_i	37	37	41	40	39	39
	d_i	4.5	4.0	2.0	3.0	3.5	3.4
部位	项目	测区号					平均值
		1	2	3	4	5	
东孔顶板第二节	a_i	35	37	39	39	38	38
	d_i	7.0	4.5	4.0	3.0	3.0	4.3
部位	项目	测区号					平均值
		1	2	3	4	5	
东孔顶板第三节	a_i	37	32	28	32	43	34
	d_i	2.0	2.0	2.0	1.5	2.0	2.0
部位	项目	测区号					平均值
		1	2	3	4	5	
东孔顶板第四节	a_i	31	41	32	39	36	36
	d_i	4.0	4.0	2.5	1.0	2.5	2.8

续表 2.37

部位	项目	测区号					平均值
		1	2	3	4	5	
东孔顶板 第五节	a_i d_i	41 2.5	43 1.0	43 2.0	44 2.0	41 2.0	42 2.0

部位	项目	测区号					平均值
		1	2	3	4	5	
东孔顶板 第六节	a_i d_i	40 1.0	41 1.0	41 1.0	42 1.5	42 1.0	41 1.0

部位	项目	测区号					平均值
		1	2	3	4	5	
东孔顶板 第七节	a_i d_i	34 0.5	36 0.5	34 0.5	37 1.0	37 1.5	36 0.8

部位	项目	测区号					平均值
		1	2	3	4	5	
东孔顶板 第八节	a_i d_i	38 0.5	35 0.5	31 0.5	37 1.0	30 0.5	34 0.6

4. 钢筋锈蚀度检测

对顶板的钢筋锈蚀度抽测了 2 个测区，布置了 50 个测点，检测结果见表 2.38。

表 2.38　洞身段顶板钢筋锈蚀度检测结果

孔 8 顶板(第三节)				孔 13 顶板(第五节)			
测点编号	测点电位(mV)	测点编号	测点电位(mV)	测点编号	测点电位(mV)	测点编号	测点电位(mV)
1	-121	14	-167	1	-162	14	-154
2	-184	15	-153	2	-159	15	-163
3	-167	16	-174	3	-173	16	-134
4	-189	17	-183	4	-184	17	-178
5	-192	18	-164	5	-162	18	-157
6	-166	19	-183	6	-175	19	-188
7	-148	20	-173	7	-186	20	-169
8	-183	21	-164	8	-168	21	-174
9	-174	22	-153	9	-196	22	-180
10	-192	23	-174	10	-185	23	-172
11	-146	24	-188	11	-173	24	-169
12	-173	25	-179	12	-163	25	-183
13	-185			13	-174		

检测结果表明，测点电位均大于 -200 mV，钢筋无锈蚀活动性或锈蚀活动性不确定，锈蚀概率为5%。

（四）出口拱桥

1. 外观质量检测

出口拱桥横梁有混凝土脱落、麻面、露筋、露石等现象（见图 2.19）。

图 2.19　出口拱桥横梁露筋、钢筋锈蚀

2. 混凝土抗压强度检测

出口拱桥横梁混凝土设计标号为200#，相当于现行规范的 C18，采用超声回弹综合法对其横梁混凝土抗压强度进行检测，每根横梁布置 10 个回弹测区。检测结果表明，出口拱桥横梁混凝土抗压强度推定值为 48.1～56.1 MPa，满足原设计要求（见表 2.39）。

表 2.39　出口拱桥混凝土抗压强度检测结果

部位	混凝土抗压强度换算值（MPa）			现龄期混凝土强度推定值（MPa）
	平均值	最小值	标准差	
中横梁	58.1	50.2	4.00	51.5
南侧横梁	61.9	56.8	3.50	56.1
北侧横梁	51.3	48.6	1.93	48.1

八、上游连接段检测

上游连接段包括上游两岸护坡及上游铺盖，检测内容包括外观质量与缺陷检测。

（一）上游护坡

上游护坡为浆砌石结构，上游两岸护坡块石间部分砂浆脱落，且砌缝较大；右岸护坡下部靠闸前部位有水渗出。

(二)上游铺盖

中孔和西孔闸前各有一片浆砌块石脱落，脱落面积(长×宽)分别为1.7 m×0.6 m、1.1 m×0.3 m；局部有块石凹陷现象(见图2.20)。

图2.20　闸前块石脱落情况

九、下游连接段检测

下游连接段包括下游两岸护坡、消力池、海漫等。检测内容包括外观质量与缺陷检测。

(一)下游护坡

下游护坡为浆砌石结构，下游两岸护坡外观质量良好，没有发现裂缝、块石风化和块石脱落等现象。砌块间砂浆饱满，未发现砂浆脱落现象。

(二)消力池、海漫

消力池外观质量良好未发现裂缝、凹陷等现象。

海漫上有一裂缝贯穿南北且冒水严重，块石凹陷且块石与块石结合部有砂浆脱落等现象。海漫平整度测量结果见表2.40。

表2.40　海漫平整度检测结果(平整度(mm/2m))

测区数	1	2	3	4	5	平均值
实测值	19	27	18	32	22	26.2
测区数	6	7	8	9	10	
实测值	25	25	18	28	28	
测区数	11	12	13	14	15	
实测值	31	33	26	28	33	

十、围护结构检测

××闸围护结构有上游侧混凝土护栏、下游侧混凝土护栏和机架桥护栏。检测结果如下：

(1)上游侧闸顶护栏(垂直于水流方向)共7节,每节护栏均有混凝土脱落、裂缝、露筋的现象,左边有2节缺失、右边有1节缺失；

(2)闸后顶部护栏有3节缺失,出口护栏局部有混凝土脱落、露筋、钢筋锈蚀等现象；

(3)机架桥护栏外观质量良好。

十一、启闭设备检测

根据SL101—94《水工钢闸门和启闭机安全检测技术规程》、DL/T835—2003《水利水电工程启闭机制造安装及验收规范》、GB50150—2006《电气装置安装工程电气设备交接试验标准》和SL214—98《水闸安全鉴定规定》的规定,对金属结构及电气设备进行安全检测。本次检测内容包括外观形态检测、电气检测及启闭机安全性能检测。检测仪器主要有:TH-140型里氏硬度计、钢卷尺等几何量检测器具,兆欧表、钳形电流表等。

(一)外观形态检测

以目测为主,配合必要的量具进行,检测内容主要包括机箱、机座、螺杆、电动机及手摇机构。检测结果如下：

(1)机座和机架桥梁结合紧密,符合要求；

(2)螺杆上存在杂质,建议清理、换油(见图2.21)；

(3)电动机型号已辨别不清,但已使用多年,建议更新；

(4)手摇机构运转灵活；

(5)中孔机座少一固定螺栓,机座断裂(见图2.22),其余完好。

图2.21 螺杆上杂质过多、油变质

图2.22 中孔机座断裂

(二)启闭机主要零部件性能检测

××闸启闭设备共3台,检测结果见表2.41,启闭机螺杆硬度检测结果见表2.42。

表 2.41 启闭机零部件性能检测结果

检测内容		性能要求	检测情况	检测结论
1	主要构件	不得有明显可见的连接缺陷和腐蚀、变形、开裂等缺陷	符合要求	正常
2	螺杆	(1)不得有裂纹及螺纹牙折断; (2)螺纹牙磨损、变形小于5%螺距; (3)外径母线直线度小于0.6/1 000,且小于杆长/4 000	符合要求	正常
3	螺杆硬度	各孔螺杆硬度见表2.42		
4	螺母	(1)不得有裂纹及螺纹牙折断; (2)螺纹牙磨损、变形小于5%螺距	中孔固定螺栓缺失1个	应增设
5	机箱、机座	(1)不得有裂纹; (2)运转时不漏油	中孔机座断裂	建议处理
6	齿轮	(1)应啮合平稳、良好,无裂纹、无断齿; (2)齿面无严重磨损或损伤(点蚀损坏小于啮合面的30%,点蚀深度小于原齿厚的10%,齿面磨损厚度小于原齿厚的15%)	符合要求	正常
7	高度限制器	(1)指示值误差≤5%; (2)上下极限限位开关能自动切断主回路并报警	自制高度指示器	无负荷控制器及高度限制器,动作不可靠,存在安全隐患,应增设
8	负荷控制器	(1)指示值误差≤5%; (2)负荷达到110%额定启闭力时能自动切断主回路并报警	已失去作用	
9	供电线路	(1)开关出线端不得连接与启闭机无关的用电设备; (2)在额定负荷时,电动机端子处的电压偏差为-10%~10%额定电压	无专门供电线路	建议增设
10	电路和保护	(1)总电源回路应设断路器或熔断器作短路保护; (2)在每个操作控制点应设有能切断总电源的紧急断电开关或其他分断装置	无接地装置	应增设

续表 2.41

检测内容		性能要求	检测情况	检测结论
11	电气设备	(1)电气设备的金属外壳、线管等均应可靠接地,金属结构体应采用接地保护或接零保护; (2)接地线不得用作载流零线; (3)对地绝缘电阻≥0.5 MΩ(潮湿环境中≥0.25 MΩ); (4)电气元件动作灵活,无黏滞、卡阻,触头接触良好、无严重烧灼; (5)电缆(线)护套无砸伤、刺破、龟裂老化现象; (6)所有电气设备应无异常发热	无接地装置;电动机型号已辨别不清	建议更新电动机
12	负荷试验(带闸门)	(1)传动零件运转平稳,无异常声音、发热和漏油现象; (2)手摇机构转动灵活,无卡阻现象; (3)超载及高度指示装置应指示正确、动作灵敏、安全可靠	无超载及高度指示装置,东孔启闭机启动时螺杆颤动	应增设、处理

表 2.42　启闭机螺杆硬度检测结果

部位	硬度实测值(HB)					硬度平均值(HB)
东孔	109	184	159	221	138	160
中孔	185	193	179	179	112	169
西孔	187	210	210	265	167	206

十二、钢闸门及附属结构

××闸闸门为钢闸门,采用梁板式结构,闸门外形示意图见图 2.23,根据 SL101—94《水工钢闸门和启闭机安全检测技术规程》的规定,闸门检测应包括外观检测、材料检测和无损探伤三项内容,其中外观检测为必须检测项目,外观检测主要包括外观形态检测和腐蚀状况检测两部分内容。

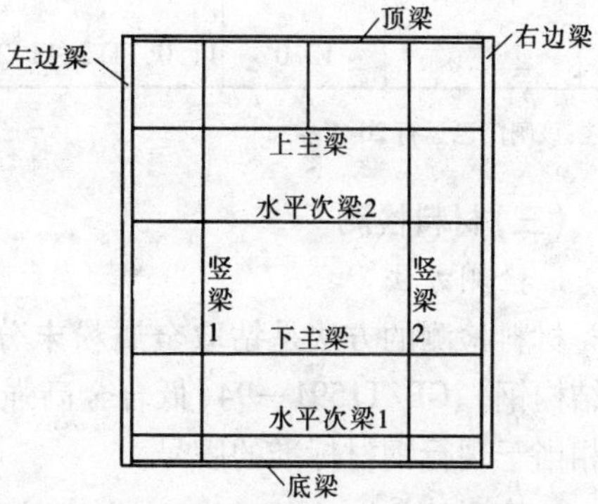

图 2.23　××闸闸门外形示意图

(一)外观形态检测

1. 检测方法

采用目测和拍照相结合的方法,配合必要的量具进行外观形态检测。

2. 检测结果

(1)未发现门叶结构有明显变形。

(2)门槽埋件及导轨锈蚀严重,导轨下部比上部锈蚀严重。东孔导轨厚度上部实测值为12.0 mm,下部实测值为7.5 mm、7.0 mm;中孔导轨厚度上部实测值为11.3 mm,中部实测值为7.0 mm、8.4 mm,下部实测值为6.0 mm。

(3)止水橡皮明显老化,且止水效果不好,有漏水现象。

(4)吊杆局部锈蚀。

(5)面板存在坑蚀现象,主要位于闸门的背水面。

(二)腐蚀状况检测

采用游标卡尺对东孔及西孔钢闸门的主梁及水平次梁的蚀余厚度进行检测,检测结果见表2.43。检测结果表明:①闸门各构件的平均腐蚀速率为0.008~0.035 mm/年,最大腐蚀速率为0.035 mm/年;②闸门各构件中没有发现严重锈蚀,总腐蚀面积在5%以下。

表2.43 闸门腐蚀状况检测结果

检测部位		理论厚度(mm)	实测蚀余厚度(mm)	平均蚀余厚度(mm)	腐蚀面积占百分比(%)	蚀坑面积(mm^2)	平均腐蚀速度(mm/年)
东孔钢闸门	水平次梁1	9.1	9.0,9.0,8.8	8.9	5%以下	无明显蚀坑和严重锈蚀部位	0.008
	下主梁	12.0	11.8,11.9,11.6	11.8	5%以下		0.008
	水平次梁2	9.1	8.7,8.6,9.0	8.8	5%以下		0.012
	上主梁	12.0	11.4,11.6,11.8	11.6	5%以下		0.015
西孔钢闸门	水平次梁1	9.1	8.8,9.0,8.8	8.9	5%以下		0.008
	下主梁	12.0	11.6,11.8,11.2	11.5	5%以下		0.019
	水平次梁2	9.1	8.9,8.7,8.8	8.8	5%以下		0.012
	上主梁	12.0	11.0,11.2,11.2	11.1	5%以下		0.035

注:该闸门已运行26年。

(三)材料检测

1. 检测方法

材料检测的方法是钻取金属粉末分析化学成分,再与现行钢材标准GB700—88《碳素结构钢》、GB/T1591—94《低合金高强度结构钢》进行比较,通过综合分析,确定所用材料相当于现行钢材标准的牌号。

2. 检测结果

××闸材料检测结果见表2.44、表2.45。

表 2.44　东孔钢闸门材料检测结果

序号	构件名称	主要化学成分(%)					近似材质评价
		C	Si	Mn	P	S	
1	上主梁翼板	0.20	0.44	1.60	0.015	0.030	Q345
2	上主梁腹板	0.13	0.33	1.59	0.028	0.023	Q345
3	下主梁翼板	0.15	0.38	1.48	0.012	0.014	Q345
4	下主梁腹板	0.18	0.41	1.60	0.019	0.016	Q345
5	纵梁翼板	0.20	0.36	1.49	0.019	0.019	Q345
6	纵梁腹板	0.14	0.40	1.61	0.023	0.017	Q345

表 2.45　西孔钢闸门材料检测结果

序号	构件名称	主要化学成分(%)					近似材质评价
		C	Si	Mn	P	S	
1	上主梁翼板	0.17	0.38	1.39	0.023	0.018	Q345
2	上主梁腹板	0.20	0.51	1.60	0.022	0.048	Q345
3	下主梁翼板	0.18	0.46	1.59	0.017	0.018	Q345
4	下主梁腹板	0.19	0.44	1.52	0.018	0.025	Q345
5	纵梁翼板	0.20	0.47	1.60	0.023	0.045	Q345
6	纵梁腹板	0.17	0.36	1.42	0.015	0.027	Q345

(四)无损探伤

利用 CTS2000 型金属超声波探伤仪对 3 孔钢闸门面板的对接焊缝进行检测,检测方法为超声检测(横斜波入射),探头采用 2.5P8×12K2.5,检测面为单面双侧,耦合剂为机油,检验等级为 B 级,检验灵敏度为 DAC－16 dB,表面补偿 6 dB。扫查方式为锯齿形扫查,探头最大扫查间距不大于 13 mm、最大扫查速度不大于 150 mm/s,探头扫查区域大于 100 mm。

现场检测及室内数据处理依据 GB/T11345—1998《钢焊缝手工超声波探伤方法和探伤结果分级》进行。检测结果见表 2.46。

表 2.46　钢闸门面板对接焊缝检测结果

焊缝位置	焊缝类别	探伤长度(mm)	探伤结果	内部缺陷评定等级	评定意见
东孔钢闸门	二类	1 500	无	BⅠ	合格
中孔钢闸门			无	BⅠ	合格
西孔钢闸门			无	BⅠ	合格

十三、观测设施

××闸沉降观测点东孔及西孔均已破坏，测压管已被土掩埋，已废弃。

十四、结论

(一) 闸室段

闸室段各构件外观质量总体较好，具体检测情况见表2.47；各构件混凝土性能检测见表2.48。

表2.47 闸室段各构件外观质量检测及评定

部位	检测结果	分布率	评定意见
闸墩	闸墩与洞身段第一节的伸缩缝处表面沥青玛琋脂脱落，钢板压橡皮毁坏，部分钢板弯曲变形、固定螺丝脱落，金属埋件锈蚀严重	80%	建议对止水进行处理
底板	表面沥青玛琋脂脱落，钢板压橡皮毁坏，部分钢板弯曲变形、固定螺丝脱落，金属埋件锈蚀严重	100%	建议对止水进行处理
顶板	与洞身段连接处表面沥青玛琋脂脱落，钢板压橡皮毁坏	100%	建议对止水进行处理
胸墙	外观质量良好		
工作桥	出现混凝土剥落、露筋及桥面板断裂现象，存在安全隐患	—	建议处理及更换桥面板

注：上述分布率指有问题的构件占同类总构件的百分数，下同。

表2.48 混凝土性能检测

测试部位	混凝土强度评定意见	保护层厚度(mm)		碳化深度(mm)		钢筋状态
		c	均方差	h	$h/c \geq 1$ 的测点百分数	
闸墩	满足	45.3	6.95	0.8	0	完好
底板	满足	54.8	9.37	1.7	0	完好
顶板	满足	35.2	3.65	2.5	0	完好
胸墙	中孔不满足 西孔满足	33.7	4.50	30.2	35	部分钢筋已失去钝化膜的保护，容易锈蚀
工作桥	满足	33.0	3.15	7.8	0	局部钢筋严重锈蚀

从上述检测结果看，××闸闸室段混凝土结构主要表现为外观质量上的缺陷，胸墙因为碳化深度较大，导致部分钢筋失去钝化膜的保护，建议加强这方面的养护。

(二) 洞身段

洞身段各构件具体检测情况见表2.49；各构件混凝土性能检测见表2.50。

表 2.49　洞身段各构件外观质量检测及评定

部位	检测结果	分布率	评定意见
侧墙	侧墙间的伸缩缝处表面沥青玛琋脂脱落，钢板压橡皮毁坏，部分钢板弯曲变形、固定螺丝脱落，金属埋件锈蚀严重	85%	建议对止水进行处理
	洞身第一节、第二节侧墙均有数条裂缝，裂缝走向基本上为竖向，上宽下窄。最大缝宽为 0.3 mm、最小缝宽为 0.05 mm，均已贯穿	100%	建议对裂缝进行处理
底板	各节间的伸缩缝处表面沥青玛琋脂脱落，钢板压橡皮毁坏，部分钢板弯曲变形、固定螺丝脱落，金属埋件锈蚀严重	100%	建议对止水进行处理
	东孔底板第二节离该节端部（上游侧）3.0 ~ 5.0 m 处约 0.3 m 深下方及 6.0 ~ 7.0 m 处约 0.27 m 深下方有缺陷；东孔底板第三节离该节端部（上游侧）3.5 ~ 4.4 m 处约 0.3 m 深下方有缺陷	—	建议处理
顶板	各节伸缩缝处表面沥青玛琋脂脱落，钢板压橡皮毁坏，部分钢板弯曲变形	100%	建议对止水进行处理
出口拱桥	横梁有混凝土脱落、麻面、露筋、露石等现象	—	建议处理

表 2.50　混凝土性能检测结果

测试部位	混凝土强度评定意见	保护层厚度 c（mm）	碳化深度（mm）		钢筋状态
			h	$h/c \geq 1$ 的测点百分数	
侧墙	第一、二节不满足，第三节至第八节满足	40.7 ~ 45.6	3.3 ~ 5.8（第一、二节）	0	完好
			0.4 ~ 0.6（第三节至第八节）		
底板	满足	83 ~ 155（部分构件钢筋不平直）	0.7	0	完好
顶板	第一、二节不满足，第三节至第八节满足	35.3 ~ 37.2	2.1 ~ 3.9（第一、二节）	0	完好
			0.9 ~ 1.4（第三节至第八节）		完好
出口拱桥	满足	—	—	—	—

（三）上游连接段

上游护坡块石间部分砂浆脱落，且砌缝较大；右岸护坡下部靠闸前部位有水渗出；中孔和西孔闸前各有一片浆砌块石脱落，脱落面积（长 × 宽）分别为 1.7 m × 0.6 m、1.1 m ×

0.3 m；局部有块石凹陷现象。

（四）下游连接段

（1）下游两岸护坡外观质量良好；

（2）消力池外观质量良好；

（3）海漫上有一裂缝贯穿南北且冒水严重，块石凹陷且块石与块石结合部有砂浆脱落等现象。

（五）围护结构

（1）××闸上、下游混凝土护栏均有混凝土脱落、裂缝、露筋且严重锈蚀的现象。

（2）机架桥护栏外观质量良好。

（六）启闭机及电气控制系统

中孔启闭机机座少一固定螺栓，机座断裂，其余完好。油长期未更换已变质，螺杆上存在杂质，东孔启闭机启动时螺杆颤动。

该闸无专门供电系统，闸门启闭时需人工接线，存在安全隐患。

（七）钢闸门及附属结构

3孔钢闸门无明显变形，门槽埋件及导轨锈蚀严重，导轨下部比上部锈蚀严重，止水橡皮明显老化，止水效果不好，有漏水现象；面板存在坑蚀现象，主要位于闸门的背水面；闸门主梁及次梁存在坑蚀现象，闸门各构件中没有发现严重锈蚀，总腐蚀面积在5%以下。无损探伤结果表明，闸门面板对接焊缝焊接质量较好，无明显缺陷。

（八）观测设施

××闸沉降观测点东孔及西孔第三节均已破坏，其余各节完好，测压管已被土掩埋，已废弃。

第三章　三义寨渠首闸工程复核计算分析报告

一、基本情况

三义寨渠首闸位于兰考县三义寨乡夹河滩村东头，相应大堤桩号 130+000，兴建于 1958 年，属开敞式闸。它的结构型式为钢筋混凝土结构，共分三联六孔，安装弧形钢闸门。每孔宽 12.00 m、高 8.00 m，建筑物总长 410.5 m，闸身长 21.5 m，宽 84.60 m。闸后有汽 13 t 交通桥。闸底板高程 66.50 m(黄海高程，下同)，闸底板下地基部分周围打有总长度达 235.1 m 的进口钢板桩。闸门上游喇叭口左岸为沉排及块石护坡工程，右岸为钢丝石笼护脚及块石护坡工程。设计流量 520 m^3/s。设计防洪水位 75.00 m。

三义寨渠首闸投入使用后，由于发生强烈震动，造成闸墩、闸底板、启闭机大梁出现裂缝 288 条，特别是闸底板出现严重裂缝 23 条。于 1974 年和 1990 年进行了两次改建加固。改建工程主要为 4 个项目：中联两孔弧形闸门改建成四孔，安装平板钢闸门 4 扇，增加小闸墩 2 个，改建相应闸门槽，边联四孔闸底坎加高 2.5 m；新建启闭机房，启闭设备更新；原交通桥加高 3 m，改为加载拱桥；以及闸底板灌浆加固。改建的主要目的是封堵边联四孔，拆除边联四孔弧形闸门的金属部分，保留中联四孔平板闸门。此次改建工程的主要项目包括：两边联弧形闸门拆除，闸室清淤；在原叠梁闸门槽处修建钢筋混凝土挡水墙，其后修中墩、支墩和牛腿；闸底板与阻滑板之间止水缝处理；启闭机房裂缝处理；闸室回填土及其他一些零星工程项目。设计流量 141 m^3/s，设计防洪水位 76.70 m。

二、工程现状及存在问题

三义寨渠首闸虽然经过两次大规模的改建加固，但工程仍存在诸多问题，主要表现在：

(1)无吊放防洪叠梁设备：三义寨渠首闸原吊放叠梁闸板是采用 20 世纪 50 年代的手摇绞车配用汽马车下盘吊入。该绞车多处损坏，制动销丢失，已报废无法使用，现无吊放防洪叠梁设备。

(2)闸底板裂缝：在两次改建中，对两边联闸底板上的 19 条裂缝并未处理，这些裂缝依然存在，且有贯穿发展趋势，此隐患对闸门安全度汛威胁极大。

(3)挡水墙渗水：1990 年改建的边联挡水墙，在闸前水位超过胸墙底部高程 74.00 m 时，挡水墙顶部部分地方漏水，与闸墩结合部也有不同程度的渗水。

(4)中联四孔平板钢闸门经过 12 年的运用，门叶锈蚀，漆面严重脱落，止水橡皮老化。闸门漏水严重，又加上行走轮不靠轨，导向装置不全，致使第 3 孔闸门倾斜而启闭不灵活。

(5)不均匀沉陷：根据近几年的沉陷位移观测资料分析，发现本闸发生明显的不均匀沉陷。一旦黄河出现大洪水，闸体在承受高水头压力下，不均匀沉陷将会加剧，这对闸体的平衡和稳定是极大的威胁。

(6)交通桥裂缝：交通桥两端引桥均出现横向裂缝，现仍有大吨位的载重车辆不断通过，裂缝不断发展。

因此，为确保工程防汛安全和灌溉效益的正常发挥，为主管部门对该闸下一步应对措施做出正确决策提供依据，对三义寨渠首闸工程现场安全性进行评价已势在必行。本报告即是根据新的水闸设计规范以及现场检测数据对三义寨渠首闸进行复核计算分析。

三、复核计算基本资料

（一）复核计算依据

（1）三义寨渠首闸工程安全评价委托书；

（2）三义寨渠首闸现场调查报告；

（3）三义寨渠首闸部分设计、加固设计图纸；

（4）三义寨渠首闸防洪预案；

（5）三义寨渠首闸现场安全检测报告；

（6）黄河下游现状临黄大堤过洪能力复核报告。

（二）适用的技术规范

（1）SL265—2001《水闸设计规范》；

（2）SL/T191—96《水工混凝土结构设计规范》；

（3）SL74 —95《水利水电工程钢闸门设计规范》；

（4）SL203 —97《水工建筑物抗震设计规范》；

（5）DL5077 —97《水工建筑物荷载规范》；

（6）SL214 —98《水闸安全鉴定规定》；

（7）《黄河下游水闸安全鉴定规定》（水利部黄河水利委员会 2002.8）；

（8）GB50021 —2001《岩土工程勘察规范》；

（9）GB5007 —2002《建筑地基基础设计规范》；

（10）GB50287 —99《水利水电工程地质勘察规范》；

（11）JTJ023 —85《公路钢筋混凝土及预应力混凝土桥涵设计规范》。

（三）主要参考资料

（1）《水力学》（河海大学出版社）；

（2）《建筑结构静力计算手册》（中国建筑工业出版社）；

（3）《水工钢筋混凝土结构学》（中国水利水电出版社）；

（4）《水工建筑物》（河海大学出版社）。

（四）原设计情况

三义寨渠首闸闸基坐落在粉砂和极细砂为主的软土地基上，是 1958 年建成的大型开敞式水闸，属一级水工建筑物。相应大堤桩号 130 +000，结构型式为钢筋混凝土结构，共分三联六孔，每两孔为一联。每孔宽 12 m，闸总宽 84.6 m。闸墩高 10.5 m，最高处 12.8 m。闸底板长 21.5 m，上游引水渠长 152 m，闸前防冲槽长 11 m，其后设有 59.5 m 防渗黏土铺盖以混凝土砌石护面（在铺盖下设有 25 m 厚的钢筋混凝土阻滑板），下游消力池长 16 m，浆砌块石海漫长 40 m，干砌块石海漫长 35 m，防冲槽长 15 m，渐变渠长 60 m。闸底板下地基部分，周围打有总长度达 235.1 m 的进口钢板桩。闸门上游喇叭口左岸为沉排及块石护坡工程,右岸为铅丝石笼护脚及块石护坡工程。墩顶设有装配式闸前修理桥,闸上工作桥,闸后有汽13 t交通桥,桥两边有1 m宽的人行道及安全栏杆。该闸设计正常引水流量520 m^3/s。因工程质量不好,先后经过两次大规模的改建加固,原设计基本情况及改建后的设计情况见表3.1。

表3.1 三义寨渠首闸工程设计概况

项目			兴建 1958年	改建 1974年	改建 1990年
建筑物级别			一级	一级	一级
水基准面			黄海	黄海	黄海
闸身规模	孔数		6	8	4
	每孔高(m)		8	中联4.5　边联4.0	4.5
	每孔宽(m)		12	中联4.8　边联12.0	4.8
	闸身长度(m)		21.5	21.5	21.5
	建筑物总长(m)		410.5	198	198
闸门结构	结构型式		弧形钢闸门	边联弧形钢闸门 中联平板钢闸门	平板钢闸门
	尺寸(m)	高	8	边联4.0　中联4.5	4.5
		宽	12	边联12.0　中联4.8	4.8
		厚		10 mm	10 mm
启闭机	启闭形式		手摇电动两用	边联两用　中联电动	电动
	启闭能力(t)		80	边联80　中联30	30
各部位高程(m)	闸底		66.50	边联69.00　中联68.50	68.50
	闸顶		79.30	边联80.50　中联83.00	83.00
	堤顶		77.00	80.50	80.50
	胸墙底			边联72.00　中联73.00	73.00
	胸墙顶			边联82.30　中联78.30	78.30
设计流量(m^3/s)			520	300	141
加大设计流量(m^3/s)			1 500		
设计水位(m)	闸前		70.15	71.10	71.28
	闸后		69.80	70.70	70.98
	防洪		75.00	76.7	76.70
	校核水位		76.00	77.70	77.70
	最高运用水位		73.54	73.54	73.54
工程造价(万元)			532	165	72.5
开工时间			1958.3.2	1974.4.1	1990.12.1
竣工时间			1958.8.14	1976.12.31	1991.6.1

（五）建筑物级别

三义寨渠首闸位于黄河大堤上，黄河大堤属Ⅰ等工程，该闸为穿堤建筑物，按GB50201—94《防洪标准》的规定，三义寨渠首闸为Ⅰ级水工建筑物。

（六）地震烈度

根据国家地震局1990年颁布的1:400万《中国地震烈度区划图》，本场地为Ⅵ度地震区，按照《水工建筑物抗震设计规范》规定，三义寨渠首闸设计烈度提高1度，为Ⅶ度。

（七）校核计算控制指标

设计引水量为141 m^3/s；设计防洪水位76.7 m，校核水位77.7 m。上下游正常水位：闸前渠道水位71.28 m，闸后渠道水位70.98 m。

（八）基本资料

根据现场安全检测结果，建筑物各部位混凝土强度都比较高，因而各部位混凝土都按原设计标号，见表3.2。

表3.2　建筑物各部位混凝土强度等级

机架桥	闸墩	闸底板	胸墙
C20	C15	C15	C15

水闸设计规范规定的允许值见表3.3、表3.4。

表3.3　抗滑稳定安全系数和地基应力不均匀系数

荷载组合	基本组合	特殊组合1	特殊组合2
地基应力不均匀系数	1.5	2.0	2.0
抗滑稳定安全系数	1.35	1.20	1.10

表3.4　渗流允许坡降

地基类别	水平段	出口段
粉砂	0.05～0.07	0.25～0.30

注：出口设有反滤层，允许渗流坡降值可加大30%。

四、复核计算成果及分析评价

（一）防洪标准复核

根据黄委勘测规划设计研究院1999年7月所完成的《黄河下游现状临黄大堤过洪能力复核报告》，三义寨渠首闸闸址（130+000）处的2000年设计防洪水位为75.457 m；按工程还有30年的运用期，每年水位平均升高率为0.126 m，并考虑小浪底水库有10年的减淤作用，则可得到设计防洪水位为76.72 m。

该闸原设计防洪水位76.70 m，校核防洪水位77.70 m，因此防洪标准能够满足要求。

（二）水闸过流能力计算

根据三义寨渠首闸管理处制定的2002年《防洪预案》，原闸改建后设计过流量141 m^3/s，相应的闸前及闸后水位分别为71.28 m和70.98 m。闸门前底板高程66.5 m，闸门后底板高程改建时加高了2 m为68.5 m。该闸自最后一次改建，经过十多年的运用，泥沙淤积问题严重，淤积泥沙达数米厚，严重影响过流能力。本次计算按闸前泥沙淤积2.0

m 计，淤后高程与加高后闸底板顶部齐平。

该闸为平底多孔闸，闸门全开时水流形态为堰流。堰顶宽与堰上水深之比为 $\frac{\delta}{H}=0.76$，应按如下梯形实用堰公式计算其过流能力：

$$Q=\sigma\varepsilon m\sqrt{2g}B_0H_0^{\frac{3}{2}} \tag{3-1}$$

式中：Q 为过闸流量，m^3/s；B_0 为闸孔总净宽，m，$B_0=19.2$ m；H_0 为计入行进流速水头的堰上水深，m，本次计算忽略行进流速，$H_0=2.78$ m；m 为堰流流量系数，查《水力学》表 10-3 取 $m=0.33$；σ 为堰流淹没系数，查《水力学》图 10-10 取 $\sigma=0.815$；ε 为堰流侧收缩系数，对于闸墩墩头为圆弧形：$\varepsilon=1-0.2[(n-1)\zeta_0+\zeta_k]\frac{H_0}{nb_0}$；$b_0$ 为闸孔单孔净宽，m，$b_0=4.8$ m；n 为闸孔数，$n=4$；ζ_0 为闸墩系数，查《水力学》表 10-1 取 $\zeta_0=0.46$；ζ_k 为边墩系数，查《水力学》表 10-2 取 $\zeta_k=0.7$。

经计算得，$Q=99.7\ m^3/s<141\ m^3/s$，实际泥沙淤积更深，故该闸过流能力已不能满足要求。

（三）消能防冲计算

消能防冲计算控制条件：按最高运用水位 73.54 m 计算。

1. 出口水流衔接形式的判别

涵洞出口水流的衔接形式，可通过下游水深 h_t 与出口后收缩水深 h'_c 的共轭水深 h''_c 进行比较来判别：

（1）当 $h''_c>h_t$ 时，为远驱式水跃；

（2）当 $h''_c=h_t$ 时，为临界式水跃；

（3）当 $h''_c<h_t$ 时，为淹没式水跃。

若为远驱式水跃，必须采取工程措施，强迫水流发生临界或稍有淹没的水跃。

水闸过流量仍按式（3-1）计算。在最高运用水位 73.54 m 条件下，$\sigma=0.55$、$\varepsilon=0.907$、$m=0.33$、$H_0=4.04$ m。计算得 $Q=113.7\ m^3/s$。

收缩断面水深 h'_c 及其跃后水深 h''_c 根据如下公式计算：

$$T_0=h'_c+\frac{aq^2}{2g\varphi^2h'^2_c} \tag{3-2}$$

$$q=\frac{Q}{B} \tag{3-3}$$

$$v_c=\frac{Q}{Bh'_c} \tag{3-4}$$

$$Fr_c^2=\frac{v_c^2}{gh'^2_c} \tag{3-5}$$

$$h''_c=\frac{h'_c}{2}(\sqrt{1+8Fr_c^2}-1) \tag{3-6}$$

式中：T_0 为以出口池底为基准面的上游总水头，m，$T_0=8.54$ m；q 为水流出闸单宽流量，$m^3/(s\cdot m)$；h'_c 为收缩断面水深，m；v_c 为收缩断面流速，m/s；Fr_c 为收缩断面弗劳德数；h''_c

为收缩水深的跃后水深,m。

经计算得,$h''_c = 3.54$ m $< h_t = 8.24$ m,发生淹没式水跃,因此不需设专门的消能设施。原设计消力池长 16 m,因而能够满足要求。

2. 海漫计算

海漫长度按下式计算:

$$L_p = K_s\sqrt{q_s\sqrt{\Delta H'}} \tag{3-7}$$

式中:L_p 为海漫长度,m;K_s 为海漫长度计算系数,视土质而定,本工程为粉砂地基,取 $K_s = 15$;q_s 为消力池末端单宽流量,$m^3/(s \cdot m)$,$q_s = \frac{Q}{B'}$,B' 为下游平均水面宽度,m;$\Delta H'$ 为上下游水位差,m。

经计算得,$L_p = 13.3$ m,实际海漫长度为 75 m,能够满足要求。

(四)闸室渗流稳定复核计算

1. 闸基防渗排水布置分析

根据三义寨渠首闸 1990 年改建后的竣工资料,该闸基础防渗措施有:闸前 59.5 m 长的防渗铺盖和 21.5 m 长的闸室底板长度;铺盖上游端部设 6 m 深的木板桩,闸室底板上、下游端部分别设 9 m 深的钢板桩。

水闸地基为粉砂地基,按 SL265—2001《水闸设计规范》中渗径系数法初估基础防渗轮廓线长度,即:

$$L = C\Delta H \tag{3-8}$$

式中:L 为基础防渗轮廓线长度,m;ΔH 为上、下游水位差,m;C 为渗径系数。

在设计防洪水位下,其上下游水位差为 $\Delta H = 11.7$ m,渗径系数 $C = 9 \sim 13$,基础防渗长度应为 105.3 ~ 152.1 m。原设计 $L = 110$ m,基本满足要求。

综上所述,原闸防渗排水布置满足要求。

2. 闸基渗流稳定计算

计算方法采用 SL265—2001《水闸设计规范》中的改进阻力系数法。

(1)土基上水闸的地基有效深度按如下公式计算:

当 $\frac{L_0}{S_0} \geqslant 5$ 时
$$T_e = 0.5L_0 \tag{3-9}$$

当 $\frac{L_0}{S_0} < 5$ 时
$$T_e = \frac{5L_0}{1.6\frac{L_0}{S_0} + 2} \tag{3-10}$$

式中:T_e 为土基上水闸的地基有效深度,m;L_0 为地下轮廓的水平投影长度,m,$L_0 = 81$ m;S_0 为地下轮廓的垂直投影长度,m,$S_0 = 13.7$ m。

因 $\frac{L_0}{S_0} = 5.9 > 5$,故 $T_e = 0.5L_0 = 40.5$ m。

(2)分段阻力系数采用如下公式计算:

进出口段:
$$\xi_0 = 1.5\left(\frac{S}{T}\right)^{3/2} + 0.441 \tag{3-11}$$

内部垂直段：

$$\xi_y = \frac{2}{\pi}\ln\cot\frac{\pi}{4}\left(1 - \frac{S}{T}\right) \tag{3-12}$$

水平段：

$$\xi_x = \frac{L_x - 0.7(S_1 + S_2)}{T} \tag{3-13}$$

式中：ξ_0、ξ_y、ξ_x 分别为进出口段、内部垂直段、水平段的阻力系数；S 为齿墙或板桩的入土深度，m；T 为地基有效深度或实际深度，m；L_x 为水平段的长度，m；S_1、S_2 分别为进出口段齿墙或板桩的入土深度，m。

三义寨闸分段计算结果如下：

铺盖上游端垂直段　$S = 8.2$ m，$T = 40.5$ m；

铺盖水平段　$L = 59.5$ m，$S_1 = 8.2$ m，$S_2 = 0$ m，$T = 40.5$ m；

底板上游端垂直段　$S = 11.8$ m，$T = 40.5$ m；

底板水平段　$L = 21.5$ m，$S_1 = 11.8$ m，$S_2 = 10$ m，$T = 40.5$ m；

底板下游端垂直段　$S = 10$ m，$T = 40.5$ m；

进出口段　$S = 10$ m，$T = 40.5$ m；

经计算得以上各部分阻力系数：$\xi_{1y} = 0.206$，$\xi_{1x} = 1.327$，$\xi_{2y} = 0.302$，$\xi_{2x} = 0.154$，$\xi_{3y} = 0.253$，$\xi_0 = 0.625$。

（3）各分段水头损失按下式计算：

$$h_i = \frac{\xi_i}{\sum \xi_i}\Delta H \tag{3-14}$$

经计算得，铺盖上游端垂直段，$h_{1y} = 0.84$ m；铺盖水平段，$h_{1x} = 5.42$ m；底板上游端垂直段，$h_{2y} = 1.23$ m；底板水平段，$h_{2x} = 0.63$ m；底板下游端垂直段，$h_{3y} = 1.03$ m；进出口段，$h_0 = 2.55$ m。

（4）各分段水头损失值的局部修正。进出口段修正后的水头损失值按下式计算：

$$h_0' = \beta' h_0 \tag{3-15}$$

$$\beta' = 1.21 - \frac{1}{\left[12\left(\frac{T'}{T}\right)^2 + 2\right]\left(\frac{S'}{T} + 0.059\right)} \tag{3-16}$$

式中：h_0'为进出口段修正后水头损失值，m；h_0 为进出口段水头损失值，m；β'为阻力修正系数，当计算的 $\beta' \geq 1.0$ 时，采用 $\beta' = 1.0$；S'为底板埋深与板桩入土深度之和，m，$S' = 13.7$ m；T'为板桩另一侧地基透水层深度，m，本工程中，$T' = 35.8$ m。

经计算得，$\beta' = 0.989$，则 $h_0' = 2.52$ m。

修正后水头损失的减小值 $\Delta h = (1 - \beta')h_0$，计算得 $\Delta h = 0.03$ m。

对于水平段及内部垂直段水头损失值的修正，因底板水平段 $h_{2x} = 0.63\ \text{m} > \Delta h$，故内部垂直段水头损失值可不加修正，水平段的水头损失值按下式修正：

$$h_{2x}' = h_{2x} + \Delta h \tag{3-17}$$

经计算得 $h_{2x}' = 0.66$ m。

各分段水平段水头损失之和为 $h_x = 6.08$ m。

（5）闸基渗透稳定计算。水平段及出口段渗流坡降值按下式计算：

水平段 $$J_x = \frac{h'_x}{L_x} \tag{3-18}$$

出口段 $$J_0 = \frac{h'_0}{S'} \tag{3-19}$$

式中：J_x、J_0 分别为水平段和出口段的渗流坡降值；h'_x、h'_0分别为水平段和出口段的水头损失值，m。

经计算得 $J_x = 0.08$，$J_0 = 0.18$。

查 SL265—2001《水闸设计规范》表 6.0.4 得水平段和出口段的允许渗流坡降值分别为[J_x] = 0.05 ~ 0.07、[J_0] = 0.25 ~ 0.30。出口设有反滤层，允许渗流坡降值可加大30%，分别为[J_x] = 0.065 ~ 0.091 和[J_0] = 0.325 ~ 0.39。故本工程闸基的出口段和水平段渗流坡降值均满足规范要求。

闸室渗透稳定计算成果见表 3.5。

表 3.5 闸室渗透稳定计算成果

计算结果	进出口段	内部垂直段	水平段
阻力系数	0.625	0.761	1.481
水头损失(m)	2.55	3.10	6.05
水头损失修正(m)	0.03	—	0.03
修正后水头损失(m)	2.52	5.96	6.08
渗流坡降	0.18	—	0.08
允许渗流坡降	0.325 ~ 0.390	—	0.065 ~ 0.091

渗透压力如图 3.1 所示。

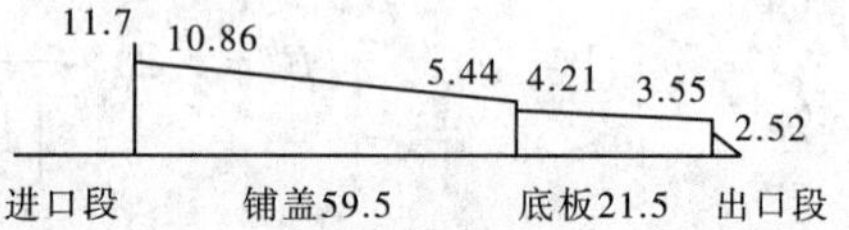

图 3.1 闸基渗透压力分布图 （单位：m）

（五）闸室稳定复核计算

1. 基本数据

（1）建筑物等级：一级水工建筑物；

（2）设计洪水位 76.70 m，校核洪水位 77.70 m；

（3）闸室基底面与地基之间的摩擦系数为 0.4；

（4）上游闸底板高程 66.50 m，下游闸底板高程 65 m；

（5）浑水容重：12 kN/m^3；

（6）启闭机自重：200 kN × 4；

（7）地基承载力：100 ~ 150 kPa；

（8）地震烈度：Ⅶ度；

（9）地震加速度分布系数（α）：底板 1.0、闸墩 1.5、闸墩以上 3.5；

（10）力的符号规定：竖直力向下为正、向上为负，水平力向下游为正，向上游为负；

（11）弯矩符号规定：顺时针为正，逆时针为负。

2. 荷载组合

按照 SL265—2001《水闸设计规范》要求，将荷载组合分为基本组合和特殊组合两类，基本组合的计算为设计洪水位，特殊组合的计算情况为校核洪水位和设计洪水位 + 地震情况两种。各种情况的荷载计算均依据闸门现状。其荷载组合见表 3.6。

表 3.6 计算工况及荷载组合

荷载组合	计算工况	水位		荷载				
		闸前(m)	闸后(m)	自重	水重	闸前静水压力	扬压力	地震惯性力
基本组合	设计洪水位	76.70	65	√	√	√	√	
特殊组合	校核洪水位	77.70	65	√	√	√	√	
	设计 + 地震	76.70	65	√	√	√	√	√

3. 计算方法

根据 SL265—2001《水闸设计规范》，土基上的闸室稳定计算应满足下列要求：

(1) 在各种计算情况下，闸室平均基底应力不大于地基允许承载力，最大基底应力不大于地基允许承载力的 1.2 倍；

(2) 闸室基底应力的最大值与最小值之比在基本组合情况下不大于 1.5，在特殊组合情况下不大于 2.0；

(3) 沿闸室基底面的抗滑稳定安全系数在基本组合情况下不小于 1.35，在特殊组合情况下不小于 1.20 和 1.10。

根据 SL265—2001《水闸设计规范》，对于结构和受力都对称单元，闸室基底应力按下式计算：

$$P_{\substack{max\\min}} = \frac{\sum G}{A} \pm \frac{\sum M}{W} \tag{3-20}$$

式中：P_{max}、P_{min} 分别为闸室基底应力的最大值和最小值，kPa；$\sum G$ 为作用在闸室上的全部竖向荷载（包括扬压力，kN）；$\sum M$ 为作用在闸室上的竖向和水平荷载对基础底面垂直水流方向形心轴的力矩（kN·m）；A 为闸室基底面的面积，m^2；W 为闸室基底面对于该底面垂直水流方向的形心轴的截面矩，m^3。

根据 SL265—2001《水闸设计规范》，闸室抗滑稳定安全系数计算公式为：

$$K_c = \frac{\tan\phi_0 \sum G + C_0 A}{\sum H} \tag{3-21}$$

式中：K_c 为沿闸室基底面的抗滑稳定安全系数；$\sum H$ 为作用在闸室上的全部水平向荷载，kN；ϕ_0 为闸室基础底面与土质地基之间的摩擦角(°)；C_0 为闸室基底面与土质地基之间的黏结力，kPa。

4. 复核计算成果

根据以上计算内容，计算结果见表 3.7 及表 3.8。

表 3.7　闸室基底应力计算结果

荷载组合	计算工况	指标	计算结果	规范要求
基本组合	设计防洪水位(m)	P_{max}	123.97	<180　(150×1.2)
		$(P_{max}+P_{min})/2$	90.58	<150
		P_{max}/P_{min}	2.17	<1.5
特殊组合	校核防洪水位(m)	P_{max}	114.48	<180　(150×1.2)
		$(P_{max}+P_{min})/2$	87.25	<150
		P_{max}/P_{min}	1.91	<2.0
	设计+地震(m)	P_{max}	130.03	<180　(150×1.2)
		$(P_{max}+P_{min})/2$	90.58	<150
		P_{max}/P_{min}	2.54	<2.0

表 3.8　抗滑稳定计算成果

计算结果	设计防洪水位(m)	校核防洪水位(m)	设计+地震(m)
抗滑稳定安全系数计算值	1.25	1.20	1.09
规范要求	>1.35	>1.20	>1.10

复核计算表明:在基底应力方面,原设计资料给出的地基承载力为 100 ~ 150 kPa,如按 100 kPa 计,则设计和校核工况的地基承载力不能满足要求;如按 150 kPa 计,各种工况下的地基承载力均能满足要求。

校核工况下基底应力不均匀系数满足要求,设计和地震工况基底应力不均匀系数不能满足要求。

在抗滑稳定方面,设计工况和地震工况均不能满足要求。校核工况刚好满足规范要求。

(六)结构配筋复核分析

1. 边联挡水墙的校核

在 1990 年的改造中,4 个边联都增加了混凝土的挡水墙及中墩、支墩,挡水墙的顶部高程为 73.15 m,增加中墩高程为 72.70 m,支墩高程为 69.00 m。墙体采用 C20 混凝土、Ⅱ级钢筋。

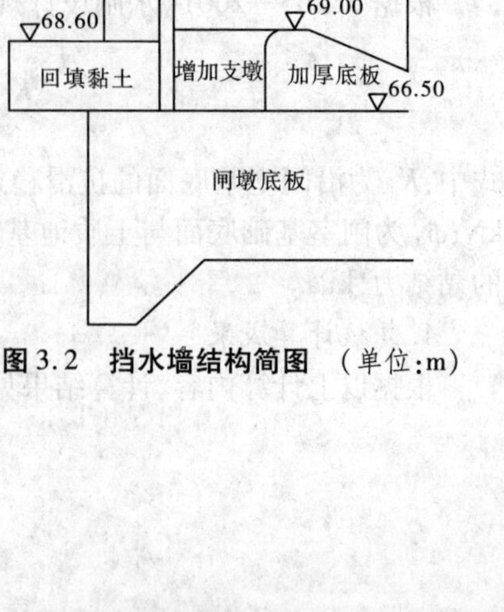

图 3.2　挡水墙结构简图　(单位:m)

由于在胸墙前高程 68.60 m 以下为回填黏土,基本上已与支墩持平,因此不再考虑这部分的水压力,其结构见图 3.2。起支撑作用的只有增加的中墩及牛腿,按两跨连续梁计算,计算简图见图 3.3,内力图见图 3.4。计算条取高程 70.50 m,其荷载、内力、配筋情况见表3.9。

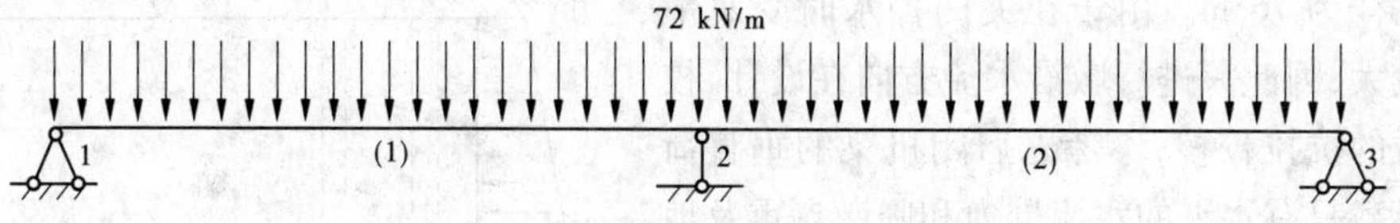

图3.3　边联挡水墙的计算简图

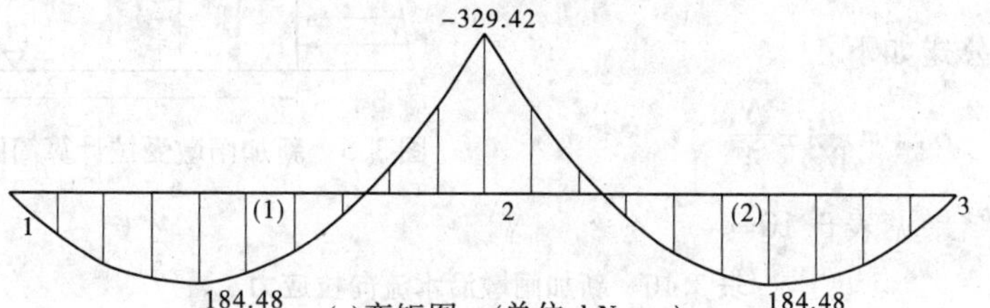

(a)弯矩图　(单位:kN·m)

(b)剪力图　(单位:kN)

图3.4　边联挡水墙的内力弯矩、剪力图

表3.9　挡水墙荷载、内力、配筋

工况	部位	均布荷载(kN/m)	M_{max}(kN·m)	Q_{max}(kN)	需要配筋面积 A_s(mm^2)	配筋率 ρ(%)	实际配筋率 ρ(%)	是否满足要求
设计水位	跨中	72	184.5	0	1 874.8	0.457	0.478	满足
	支座	72	329.4	272.3	3 599.9	0.878	0.711	不满足
校核水位	跨中	82	210.1	0	2 160.0	0.527	0.478	不满足
	支座	82	375.2	310.1	4 213.6	1.028	0.711	不满足

注:跨中剪力位置为对应的弯距最大处。

从校核可看出,挡水墙的厚度过小,导致配筋率很大。原配筋只有在设计水位的跨中部位能够满足配筋要求,在支座处及校核工况下的跨中支座钢筋都不够。

2. 中墩间新加闸墩的校核

在1974年改造后,3个工作中墩间添加了两个小墩,由原来的2个弧形闸门变成4个平板闸门,现对添加的小墩进行校核。

新加闸墩宽1.4 m、长12 m,顶部高程与老闸墩一样为76 m。由于在关门挡水时受水平推力较大,因此只进行墩沿水流方向在设计、校核水位的抗拉校核,不考虑启闭机梁的垂直荷载。荷载只有水平的水流推力和闸墩自重及地震作用下的动水压力、地震惯性力,计算简图见图3.5。

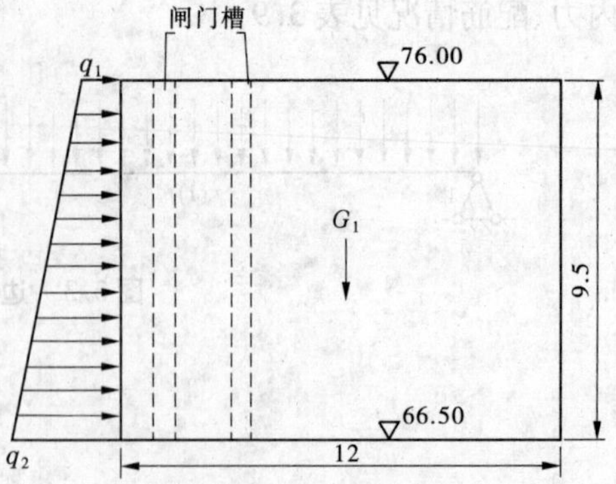

图3.5 新加闸墩受拉计算简图 (单位:m)

应力计算公式如下:

$$\sigma_{\substack{\max \\ \min}} = \frac{m}{Wz} \pm \frac{N}{A}$$

应力计算结果见表3.10。

表3.10 新加闸墩沿水流向拉应力

工况	荷载(kN/m)		G_1 (kN)	M (kN·m)	$\sigma_{\max}$ (kN/m²)	$\sigma_{\min}$ (kN/m²)	混凝土允许拉应力 (kN/m²)
	q_1	q_2					
设计水位	7	102	3 990	8 375.2	736.0	261.0	900
校核水位	17	112	3 990	10 541.2	865.0	390.0	900
设计加地震	7	102	3 990	9 518.8	804.1	329.1	900

从复核结果来看,在三种工况下闸墩前端都产生了拉应力,最大拉应力在校核水位时,为390.0 kN/m²,小于混凝土的允许抗拉强度,因此原闸墩按构造配筋能够满足要求。

在门槽上底板以下承受水平推力的实际面积为4.5 m×0.4 m,水平水推力为在设计水位时 P_1 = 1 285.2 kN、校核水位 P_2 = 1 501.2 kN;按轴心受拉计算,设计水位时混凝土能够承受全部的拉应力,在校核水位下需要配置Ⅰ级钢筋面积 A_s = 864 mm²,因此原设计按钢筋承受全部受拉应力配筋能够满足要求。

3. 胸墙的配筋校核

胸墙底部高程为73.00 m,顶部高程为78.3 m,厚0.5 m,净跨5.3 m,支于老墩预留的胸墙槽内,胸墙采用C20混凝土、Ⅰ级钢筋。

胸墙的内力计算按多跨简支梁计算,计算简图见图3.6。荷载为设计及校核工况下的水压力,其荷载、内力、配筋见表3.11。

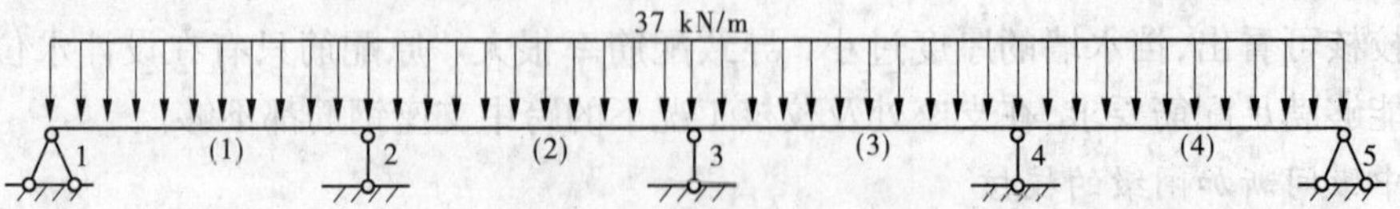

图3.6 胸墙内力计算简图

表 3.11 胸墙荷载、内力、配筋

工况	部位	均布荷载（kN/m）	M_{max}（kN·m）	Q_{max}（kN）	需要配筋面积 A_s（mm^2）	配筋率 ρ（%）	实际配筋率 ρ（%）	是否满足要求
设计水位	跨中	37	80.2	0	1 020.0	0.222	1.17	满足
	支座	37	111.4	119.1	1 430.6	0.311	0.069	不满足
校核水位	跨中	47	101.9	0	1 304.7	0.284	1.17	满足
	支座	47	141.5	151.3	1 834.6	0.399	0.069	不满足

分析胸墙的结构配筋，在1974年改造的时候在两个中墩各添加了新墩，使胸墙由原来的跨度10 m多缩短为5.3 m，原来的跨中位置变为现在支座处。在现在的跨中位置由于跨度的缩短其内力比原设计的大大减小，因此原有的配筋能够满足要求；但现在中间支座处临水面受的弯距增加很大，原来在这部位是按构造配筋的，故远不能满足实际的内力要求。

4. 中墩底板的复核

在1974年的改造中，中墩底板加厚了2.0 m，现取单宽条对底板的受力进行校核。

底板的荷载主要有自重、边墩中墩传下来的荷载、水重、扬压力、浮托力、地基反力等，荷载基本上与计算基底应力时的一致。计算底板的内力本应按弹性地基梁法，但考虑到这个水闸经过多次改建结构比较复杂，并且根据以往的计算经验经过弹性地基梁法修正后的基底反力与修正前的基底反力差别不大，于是就采用地基不均匀应力计算的结果作为底板地基梁的荷载，单宽条取原底板厚2.4 m，荷载取基底反力的最大值，内力的计算模型见图3.7，计算结果见表3.12。

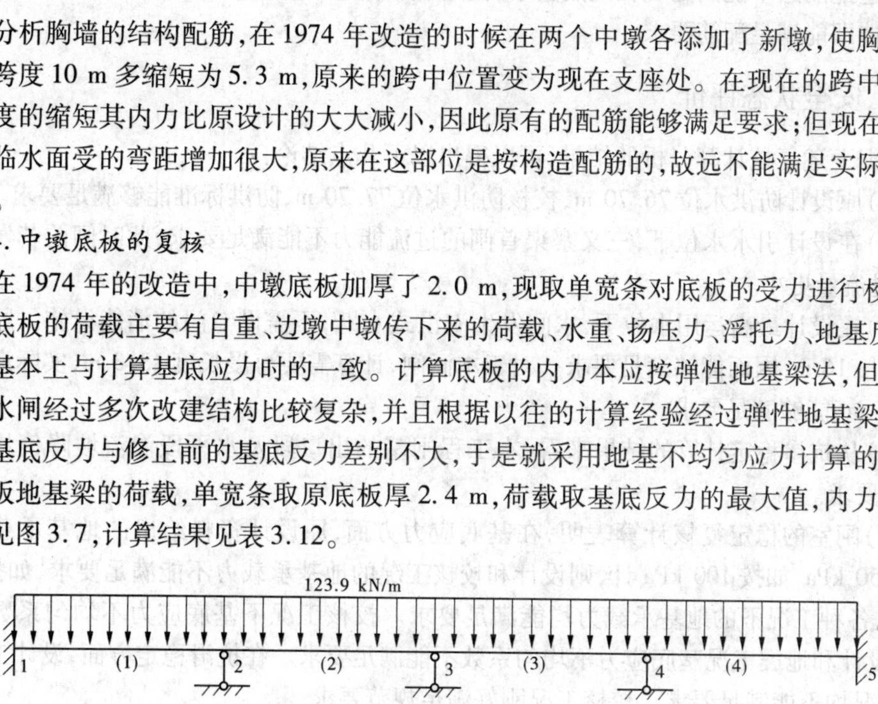

图 3.7 中墩底板内力计算简图

表 3.12 中墩底板荷载、内力、配筋

工况	部位	均布荷载（kN/m）	M_{max}（kN·m）	N_{max}（kN）	需要配筋面积 A_s（mm^2）	配筋率 ρ（%）
设计水位	跨中	123.9	145.1	0	351.9	0.015
	支座	123.9	290.1	328.3	704.6	0.030
校核水位	跨中	114.5	134.1	0	325.2	0.014
	支座	114.5	268.1	303.5	651.0	0.028
地震工况	跨中	130.1	152.3	0	369.4	0.016
	支座	130.1	304.6	344.8	740.0	0.031

表3.12 的计算结果显示：由于原底板厚度达 2.4 m，因此在计算 3 种工况中需要的配筋面积都不是很大，在构造配筋下都能达到内力要求；这也表明，在原来底板产生的裂缝与基底应力关系不大，其主要原因还在于以前闸门处的振动和整个闸体的不均匀沉陷。

5. 结论

在水闸的结构复核计算中由于资料不全，因此主要针对 1974 年和 1992 年改造的部位进行校核，从校核的几个构件来看：添加的挡水墙原设计时内力偏小，导致配筋不够，缺筋最大达 31%；新加的闸墩在沿水流向受拉及闸门槽上受力配筋都能满足；增加闸墩使原胸墙的受力特性发生重大改变，原来的临水面跨中由零受拉变成现在受拉应力最大，原有的构造配筋远不能满足现在配筋要求；闸墩底板垂直水流方向内力不大，在原有的厚度下按构造即能满足配筋要求。

五、安全状态评价

根据上述复核计算分析的结果，可以得出以下几点结论：

(1) 原设计防洪水位 76.70 m，校核防洪水位 77.70 m，防洪标准能够满足要求。

(2) 在设计引水水位下，三义寨渠首闸的过流能力不能满足要求，此时闸前若发生淤积，则过流量更小。

(3) 在设计最高运用水位下，水闸发生淹没式水跃，不需设专门的消能设施。原设计消力池长 16 m，因而能够满足要求。对于本涵闸，计算需要海漫长度 13.3 m，实际海漫长度为 75 m，能够满足要求。

(4) 从抗渗稳定计算的结果来看，本工程闸基的出口段及水平段渗流坡降值均满足规范的要求。

(5) 闸室的稳定复核计算表明，在基底应力方面，原设计资料给出的地基承载力为 100 ~ 150 kPa，如按 100 kPa 计，则设计和校核工况的地基承载力不能满足要求，如按 150 kPa 计，各种工况下的地基承载力均能满足要求。校核工况下基底应力不均匀系数满足要求，设计和地震工况基底应力不均匀系数不能满足要求。在抗滑稳定方面，设计工况和地震工况均不能满足要求。校核工况刚好满足规范要求。

(6) 由结构复核计算结果可知，添加的挡水墙原设计时内力偏小，导致配筋不够，缺筋最大达 31%；新加的闸墩在沿水流向受拉及闸门槽上受力配筋都能满足要求；由于增加闸墩，使得原胸墙的受力特性发生重大改变，原来的临水面跨中由零受拉变成现在受拉应力最大，原有的构造配筋远不能满足现在配筋要求；闸墩底板垂直水流方向内力不大，在原有的厚度下按构造即能满足配筋要求。

综合分析评价认为，三义寨渠首闸工程防洪标准虽能满足目前工程规划的要求，但在设计引水水位下，闸的过流能力不能满足要求；虽然抗渗能力尚可，但从抗滑以及结构应力状态上看，该工程不满足基本受力要求，因而工程存在严重缺陷。为了消除该工程的安全隐患，充分发挥工程的综合效益，建议对该闸进行除险加固或拆除重建。

第四章　平面钢闸门设计例题

一、设计资料

平面钢闸门的基本设计资料如下：

(1)闸门型式：某溢洪道工作闸门——平面钢闸门；

(2)孔口净宽：8.0 m；

(3)设计水头：6.0 m；

(4)结构材料：热轧碳素钢 Q235；

(5)焊条：E43；

(6)止水橡皮：侧止水用 P 形橡皮，底止水用条形橡皮；

(7)行走支承：采用胶木滑道；

(8)容许应力：$[\sigma]=160$ MPa，$[\tau]=95$ MPa。

二、闸门的结构型式和布置

(一)闸门尺寸

闸门尺寸详见图 4.1。闸门高度 6.2 m；闸门荷载跨度 8 m；闸门计算跨度 8.4 m。

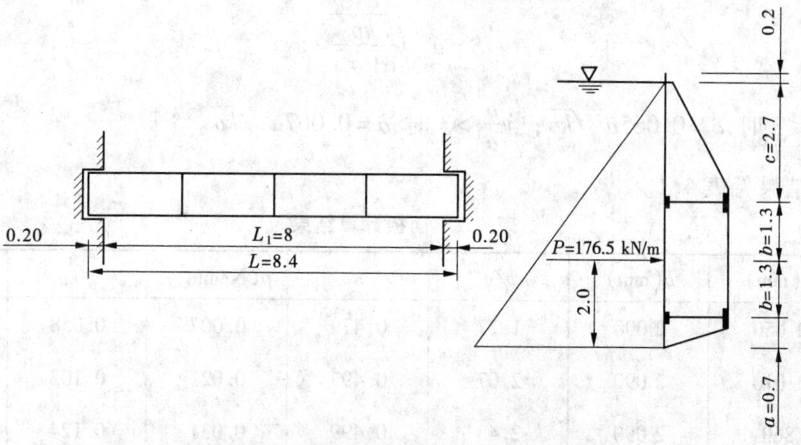

图 4.1　闸门主要尺寸图　(单位：m)

(二)结构布置

本闸门属于中等跨度，可采用实腹式组合梁。根据闸门的高跨比，初步考虑采用两根主梁，四根垂直次梁，横隔板间距约为 2.1 m。

按照等荷载原则，为使两根主梁在设计水位时所受的水压力相等，其位置应对称于水压力的合力作用线 $y=\dfrac{H}{3}=2.0$ m(见图 4.1)，并要求下悬臂 $a\geqslant 0.12H$ 且 $a\geqslant 0.4$ m，上悬

臂 $c \leqslant 0.45H$。因此取下悬臂 $a=0.7$ m，主梁间距 $2b=2(y-a)=2\times1.3=2.6$ m，上悬臂 $c=H-2b-a=6-2.6-0.7=2.7$(m)。

根据计算结果，闸门门叶结构布置如图4.2所示。

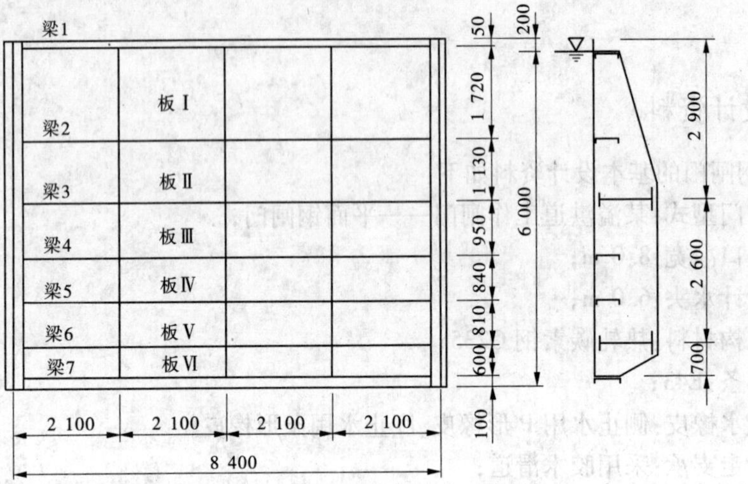

图4.2 门叶结构布置图 （单位：mm）

三、门叶结构计算

（一）面板

面板厚度按附录式(2-92)推导计算得：

$$\delta = a\sqrt{\frac{kp}{\alpha[\sigma]}}$$

当 $\frac{b}{a}\leqslant 3$ 时，$\delta=0.065a\sqrt{kp}$；当 $\frac{b}{a}>3$ 时，$\delta=0.067a\sqrt{kp}$。

计算结果见表4.1。

表4.1 面板计算结果

区格	a(mm)	b(mm)	b/a	k	p(N/mm²)	$\sqrt{kp}$	δ(mm)
Ⅰ	1 650	2 090	1.27	0.479	0.007	0.058	6.22
Ⅱ	1 010	2 090	2.07	0.497	0.021	0.102	6.70
Ⅲ	860	2 090	2.43	0.499	0.031	0.124	6.93
Ⅳ	770	2 090	2.71	0.500	0.040	0.142	7.11
Ⅴ	690	2 090	3.03	0.500	0.048	0.155	7.17
Ⅵ	530	2 090	3.94	0.750	0.055	0.203	7.21

注：区格Ⅰ和Ⅵ中的系数 k 由三边固定一边简支板查得。

根据表4.1计算，选用面板厚度 $\delta=8$ mm。

(二)水平次梁

根据梁格布置,按照相邻间距和之半的方法计算每根梁上的线荷载(见表 4.2)。

表 4.2　水平次梁计算

梁　号	梁轴线处水压强度 p(kN/m²)	梁间距 (m)	$\frac{a_1+a_2}{2}$ (m)	$q=p\frac{a_1+a_2}{2}$ (kN/m)
1(顶梁)	0			3.68
		1.72		
2	15.4		1.425	21.95
		1.13		
3(主梁)	26.5		1.040	27.56
		0.95		
4	35.8		0.895	32.04
		0.84		
5	44.0		0.825	36.30
		0.81		
6(主梁)	51.9		0.705	36.59
		0.60		
7(底梁)	57.8		0.400	23.12

根据表 4.2 计算结果,由于水平次梁采用相同截面,故取线荷载最大的 5 号次梁进行计算。水平次梁为四跨连续梁,跨度为 2.1 m,线荷载为 36.3 kN/m,计算简图见图 4.3。

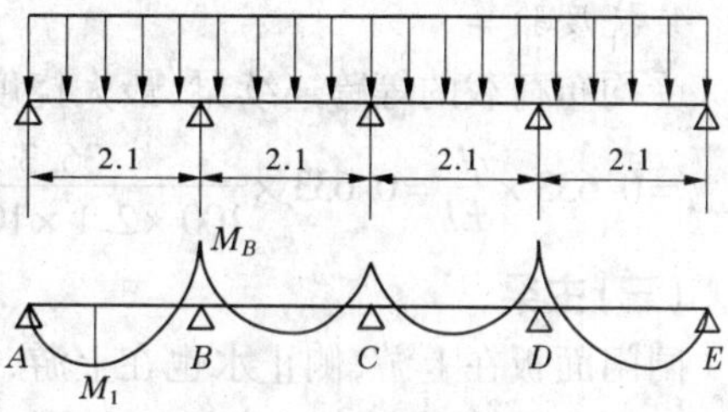

图 4.3　水平次梁计算简图和弯矩图　(单位:m)

1. 荷载与内力

通过计算,得:

$q=36.3$ kN/m

$M_1=0.077ql^2=0.077\times36.30\times2.1^2=12.33(\text{kN}\cdot\text{m})$

$M_B=-0.107ql^2=-0.107\times36.30\times2.1^2=-17.13(\text{kN}\cdot\text{m})$

$M_{max}=M_B=-17.13\ \text{kN}\cdot\text{m}$

2. 截面选择(支座截面)

面板参与次梁作用的有效宽度 $B=\xi_2 b$,其中 $b=(a_1+a_2)/2=(840+810)/2=825$(mm)。支座处弯矩零点间距取 $l_0=0.4l=0.4\times2\ 100=840$(mm),则 $l_0/b=840/825=1.018$,查表得 $\xi_2=0.304$,则 $B=\xi_2 b=0.304\times825=251$(mm)。

水平次梁采用[16a:$W_x=1.08\times10^5\ \text{mm}^3$,$I_x=8.66\times10^6\ \text{mm}^4$,$A=2.196\ 2\times10^3\ \text{mm}^2$,$t=10$ mm,$b=63$ mm,$d=6.5$ mm。

支座 B 处的截面特性见图 4.4。

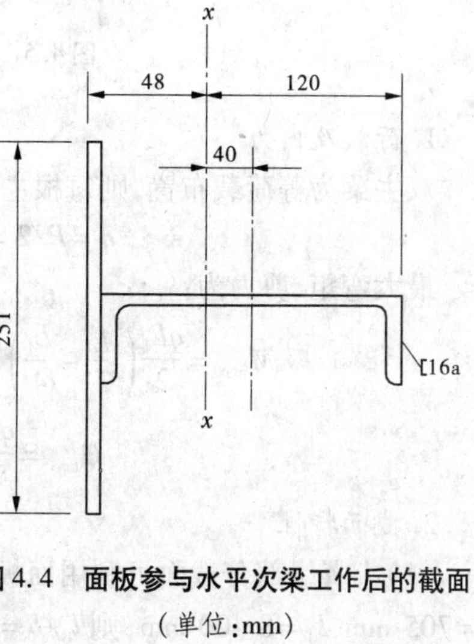

图 4.4　面板参与水平次梁工作后的截面
(单位:mm)

故支座处组合截面面积:

$$A=2.1962\times10^3+251\times8=4204.2(\text{mm}^2)$$

组合截面形心到面板形心距离：

$$\bar{y}=\frac{2.1962\times10^3\times84}{4204.2}=44(\text{mm})$$

组合截面惯性矩及截面模量：

$$I_x=8.66\times10^6+2.1962\times10^3\times40^2+251\times8\times44^2=1.606\times10^7(\text{mm}^4)$$

$$W_{\max}=1.606\times10^7/48=3.346\times10^5(\text{mm}^3)$$

$$W_{\min}=1.606\times10^7/120=1.338\times10^5(\text{mm}^3)$$

3. 强度验算

(1)前翼缘正应力为：

$$\sigma_1=\frac{M_{\max}}{W_{\max}}=\frac{17.13\times10^6}{3.346\times10^5}=51.2(\text{N/mm}^2)<0.9[\sigma]=144\ \text{N/mm}^2$$

(2)后翼缘正应力为：

$$\sigma_2=\frac{M_{\max}}{W_{\min}}=\frac{17.13\times10^6}{1.338\times10^5}=128.0(\text{N/mm}^2)<0.9[\sigma]$$

4. 挠度验算

受均布荷载的等跨连续梁，最大挠度发生在边跨，边跨最大挠度为：

$$f_{\max}=0.633\times\frac{ql^4}{EI}=0.633\times\frac{36.3\times2100^4}{100\times2.1\times10^5\times1.606\times10^7}=1.325\ \text{mm}<[f]=\frac{l}{250}=8.4\ \text{mm}$$

(三)主梁

闸门面板在上游，侧止水也在上游，主梁按承受均布荷载的简支梁计算，见图4.5。

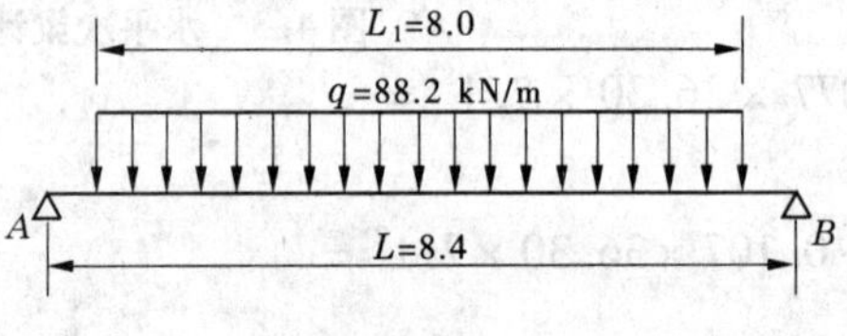

图4.5 主梁计算简图 (单位:m)

1. 荷载及内力

双主梁为等荷载布置，则每根主梁线荷载为：

$$q=P/2=176.5/2=88.2(\text{kN/m})$$

最大弯矩、剪力为：

$$M_{\max}=\frac{qL_1}{2}\left(\frac{L}{2}-\frac{L_1}{4}\right)=\frac{88.2\times8}{2}\left(\frac{8.4}{2}-\frac{8}{4}\right)=776(\text{kN}\cdot\text{m})$$

$$Q_{\max}=\frac{qL_1}{2}=\frac{88.2\times8}{2}=353(\text{kN})$$

2. 截面特性

(1)上翼缘部分截面可利用面板，面板参与主梁作用的有效宽度 $B=\xi_1 b$(按6号梁)，$b=705$ mm，$l_0=8400$ mm，则 $l_0/b=8400/705=11.91$，查表得 $\xi_1=0.98$，则 $B=0.98\times$

705 = 690 mm，故取 $B = 690$ mm。

（2）主梁截面如图 4.6 所示，其截面特性为

截面面积：

$$A = 8\times690 + 20\times140 + 12\times700 + 20\times320 = 23\ 120(\mathrm{mm}^2)$$

形心距：

$$y_1 = (8\times690\times4 + 20\times140\times18 + 12\times700\times378 + 20\times320\times738)/23\ 120 = 348(\mathrm{mm})$$

$$y_2 = 8 + 20 + 700 + 20 - 348 = 400(\mathrm{mm})$$

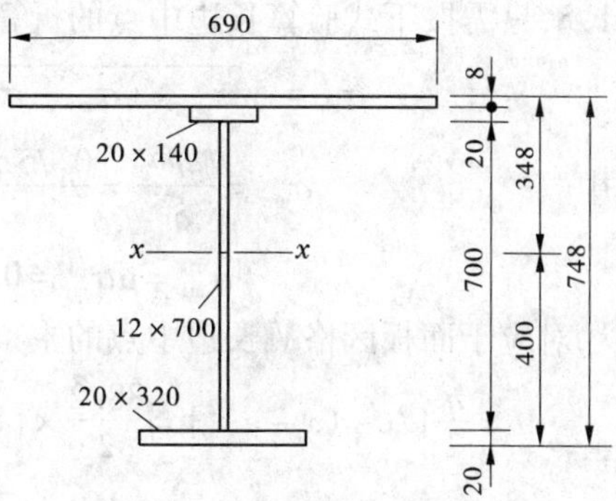

图 4.6　主梁截面　（单位：mm）

惯性矩和截面模量：

$$I_x = 8\times690\times344^2 + 20\times140\times330^2 + \frac{12\times700^3}{12} + 12\times700\times30^2 + 20\times320\times390^2$$

$$= 2.282\times10^9(\mathrm{mm}^4)$$

$$W_{\max} = 2.282\times10^9/348 = 6.558\times10^6(\mathrm{mm}^3)$$

$$W_{\min} = 2.282\times10^9/400 = 5.705\times10^6(\mathrm{mm}^3)$$

主梁下翼缘对中和轴处面积矩：

$$S = 20\times320\times390 + 12\times380\times190 = 3.362\times10^6(\mathrm{mm}^3)$$

3. 强度验算

（1）前翼缘正应力为

$$\sigma_1 = \frac{M_{\max}}{W_{\max}} = \frac{776\times10^6}{6.558\times10^6} = 118.3(\mathrm{N/mm}^2) < 0.9[\sigma]$$

（2）后翼缘正应力为

$$\sigma_2 = \frac{M_{\max}}{W_{\min}} = \frac{776\times10^6}{5.705\times10^6} = 136.0(\mathrm{N/mm}^2) < 0.9[\sigma]$$

（3）剪应力：

$$\tau_{\max} = \frac{QS}{I\delta} = \frac{353\times10^3\times3.362\times10^6}{2.282\times10^9\times12} = 43.3(\mathrm{N/mm}^2) < 0.9[\tau] = 85.5\ \mathrm{N/mm}^2$$

4. 挠度

为简化起见，可将主梁视为在计算跨度内受均布水压力。受均布荷载的等截面简支梁，其最大挠度为：

$$f_{\max} = \frac{5}{384}\times\frac{ql^4}{EI} = \frac{5}{384}\times\frac{88.2\times8\ 400^4}{2.1\times10^5\times2.282\times10^9} = 11.93(\mathrm{mm}) < [f] = \frac{L}{600} = 14\ \mathrm{mm}$$

5. 稳定性

主梁上翼缘直接同钢面板相连，规范规定可不必验算整体稳定性。主梁腹板高度与厚度之比 $h_0/t_w = 700/13 = 58.3 < 80$，满足局部稳定性要求，故可不必配置加劲肋。

6. 面板局部弯曲与主梁整体弯曲的折算应力

从以上的面板计算可见，直接与主梁相邻的面板曲格Ⅵ所需板厚最大，其 $b/a = 3.94$

>1.5，只需按下式验算长边中点的折算应力：

$$\sigma_{zh}=\sqrt{\sigma_{my}^2+(\sigma_{mx}-\sigma_{ox})^2-\sigma_{my}(\sigma_{mx}-\sigma_{ox})}\leqslant 1.1\alpha[\sigma]$$

其中

$$\sigma_{my}=\frac{k_y pa^2}{\delta^2}=\frac{0.75\times 0.055\times 530^2}{8^2}=181(\text{N/mm}^2)$$

$$\sigma_{mx}=\mu\sigma_{my}=0.3\times 181=54.3(\text{N/mm}^2)$$

对应于面板区格Ⅵ长边中点的主梁弯矩和弯应力为：

$$M=\frac{q}{2}[lx-(x-a)^2]=\frac{88.2}{2}\times[8.0\times 3.15-(3.15-0.2)^2]=728(\text{kN}\cdot\text{m})$$

$$\sigma_{ox}=\frac{M}{W_{max}}=\frac{728\times 10^6}{6.558\times 10^6}=111(\text{N/mm}^2)$$

则

$$\begin{aligned}\sigma_{zh}&=\sqrt{\sigma_{my}^2+(\sigma_{mx}-\sigma_{ox})^2-\sigma_{my}(\sigma_{mx}-\sigma_{ox})}\\&=\sqrt{181^2+(54.3-111)^2-181\times(54.3-111)}\\&=215\ (\text{N/mm}^2)\leqslant 1.1\alpha[\sigma]=1.1\times 1.4\times 160=246(\text{N/mm}^2)\end{aligned}$$

故面板厚度选用 8 mm 满足强度要求。

(四)垂直次梁(横隔板)

1. 荷载和内力

横隔板同时兼作垂直次梁，它主要承受水平次梁、顶梁和底梁传来的集中荷载和面板传来的分布荷载。计算时可把这些荷载用以三角形分布的水压力来代替，并且把横隔板作为支承在主梁上的双悬臂梁。则每片横隔板在上悬臂的最大负弯矩为：

$$M=\frac{2.7\times 2.7\times 9.8}{2}\times 2.1\times\frac{2.7}{3}=67.6(\text{kN}\cdot\text{m})$$

2. 横隔板截面选择和强度计算

其腹板选用与主梁腹板同高，采用 700 mm × 8 mm，上翼缘利用面板，下翼缘采用 200 mm × 8 mm 的扁钢。上翼缘可利用的面板宽度按式 $B=\xi_2 b$ 确定。其中，$b=2\ 100$ mm，$l_0/b=2\times 2\ 700/2\ 100=2.57$，查表得 $\xi_2=0.59$，则 $B=0.59\times 2\ 100=1\ 239$ mm，取 $B=1\ 240$ mm。

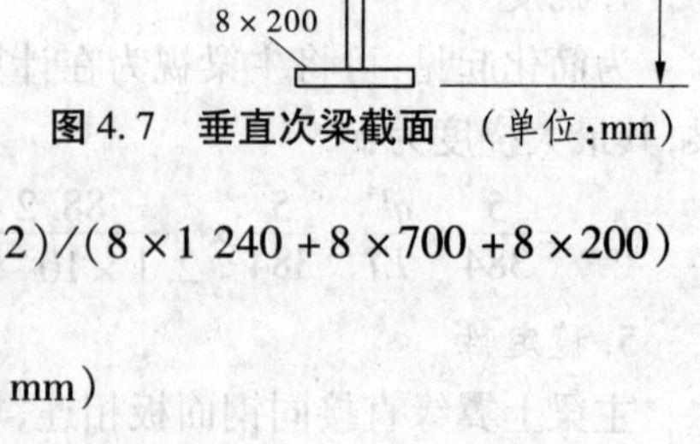

图 4.7　垂直次梁截面（单位：mm）

截面几何特性见图 4.7。

(1)形心距(见图 4.7)：

$$y_1=(8\times 1\ 240\times 4+8\times 700\times 358+8\times 200\times 712)/(8\times 1\ 240+8\times 700+8\times 200)=186(\text{mm})$$

$$y_2=716-186=530(\text{mm})$$

(2)惯性矩和截面模量：

$$I_x=8\times 1\ 240\times 182^2+8\times 170\times 172^2+\frac{8\times 700^3}{12}+8\times 200\times 526^2=1.166\times 10^9(\text{mm}^4)$$

$$W_{max}=1.166\times 10^9/186=6.269\times 10^6(\text{mm}^3)$$

$$W_{min} = 1.166 \times 10^9 / 530 = 2.2 \times 10^6 (mm^3)$$

（3）前翼缘正应力：

$$\sigma_1 = \frac{M_{max}}{W_{max}} = \frac{67.6 \times 10^6}{6.269 \times 10^6} = 10.78 (N/mm^2) < 0.9[\sigma]$$

（4）后翼缘正应力：

$$\sigma_2 = \frac{M_{max}}{W_{min}} = \frac{67.6 \times 10^6}{2.2 \times 10^6} = 30.73 (N/mm^2) < 0.9[\sigma]$$

由于竖直次梁截面高度较大，因此剪切强度可以不必验算。

（五）边梁

边梁采用单腹式截面，截面尺寸按构造要求确定，即：截面高度与主梁端部高度相同，腹板厚度与主梁腹板厚度相同；为便于安装压合胶木滑块，下翼缘宽度不宜小于 300 mm。边梁是闸门的重要受力构件，受力情况复杂，故在设计时可将容许应力值降低 20% 作为考虑受扭影响的安全储备。

1. 荷载和内力

闸门两侧边梁上各设两个胶木滑块。见图 4.8。

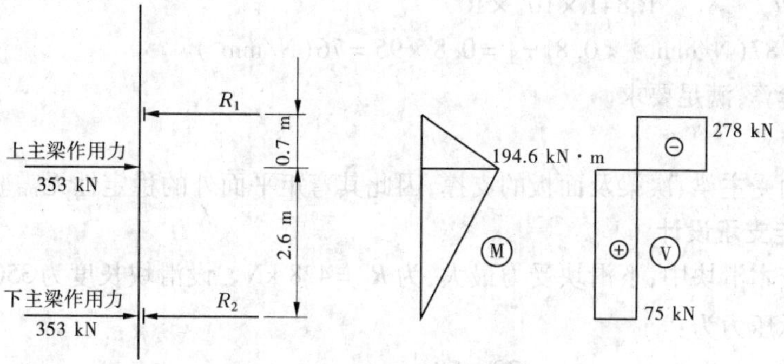

图 4.8　边梁计算简图和内力图

（1）水平荷载：主要是主梁传来的水平荷载，以及水平次梁和顶、底梁传来的水平荷载。可假定这些荷载由主梁传给边梁，每根主梁传给一侧边梁的荷载为 $\frac{176.5 \times 8}{4} = 353$ (kN)。

（2）竖向荷载：主要是闸门自重、滑道摩阻力、止水摩阻力、起吊力等。

（3）上滑块所受压力：$R_1 = \frac{353 \times 8}{3.3} = 278$ (kN)。

（4）下滑块所受压力：$R_2 = 706 - 278 = 428$ (kN)。

（5）最大弯矩：$M_{max} = 278 \times 0.7 = 194.6$ (kN · m)。

（6）最大剪力：$V_{max} = 278$ kN。

最大轴向力为作用在一个边梁上的起吊力，预计为 200 kN，则最大弯矩作用截面上的轴向力等于起吊力减去上滑块的摩阻力，即 $N = 200 - 0.12 \times 278 = 166.64$ (kN)。

2. 截面选择和强度计算

边梁截面特性见图 4.9。

(1)截面面积:

$$A = 10 \times 700 + 2 \times 300 \times 20 = 19\ 000(\text{mm}^2)$$

(2)惯性矩、面积矩和截面模量:

$$I_x = \frac{10 \times 700^3}{12} + 2 \times 20 \times 300 \times 360^2 = 1.841 \times 10^9(\text{mm}^4)$$

$$S_{\max} = 20 \times 30 \times 360 + 10 \times 350 \times 175 = 2.773 \times 10^6(\text{mm}^3)$$

$$W_{\max} = 1.841 \times 10^9 / 360 = 5.114 \times 10^6(\text{mm}^3)$$

(3)截面边缘最大正应力:

$$\sigma_{\max} = \frac{N}{A} + \frac{M_{\max}}{W_{\max}} = \frac{166.64 \times 10^3}{19\ 000} + \frac{194.6 \times 10^6}{5.114 \times 10^6}$$

$$= 46.82(\text{N/mm}^2) < 0.8[\sigma] = 0.8 \times 160 = 128(\text{N/mm}^2)$$

(4)腹板最大剪应力:

$$\tau_{\max} = \frac{V_{\max} S_{\max}}{I t_w} = \frac{278 \times 10^3 \times 2.773 \times 10^6}{1.841 \times 10^9 \times 10}$$

$$= 41.87(\text{N/mm}^2) < 0.8[\tau] = 0.8 \times 95 = 76(\text{N/mm}^2)$$

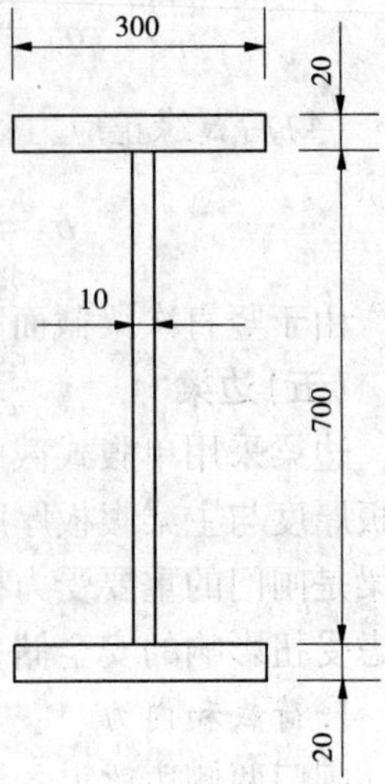

图4.9 边梁截面 (单位:mm)

经强度验算,满足要求。

3. 整体稳定

边梁侧面受主梁、次梁及面板的支撑,因此其弯矩平面外的稳定性无需验算。

(六)行走支承设计

上下两胶木滑块中,下滑块受力最大,为 $R_2 = 428$ kN。设滑块长度为 350 mm,则滑块单位长度的承压力为:

$$q = \frac{428 \times 10^3}{350} = 1\ 223(\text{N/mm})$$

根据上述压力值查得轨顶弧面半径 $R = 150$ mm,轨头设计宽度为 $b = 35$ mm。

滑道与轨顶弧面的接触应力为:

$$\sigma_{\max} = 104\sqrt{\frac{q}{R}} = 104\sqrt{\frac{1\ 223}{150}} = 297(\text{N/mm}^2) < [\sigma_j] = 500\ \text{N/mm}^2$$

选定胶木高 30 mm,宽 120 mm,长 350 mm。

(七)轨道设计

胶木滑块支承轨道截面见图 4.10。

1. 轨道底板宽度

轨道底板宽度按混凝土承压强度确定。C20 混凝土的容许承压应力 $[\sigma_h] = 7$ N/mm²,底板宽度为:

$$B_k = \frac{q}{[\sigma_h]} = \frac{1\ 223}{7} = 175(\text{mm}),取\ B_k = 200\ \text{mm}。$$

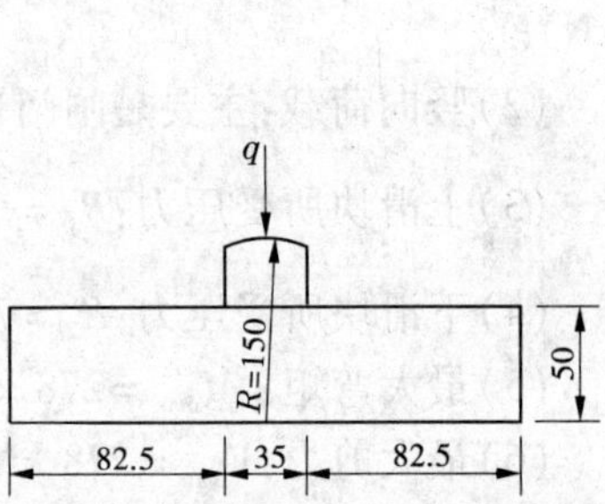

图 4.10 胶木滑块支承轨道截面 (单位:mm)

轨道底面压应力:

$$\sigma_h = \frac{1\ 223}{200} = 6.1(\text{N/mm}^2)$$

2. 轨道底板厚度

底板厚度按其弯曲强度确定。轨道底板的最大弯曲应力为：

$$\sigma = 3\sigma_h \frac{c^2}{\delta^2} \leqslant [\sigma]$$

其中底板悬臂长度 $c = 82.5$ mm，$[\sigma] = 100$ N/mm²，则所需底板厚度：

$$\delta = \sqrt{\frac{3\sigma_h c^2}{[\sigma]}} = \sqrt{\frac{3 \times 6.1 \times 82.5^2}{100}} = 35.3(\text{mm})，取\ \delta = 40\ \text{mm}。$$

（八）闸门启闭力和吊座计算

1. 启门力

启门力计算公式如下：

$$T_{启} = 1.1G + 1.2(T_{zd} + T_{zs}) + P_x$$

闸门自重 $G = 80$ kN

滑道摩阻力 $T_{zd} = fP = 0.12 \times 0.5 \times 9.8 \times 36 \times 8 = 169(\text{kN})$

止水摩阻力 $T_{zs} = 2fbHp = 2 \times 0.65 \times 0.06 \times 6 \times 29.4 = 13.8(\text{kN})$

下吸力 P_x 底止水橡皮采用 I 110－16 型，其规格为宽 16 mm、长 110 mm。底止水沿门跨长 8.4 m。启门时闸门底缘平均下吸强度一般按 20 kN/m² 计算。则

$$P_x = 20 \times 8.4 \times 0.016 = 2.7(\text{kN})$$

故闸门启门力：

$$T_{启} = 1.1 \times 80 + 1.2 \times (169 + 13.8) + 2.7 = 310(\text{kN})$$

2. 闭门力

闭门力计算公式如下：

$$T_{闭} = 1.2(T_{zd} + T_{zs}) - 0.9G = 1.2 \times (169 + 13.8) - 0.9 \times 80 = 147.4(\text{kN})$$

3. 吊轴和吊耳板验算

（1）吊轴采用 Q235 钢材，$[\tau] = 65$ N/mm²，采用双吊点，每边起吊力为

$$P = 1.2 \times \frac{T_{启}}{2} = 1.2 \times \frac{310}{2} = 186(\text{kN})$$

吊轴每边剪力 $V = \frac{P}{2} = \frac{186}{2} = 93(\text{kN})$

吊轴截面面积：

$$A = \frac{V}{[\tau]} = \frac{93\ 000}{65} = 1\ 430(\text{mm}^2)$$

则吊轴直径 $d \geqslant \sqrt{\frac{4A}{\pi}} = 42.7$ mm，取 $d = 80$ mm。

（2）吊耳板尺寸见图 4.11，按局部承压条件验算：Q235 钢材 $[\sigma_{cj}] = 80$ N/mm²，则：

$$\delta = \frac{P}{d[\sigma_{cj}]} = \frac{186\ 000}{80 \times 80} = 29(\text{mm})$$

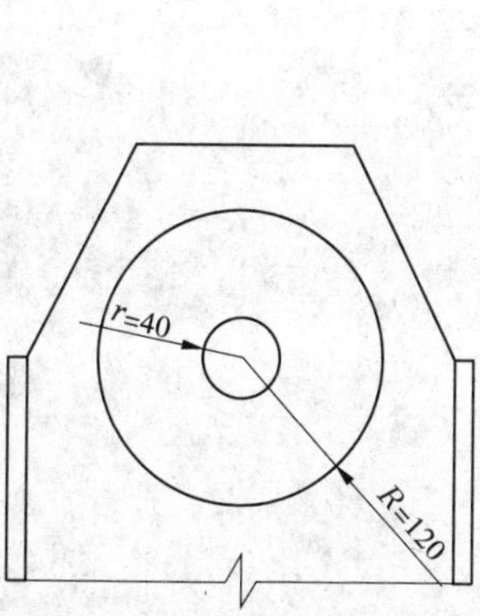

图 4.11 吊耳板尺寸 （单位：mm）

因此在边梁腹板上端部两侧各焊一块厚度为 18 mm 的轴承板。轴承板采用圆形，直径为 $3d = 240$ mm。

按承拉条件验算：

$\sigma_{cj} = \dfrac{P}{td} = \dfrac{186\ 000}{36 \times 80} = 64.6(\mathrm{N/mm^2})$；吊耳板半径 $R = 120$ mm，轴孔半径 $r = 40$ mm，$[\sigma_k] = 120/\mathrm{mm}^2$，故孔壁拉应力：

$$\sigma_k = \sigma_{cj}\frac{R^2 + r^2}{R^2 - r^2} = 64.6 \times \frac{120^2 + 40^2}{120^2 - 40^2} = 80.8(\mathrm{N/mm})^2 < 0.8[\sigma_k] = 0.8 \times 120 = 96(\mathrm{N/mm^2})$$

满足要求。